통계학과 공학을 위한 미적분학

제2판

나 명 환 지음

CALCULUS FOR STATISTICS AND ENGINEERING

자유아카데미

머리말

미적분학은 통계학과 공학뿐만 아니라 모든 학문의 기초이다. 오랫동안 미적분을 가르쳐 왔는데 초기에 가르칠 때는 방법론을 가르치기보다는 주입식 방법으로 교육하였던 것 같다. 그러다가 한 해 한 해 시간이 지나면서 학생들에게 미적분학의 전체적인 개념과 함께 꼭 필요한 부분이 무엇인지를 알려주고 그 부분만이라도 이해할 수 있도록 하자고 시작한 저술활동이 이제야 결실을 맺게 되었다.

이 책의 독창적인 특징은 책의 구성에 있다. 기존의 모든 미적분학 관련 책들이 일변수 함수의 극한부터 적분까지를 책의 전반부에 소개하고, 그 다음에 다변수(특히 2변수)함수의 정의, 극한, 미분, 다중적분을 소개하는 것으로 이루어져 있는데 이를 타파하고 이 책은 전반부에 일변수 함수와 다변수의 극한, 함수의 미분과 다변수 함수의 편미분을, 후반부에 적분과 다중적분을 다루도록 되어 있다. 이렇게 한 이유는 일변수 함수에 대한 미적분은 고등학교 과정과 매우 많이 흡사하고 다변수 함수의 미적분의 새로운 개념은 후반부에 이루어져 있다 보니 책의 전반부에서 일변수 함수의 미적분을 공부하면 너무 쉽고 후반부에 너무 많은 하중이 걸리게 되어 많은 학생들이 따라오기 힘든 경우가 많기 때문이다. 따라서 책의 전반부와 후반부의 하중을 적절하게 하기 위해 내용을 분배하였다.

또 다른 특징은 2변수함수의 미분과 2중적분에 대하여 기존의 책들보다 자세한 설명과 많은 예제와 연습문제를 실어 많은 학생들이 새로운 개념인 2변수함수의 미적분을 편하게 공부할 수 있도록 하였다. 그리고 이를 위해 모든 미적분법을 알기 쉽고 이해하기 쉽게 구하는 방법을 자세히 기술하였다.

이 책의 이러한 특징은 통계학뿐만 아니라 공학 등 미분과 적분이 활용되는 모든 분야에서 미적분의 계산을 많이 필요로 하는 분들에게 큰 도움이 될 수 있으리라 자부한다.

이 조그마한 결실이 이루어지도록 많은 도움을 주신 분들에게 감사를 드린다. 특히, 예제 및 연습문제 풀이에 많은 도움을 준 김나래, 편집을 위해 수고해 준 옥유진, 이보람과 자유아카데미 여러분들께 감사의 마음을 전한다.

2014년 2월
나명환

차례

Chapter

01 함수의 극한과 연속

1.1 함수의 극한

1.1.1 극한의 정의

변수 x가 c와 다른 값을 가지면서 c에 한없이 가까워질 때 x는 c에 수렴한다고 하고 $x \to c$로 나타낸다. 이때 x가 c에 수렴하는 방법은 두 가지가 있다. 즉, x가 c보다 작은 값을 가지면서 c에 수렴할 수 있고, x가 c보다 큰 값을 가지면서 c에 수렴할 수 있는데, 각각의 경우 $x \to c-0$와 $x \to c+0$으로 나타낸다. 특히, $c=0$인 경우는 $x \to -0$와 $x \to +0$으로 나타낸다. $x \to c$를 수직선 상에서 그려 보면 다음과 같다.

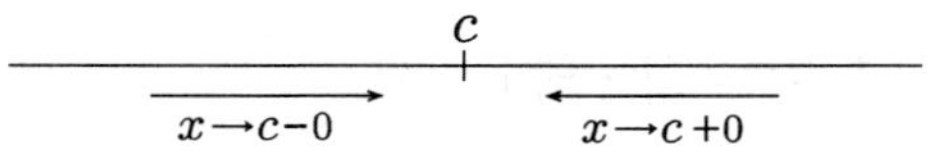

함수 $f(x)$에서 x가 c에 수렴할 때, $f(x)$의 값이 일정한 값 L에 가까워지면 $f(x)$는 L에 수렴한다라고 하고 $\lim_{x \to c} f(x) = L$로 나타내며, L을 $f(x)$의 극한값 또는 극한이라고 한다. 이때 $f(x)$가 극한값 L을 가지기 위한 필요충분조건은 좌극한 $\lim_{x \to c-0} f(x)$과 우극한 $\lim_{x \to c+0} f(x)$이 모두 존재하고 그 값이 서로 같을 때이다. 즉, 다음과 같다.

$$\lim_{x \to c} f(x) = L \Leftrightarrow \lim_{x \to c-0} f(x) = \lim_{x \to c+0} f(x) = L$$

먼저 극한값이 존재하지 않는 경우를 살펴보자. 만일 $f(x) = \begin{cases} 0, & x < 0 \\ 1, & x \geq 0 \end{cases}$가 주어졌을 때, 극한값 $\lim_{x \to 0} f(x)$를 구한다고 하면, 먼저 좌극한을 구해 보면 $x \to -0$인 경우 x는 매우 작은 값이기는 하지만 음수이므로 $\lim_{x \to -0} f(x) = 0$이고, 우극한은 $x \to +0$일 때 x는 매우 작은 값이기는 하지만 양수이므로 $\lim_{x \to +0} f(x) = 1$이 된다. 이는 함수의 그래프를 그려 봄으로써 확실히 이해할 수 있다. 위의 함수 $f(x) = \begin{cases} 0, & x < 0 \\ 1, & x \geq 0 \end{cases}$의 그래프는 〈그림 1.1〉과 같다.

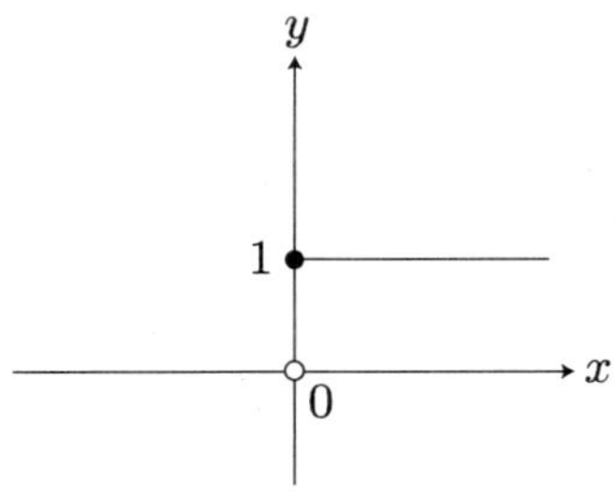

〈그림 1.1〉

〈그림 1.1〉에서 보듯이 $x \to -0$인 경우 $f(x)$는 0에 수렴하고, $x \to +0$인 경우 1에 수렴함을 쉽게 알 수 있다. 따라서 좌극한과 우극한이 다르므로 극한값은 존재하지 않는다.

예제 1.1

함수 $f(x) = [x]$에 대하여 다음 극한값을 구하여라. 단, $[x]$는 x를 넘지 않는 최대정수를 나타낸다.

(1) $\lim_{x \to -0} f(x)$ (2) $\lim_{x \to +0} f(x)$ (3) $\lim_{x \to 0} f(x)$

풀이 +

(1) x가 0보다 작은 쪽에서 0에 가까워질 때, $f(-0.00001) = [-0.00001] = -1$과 같이 $f(x)$는 −1에 수렴한다. 참고로 $f(x) = [x]$의 그래프는 〈그림 1.2〉와 같다.

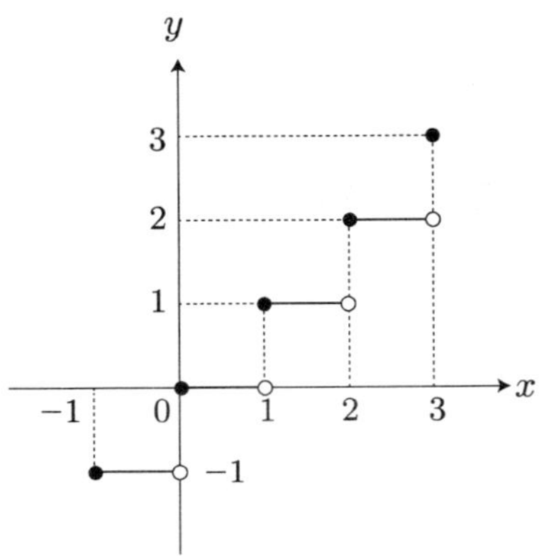

〈그림 1.2〉

(2) x가 0보다 큰 쪽에서 0에 가까워질 때, $f(0.00001) = [0.00001] = 0$과 같이 $f(x)$는 0에 수렴한다.

(3) (1)과 (2)에서 좌극한과 우극한이 다르므로 극한값은 존재하지 않는다. ■

예제 1.2

다음과 같이 주어진 함수 $y=f(x)$에 대하여 답하여라.

$$f(x)=\begin{cases} x, & -1\le x<0 \\ 1 & x=0 \\ -x & 0<x<1 \\ 0 & x=1 \\ x-1 & 1<x<2 \end{cases}$$

(1) $y=f(x)$의 그래프를 그려라.

(2) 극한값 $\lim_{x\to 0}f(x)$를 구하여라.

(3) 극한값 $\lim_{x\to 1}f(x)$를 구하여라.

풀이 +

(1) $y=f(x)$의 그래프는 〈그림 1.3〉과 같다.

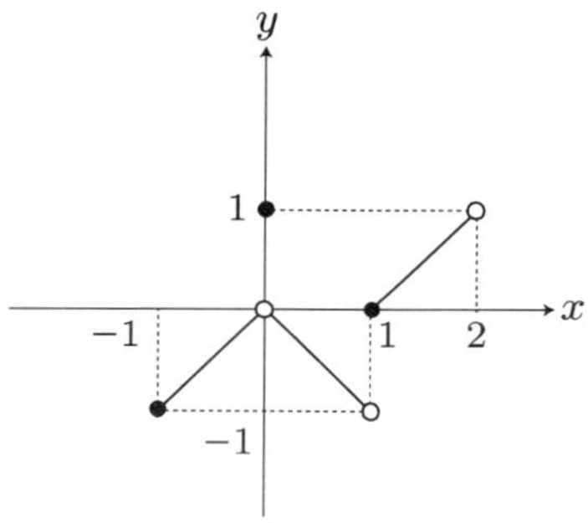

〈그림 1.3〉

(2) $\lim_{x\to -0}f(x)=0$이고 $\lim_{x\to +0}f(x)=0$이므로, $\lim_{x\to 0}f(x)=0$이다.

(3) $\lim_{x\to 1-0}f(x)=-1$이고 $\lim_{x\to 1+0}f(x)=0$이므로, 극한값 $\lim_{x\to 1}f(x)$은 존재하지 않는다. ■

1.1.2 극한값의 기본성질

우리는 앞 절에서 극한의 정의와 극한값이 존재하지 않는 경우를 알아보았다. 이 절에서는 극한값이 존재하는 경우 극한값을 계산하는 방법을 알아본다. 먼저 모든 실수에서 극한값이 존재하는 경우는 다항함수인데, 다항함수의 극한은 가장 간단한 함수 $y=x$에 대한 극한값을 구하고 극한값의 정리를 이용하여 확장할 수 있다.

〈그림 1.4〉에서 보듯이 모든 실수 c에 대하여 $x \to c$일 때, $f(x) \to c$이다. 즉, $\lim_{x \to c} x = c$이다.

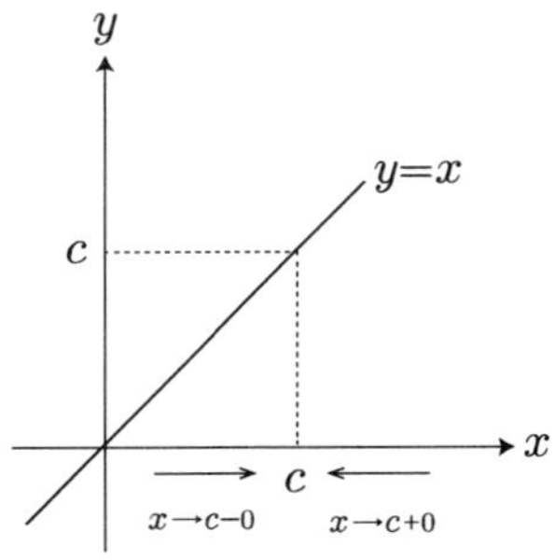

〈그림 1.4〉

다음은 함수의 극한을 계산하는 방법에 대한 기본정리이다.

정리 1 극한의 정리

L과 M이 실수이고, $\lim_{x \to c} f(x) = L$와 $\lim_{x \to c} g(x) = M$이면,

(1) $\lim_{x \to c} kf(x) = k\lim_{x \to c} f(x) = kL$

(2) $\lim_{x \to c} [f(x) \pm g(x)] = \lim_{x \to c} f(x) \pm \lim_{x \to c} g(x) = L \pm M$

(3) $\lim_{x \to c} g(x)f(x) = \lim_{x \to c} g(x) \cdot \lim_{x \to c} f(x) = L \cdot M$

(4) $\lim_{x \to c} \dfrac{f(x)}{g(x)} = \dfrac{\lim_{x \to c} f(x)}{\lim_{x \to c} g(x)} = \dfrac{L}{M}$ (단, $M \neq 0$)

(5) n이 양의 정수일 때, $\lim_{x \to c} (f(x))^{1/n} = L^{1/n}$ (n이 짝수일 때는 $L > 0$이어야 함)

위의 정리 1로부터 모든 다항식과 무리함수의 극한을 구할 수 있다.

예제 1.3

다음 극한을 구하여라.

(1) $\lim_{x \to 2} x^2$

(2) $\lim_{x \to 2} (x^2 - 3x + 1)$

(3) $\lim_{x \to 1} \dfrac{x^2}{x+1}$

(4) $\lim_{x \to 1} \sqrt{x+8}$

풀이 +

(1) $\lim_{x\to2}x^2=\lim_{x\to2}x\cdot\lim_{x\to2}x=2\cdot2=4$

(2) $\lim_{x\to2}(x^2-3x+1)=2^2-3\cdot2+1=-1$

(3) $\lim_{x\to1}\frac{x^2}{x+1}=\frac{\lim_{x\to1}x^2}{\lim_{x\to1}(x+1)}=\frac{1}{1+1}=\frac{1}{2}$

(4) $\lim_{x\to1}\sqrt{x+8}=\sqrt{9}=3$ ■

다항함수 외의 지수함수, 삼각함수, 로그함수의 극한은 기본적인 함수 $y=2^x$, $y=\sin x$, $y=\log x$의 그래프를 이용하여 쉽게 극한이 존재함을 알 수 있다. 또한 위의 극한의 정리를 이용하여 어렵지 않게 극한을 계산할 수 있다.

예제 1.4

다음 극한을 구하여라.

(1) $\lim_{x\to0}2^{x+1}$

(2) $\lim_{x\to0}(\cos 3x)$

(3) $\lim_{x\to0}2^{\sin\pi x}$

(4) $\lim_{x\to1}\log_3(x+8)$

풀이 +

(1) $\lim_{x\to0}2^{x+1}=2^{0+1}=2$

(2) $\lim_{x\to0}(\cos 3x)=\cos 0=1$

(3) $\lim_{x\to0}2^{\sin\pi x}=2^{\sin(\pi\cdot0)}=2^0=1$

(4) $\lim_{x\to1}\log_3(x+8)=\log_3(1+8)=\log_3 3^2=2$ ■

1.1.3 함수의 발산

x가 c에 한없이 가까워질 때 함수 $f(x)$가 한없이 커지는 경우가 있다. 예를 들면, 아래에 있는 $f(x)=\frac{1}{x^2}$의 그래프를 보면 $x\to0$일 때, $f(x)=\frac{1}{x^2}$는 한없이 커진다. 이때, $x\to0$일

때 $f(x)$는 양의 무한대로 발산한다고 하고 $\lim_{x \to 0} f(x) = \lim_{x \to 0} \frac{1}{x^2} = \infty$로 나타낸다.

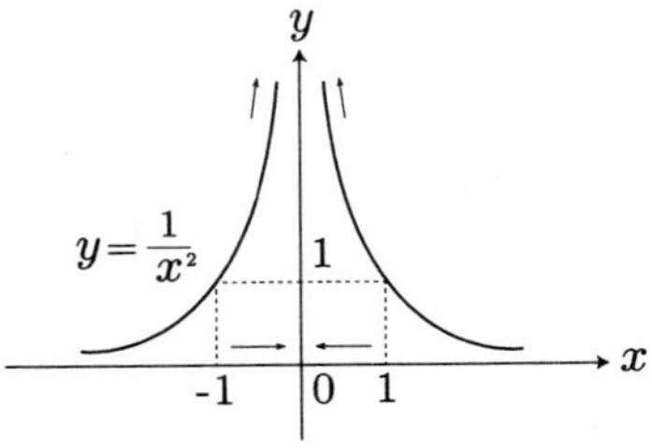

〈그림 1.5〉

또한 $f(x) = -\frac{1}{x^2}$와 같이 $x \to 0$일 때, $f(x) = -\frac{1}{x^2}$는 음수이면서 절댓값이 한없이 커지는 경우가 있다. 이때, $x \to 0$일 때 $f(x)$는 음의 무한대로 발산한다고 하고 $\lim_{x \to 0} f(x) = -\infty$로 나타낸다.

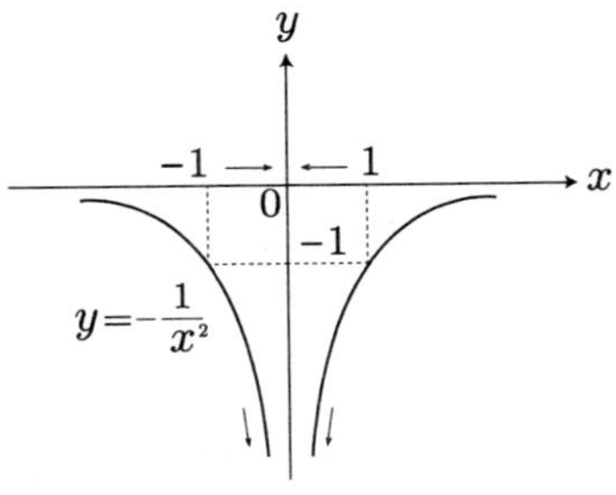

〈그림 1.6〉

일반적으로 $x \to c$일 때 함수 $f(x)$는 양의 무한대로 발산하거나 또는 음의 무한대로 발산하면, 다음과 같이 표기한다.

$$\lim_{x \to c} f(x) = \infty \text{ 또는 } \lim_{x \to c} f(x) = -\infty$$

한편, x가 양의 무한히 큰 수(무한대)로 접근하거나 또는 x가 음의 무한대로 접근할 때 $f(x)$가 L에 수렴한다면 다음과 같이 표기할 수 있다.

$$\lim_{x \to \infty} f(x) = L \text{ 또는 } \lim_{x \to -\infty} f(x) = L$$

예제 1.5

다음 극한을 구하여라.

(1) $\lim_{x \to +0} \frac{1}{x}$ (2) $\lim_{x \to -0} \frac{1}{x}$ (3) $\lim_{x \to 0} \frac{1}{x}$

(4) $\lim_{x \to \infty} \frac{1}{x}$ (5) $\lim_{x \to -\infty} \frac{1}{x}$

풀이 +

$f(x) = \frac{1}{x}$의 그래프를 그려 보면 〈그림 1.7〉과 같다.

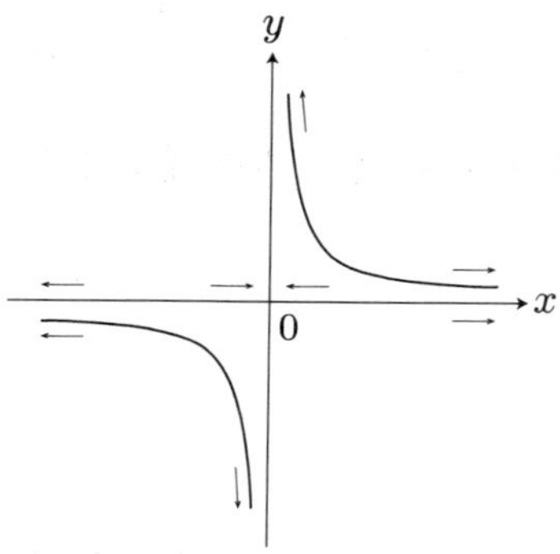

〈그림 1.7〉

따라서, (1) $\lim_{x \to +0} \frac{1}{x} = \infty$ (2) $\lim_{x \to -0} \frac{1}{x} = -\infty$

(3) (1)과 (2)에서 좌극한과 우극한이 다르므로 극한은 존재하지 않는다.

(4) $\lim_{x \to \infty} \frac{1}{x} = 0$ (5) $\lim_{x \to -\infty} \frac{1}{x} = 0$ ■

1.1.4 부정형의 극한

극한값을 구하는 대표적인 부정형은 $\frac{0}{0}$꼴($\frac{영}{영}$꼴보다는 $\frac{무한소}{무한소}$꼴로 읽는 것이 더 정확하다)과 $\frac{\infty}{\infty}$꼴($\frac{무한대}{무한대}$꼴)이다. 먼저 $\frac{0}{0}$꼴을 구하는 방법을 살펴보면, 이것은 두 가지로 정리할 수 있다. 첫 번째는 분모와 분자를 각각 인수분해하여 공통인수를 소거하는 방법이다. 예를 들어, $\lim_{x \to 1} \frac{x^2 - 1}{x - 1}$의 극한을 구하면,

$$\lim_{x\to1}\frac{x^2-1}{x-1}=\frac{\lim_{x\to1}(x^2-1)}{\lim_{x\to1}(x-1)}=\frac{0}{0}$$

이다. 따라서, 분자를 인수분해하면

$$\lim_{x\to1}\frac{x^2-1}{x-1}=\lim_{x\to1}\frac{(x-1)(x+1)}{x-1}$$

이 되므로 분모와 분자에서 $x-1$를 약분하고 극한을 구하면 된다. 즉, 다음과 같다.

$$\lim_{x\to1}\frac{x^2-1}{x-1}=\lim_{x\to1}\frac{(x-1)(x+1)}{x-1}=\lim_{x\to1}(x+1)=2$$

또 다른 $\frac{0}{0}$ 꼴의 형태는 $\lim_{x\to0}\frac{\sqrt{x+1}-1}{x}$와 같이 분모 또는 분자에 무리식을 포함하는 경우로, 이때는 무리식이 있는 분모 또는 분자를 유리화하고 분모와 분자를 인수분해하여 공통인수를 약분한 후 극한을 구하면 된다. 극한 $\lim_{x\to0}\frac{\sqrt{x+1}-1}{x}$에서 분자를 유리화하면

$$\lim_{x\to0}\frac{\sqrt{x+1}-1}{x}=\lim_{x\to0}\frac{(\sqrt{x+1}-1)(\sqrt{x+1}+1)}{x(\sqrt{x+1}+1)}=\lim_{x\to0}\frac{x}{x(\sqrt{x+1}+1)}$$

이 되고, 공통인수를 약분하고 극한을 구하면 된다. 즉, 다음과 같다.

$$\lim_{x\to0}\frac{x}{x(\sqrt{x+1}+1)}=\lim_{x\to0}\frac{1}{\sqrt{x+1}+1}=\frac{1}{2}$$

예제 1.6

다음 극한을 구하여라.

(1) $\lim_{x\to-2}\frac{x+2}{x^2-4}$

(2) $\lim_{x\to1}\frac{x^2+x-2}{x^2-1}$

(3) $\lim_{x\to4}\frac{x-4}{\sqrt{x}-2}$

(4) $\lim_{x\to1}\frac{\sqrt{x+3}-2}{x-1}$

풀이 +

(1) $\lim_{x\to-2}\frac{x+2}{x^2-4}=\lim_{x\to-2}\frac{x+2}{(x+2)(x-2)}=\lim_{x\to-2}\frac{1}{(x-2)}=-\frac{1}{4}$

(2) $\lim_{x\to1}\frac{x^2+x-2}{x^2-1}=\lim_{x\to1}\frac{(x-1)(x+2)}{(x-1)(x+1)}=\lim_{x\to1}\frac{(x+2)}{(x+1)}=\frac{3}{2}$

(3) $\lim_{x\to4}\frac{x-4}{\sqrt{x}-2}=\lim_{x\to4}\frac{(x-4)(\sqrt{x}+2)}{x-4}=\lim_{x\to4}(\sqrt{x}+2)=4$

(4) $\lim_{x\to1}\frac{\sqrt{x+3}-2}{x-1}=\lim_{x\to1}\frac{x-1}{(x-1)(\sqrt{x+3}+2)}=\lim_{x\to1}\frac{1}{(\sqrt{x+3}+2)}=\frac{1}{4}$ ■

다음으로 $\frac{\infty}{\infty}$꼴의 극한값을 구하는 방법을 보자. $\frac{\infty}{\infty}$꼴의 극한은 분모의 최고차항으로 분모와 분자를 나눈 후 $\lim_{x\to\infty}\frac{1}{x}=0$과 같은 성질을 이용하여 극한을 구하면 된다.

예제 1.7

다음 극한을 구하여라.

(1) $\lim_{x\to\infty}\frac{x+7}{x^2+x-2}$

(2) $\lim_{x\to\infty}\frac{4x^4-5x+1}{3x^3-9}$

(3) $\lim_{x\to\infty}\frac{x^3-x^2+7}{2x^3-6x+9}$

풀이 +

(1) $\lim_{x\to\infty}\frac{x+7}{x^2+x-2}=\lim_{x\to\infty}\frac{\frac{1}{x}+\frac{7}{x^2}}{1+\frac{1}{x}-\frac{2}{x^2}}=\frac{0+0}{1+0+0}=0$

(2) $\lim_{x\to\infty}\frac{4x^4-5x+1}{3x^3+9}=\lim_{x\to\infty}\frac{4-\frac{5}{x^2}+\frac{1}{x^3}}{3+\frac{9}{x^3}}=\frac{\infty}{3}=\infty$

(3) $\lim_{x\to\infty}\frac{x^3-x^2+7}{2x^3-6x+9}=\lim_{x\to\infty}\frac{1-\frac{1}{x}+\frac{7}{x^3}}{2-\frac{6}{x^2}+\frac{9}{x^3}}=\frac{1}{2}$ ■

그 밖의 부정형은 $\infty-\infty$형과 $0\cdot\infty$형이 있다. $\infty-\infty$형은 직관적으로 알 수 있는 경우와 무리식이 포함되어 있는 경우는 유리화를 통하여 극한을 구할 수 있다. $0\cdot\infty$형은 함수를 통분하면 $\frac{0}{0}$꼴 또는 $\frac{\infty}{\infty}$꼴로 변형할 수 있다.

예제 1.8

다음 극한을 구하여라.

(1) $\lim_{x \to \infty}(x^3 - x^2 + 2)$

(2) $\lim_{x \to \infty}(\sqrt{x^2+1} - x)$

(3) $\lim_{x \to 0}\frac{1}{x}\left(1 + \frac{1}{x-1}\right)$

(4) $\lim_{x \to 0}\frac{1}{x}\left(\frac{1}{\sqrt{x+1}} - 1\right)$

풀이 +

(1) $\lim_{x \to \infty}(x^3 - x^2 + 2) = \lim_{x \to \infty}x^3(1 - \frac{1}{x} + \frac{2}{x^3}) = \infty \cdot 1 = \infty$ 또는 직관적으로 x^3이 x^2보다 훨씬 빨리 무한대로 커지므로 $f(x)$는 x^3의 속도로 무한대로 커진다고 할 수 있다.

(2) 무리식이 포함되어 있는 경우는 유리화를 한 후 극한을 구한다. 즉,

$$\lim_{x \to \infty}(\sqrt{x^2+1} - x) = \lim_{x \to \infty}\frac{(\sqrt{x^2+1} - x)(\sqrt{x^2+1} + x)}{(\sqrt{x^2+1} + x)} = \lim_{x \to \infty}\frac{1}{(\sqrt{x^2+1} + x)} = 0$$

(3) 함수를 통분하고 정리하면,

$$\lim_{x \to 0}\frac{1}{x}\left(1 + \frac{1}{x-1}\right) = \lim_{x \to 0}\frac{1}{x}\left(\frac{x-1+1}{x-1}\right) = \lim_{x \to 0}\frac{1}{x}\left(\frac{x}{x-1}\right) = \lim_{x \to 0}\left(\frac{1}{x-1}\right) = -1$$

(4) 함수를 통분하고 유리화하면 $\lim_{x \to 0}\frac{1}{x}\left(\frac{1}{\sqrt{x+1}} - 1\right) = \lim_{x \to 0}\frac{1}{x}\left(\frac{1-\sqrt{x+1}}{\sqrt{x+1}}\right)$

$$= \lim_{x \to 0}\frac{1}{x}\left(\frac{-x}{\sqrt{x+1}(1+\sqrt{x+1})}\right) = \lim_{x \to 0}\frac{-1}{\sqrt{x+1}(1+\sqrt{x+1})} = -\frac{1}{2}$$

■

1.2 초월함수의 극한

1.2.1 삼각함수의 극한

삼각함수의 극한의 기본은 x가 라디안일 때, $\lim_{x \to 0}\frac{\sin x}{x} = 1$이다. 위의 극한을 유도하기 위해서는 다음의 정리가 필요하다.

정리 2 샌드위치 정리

$f(x) < g(x) < h(x)$이고, $\lim_{x \to c}f(x) = \lim_{x \to c}h(x) = L$라면, $\lim_{x \to c}g(x) = L$이다.

예제 1.9

$\lim_{x\to0}\frac{\sin x}{x}=1$을 증명하여라.

풀이 +

먼저 우극한을 구하면, 즉 $x>0$일 때, 〈그림 1.8〉에서 △OAB<▽OAB<△OAT이므로,
$\frac{1}{2}r^2\sin x<\frac{1}{2}r^2x<\frac{1}{2}r^2\tan x$이므로 $\sin x<x<\tan x$가 성립한다.

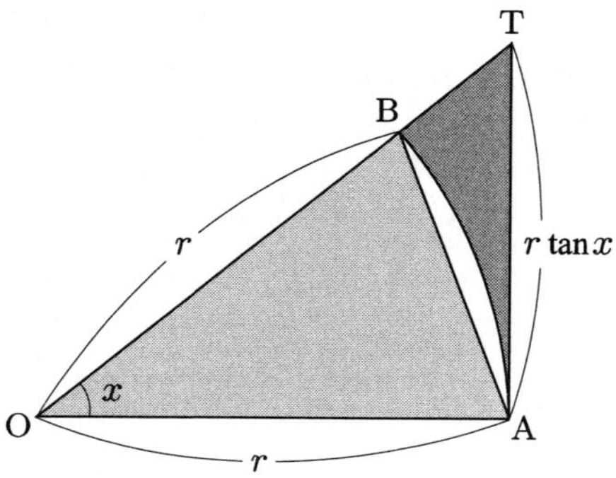

〈그림 1.8〉

각 변을 $\sin x$로 나누면,

$1<\frac{x}{\sin x}<\frac{1}{\cos x}$이고 역수를 취하면, $\cos x<\frac{\sin x}{x}<1$이다. 각 변에 극한을 취하면

$\lim_{x\to+0}\cos x\le\lim_{x\to+0}\frac{\sin x}{x}\le\lim_{x\to+0}1$ 에서 $1\le\lim_{x\to+0}\frac{\sin x}{x}\le1$이다. 샌드위치 정리에 의하여

$\lim_{x\to+0}\frac{\sin x}{x}=1$이다. 다음으로 좌극한은 즉, $x<0$일 때, $x=-t$로 치환하면

$\lim_{x\to-0}\frac{\sin x}{x}=\lim_{t\to+0}\frac{\sin(-t)}{-t}=\lim_{t\to+0}\frac{\sin t}{t}=1$이다. 따라서, $\lim_{x\to0}\frac{\sin x}{x}=1$ ■

그 밖의 삼각함수의 극한은 $\lim_{x\to0}\frac{\sin x}{x}=1$을 변형한 형태인 $\lim_{x\to0}\frac{\sin 2x}{2x}=1$, $\lim_{x\to0}\frac{\sin 3x}{3x}=1$, …과 같이 구할 수 있다. 이를 정리하면 다음과 같다,

$$\lim_{x\to0}f(x)=0\text{이면 }\lim_{x\to0}\frac{\sin f(x)}{f(x)}=1$$

예제 1.10

다음 극한을 구하여라.

(1) $\lim_{x\to 0}\frac{\sin 2x}{x}$ (2) $\lim_{x\to 0}\frac{\sin 3x}{4x}$ (3) $\lim_{x\to 0}\frac{\tan x}{x}$

풀이 +

(1) $\lim_{x\to 0}\frac{\sin 2x}{x}=\lim_{x\to 0}\frac{2\sin 2x}{2x}=2\lim_{x\to 0}\frac{\sin 2x}{2x}=2\cdot 1=2$

(2) $\lim_{x\to 0}\frac{\sin 3x}{4x}=\lim_{x\to 0}\frac{3}{4}\frac{\sin 3x}{3x}=\frac{3}{4}$

(3) $\lim_{x\to 0}\frac{\tan x}{x}=\lim_{x\to 0}\frac{1}{\cos x}\frac{\sin x}{x}=1$ ■

1.2.2 자연지수 e의 정의와 극한

자연지수 e와 관련된 기본 극한은 $\lim_{x\to 0}(1+x)^{\frac{1}{x}}$이다. 이 극한은 아래의 표와 같이 실제로 x를 0에 수렴함으로써 일정한 값 $2.71828\cdots$에 수렴함을 알 수 있다.

우극한		좌극한	
x	$(1+x)^{\frac{1}{x}}$	x	$(1+x)^{\frac{1}{x}}$
0.1	$2.5937\cdots$	0.1	$2.8679\cdots$
0.01	$2.7048\cdots$	0.01	$2.7319\cdots$
0.001	$2.7169\cdots$	0.001	$2.7196\cdots$
0.0001	$2.7181\cdots$	0.0001	$2.7184\cdots$
0.00001	$2.7182\cdots$	0.00001	$2.7182\cdots$
⋮	⋮	⋮	⋮

이 값은 원주율 π와 같은 무리수로서 e로 정의한다. 즉, 극한 $\lim_{x\to 0}(1+x)^{\frac{1}{x}}$의 극한값을 e로 정의하는 것이다. 즉, $e=2.718\cdots$인 무리수이다. 우리는 e와 관련된 극한의 형태가 다음과 같음을 쉽게 알 수 있다.

$$\lim_{x\to 0}f(x)=0\text{이면 }\lim_{x\to 0}(1+f(x))^{\frac{1}{f(x)}}=e$$

예제 1.11

다음 극한 값을 구하여라.

(1) $\lim_{x\to 0}(1+3x)^{\frac{1}{x}}$

(2) $\lim_{x\to 0}(1+3x)^{\frac{1}{2x}}$

풀이 +

(1) $\lim_{x\to 0}(1+3x)^{\frac{1}{x}} = \lim_{x\to 0}((1+3x)^{\frac{1}{3x}})^3 = e^3$

(2) $\lim_{x\to 0}(1+3x)^{\frac{1}{2x}} = \lim_{x\to 0}((1+3x)^{\frac{1}{3x}})^{\frac{3}{2}} = e^{\frac{3}{2}}$ ■

극한 $\lim_{x\to 0}(1+x)^{\frac{1}{x}}$과 같은 정의로 사용되는 극한이 $\lim_{x\to\infty}\left(1+\frac{1}{x}\right)^x$ 또는 $\lim_{n\to\infty}(1+\frac{1}{n})^n$인데, 이 극한값도 e이다. 이는 치환을 통하여 보일 수 있다. 극한 $\lim_{n\to\infty}(1+\frac{1}{n})^n$에서 $x=\frac{1}{n}$으로 치환하면 $n\to\infty$일 때, $x\to 0$이므로 $\lim_{n\to\infty}(1+\frac{1}{n})^n = \lim_{x\to 0}(1+x)^{\frac{1}{x}} = e$이다.

예제 1.12

다음 극한 값을 구하여라.

(1) $\lim_{x\to\infty}(1+\frac{3}{x})^x$

(2) $\lim_{x\to\infty}(1+\frac{3}{x})^{2x}$

(3) $\lim_{x\to\infty}(1+\frac{1}{x})^{3x}$

(4) $\lim_{x\to\infty}(1-\frac{3}{x})^{2x}$

풀이 +

(1) $\lim_{x\to\infty}(1+\frac{3}{x})^{x}=\lim_{x\to\infty}\left((1+\frac{3}{x})^{\frac{x}{3}}\right)^{3}=e^{3}$ (2) $\lim_{x\to\infty}(1+\frac{3}{x})^{2x}=\lim_{x\to\infty}\left((1+\frac{3}{x})^{\frac{x}{3}}\right)^{6}=e^{6}$

(3) $\lim_{x\to\infty}(1+\frac{1}{x})^{3x}=\lim_{x\to\infty}\left((1+\frac{1}{x})^{x}\right)^{3}=e^{3}$ (4) $\lim_{x\to\infty}(1-\frac{3}{x})^{2x}=\lim_{x\to\infty}(1+\frac{-3}{x})^{\frac{x}{-3}})^{-6}=e^{-6}=\frac{1}{e^{6}}$

■

1.3 함수의 연속

1.3.1 한 점에서 연속

함수가 정의역에서 연속이면 기하학적으로 그래프를 그릴 때 종이에서 연필을 떼지 않고 그릴 수 있다. 즉, 그래프에 어떠한 구멍이나 끊김 또는 점프되는 곳이 없는 경우를 연속이라고 한다.

먼저 함수 $f(x)$가

$$\lim_{x\to c}f(x)=f(c)$$

를 만족할 때, $x=c$ 한 점에서 **연속(continuous)**이라고 한다. 이 정의는 다음과 같이 세 가지를 만족한다고 할 수 있다.

(1) 함숫값 $f(c)$가 존재한다.
(2) 극한값 $\lim_{x\to c}f(x)$가 존재한다.
(3) $x=c$에서 함숫값과 극한값이 같다. 즉, $\lim_{x\to c}f(x)=f(c)$이다.

이것은 위의 3식 중 하나라도 만족하지 않을 때, 즉 함수 $f(x)$가 $x=c$에서 연속이지 않은 경우, $x=c$에서 **불연속(discontinuous)**이라고 하고, $x=c$를 **불연속점(point of discontinuity)**이라고 한다. 또한, 함수 $f(x)$가 $\lim_{x\to c+0}f(x)=f(c)$를 만족할 때, $x=c$에서 **우측-연속(right-continuous)**이라고 하고, $\lim_{x\to c-0}f(x)=f(c)$를 만족할 때, $x=c$에서 **좌측-연속(left-continuous)**이라고 한다.

예제 1.13

다음 각 함수가 $x=0$에서 연속인가, 불연속인가?

(1) $f(x)=\begin{cases} \dfrac{\ln(1+x)}{x}, & (x \neq 0) \\ 3, & (x=0) \end{cases}$ (2) $f(x)=\begin{cases} \dfrac{\sin x}{e^x-1}, & (x \neq 0) \\ 1, & (x=0) \end{cases}$

풀이 +

(1) $\lim\limits_{x\to 0}\dfrac{\ln(1+x)}{x}=\lim\limits_{x\to 0}\dfrac{1}{x}\ln(1+x)=\lim\limits_{x\to 0}\ln(1+x)^{\frac{1}{x}}=\ln e=1$이지만 $f(0)=3$이므로 $x=0$에서 불연속이다.

(2) $\lim\limits_{x\to 0}\dfrac{\sin x}{e^x-1}=\lim\limits_{x\to 0}\dfrac{\sin x}{x}\cdot\dfrac{x}{e^x-1}=1$, $\left(\lim\limits_{x\to 0}\dfrac{\sin x}{x}=1,\ \dfrac{e^x-1}{x}=1\right)$이고, $f(0)=1$이므로 $x=0$에서 연속이다. ■

1.3.2 구간에서 연속

함수가 구간에서 연속이라고 하는 것은 다음과 같이 정의한다. 함수가 개구간의 모든 점에서 연속일 때, 함수는 구간에서 연속이라고 한다. 폐구간 $[a,b]$인 경우, 함수 $f(x)$가 개구간 (a,b)에서 연속이고, 양 끝점, 즉 $x=a$에서 우측-연속이고, $x=b$에서 좌측-연속일 때 함수는 구간 $[a,b]$에서 연속이라고 한다. 일반적으로 함수가 정의역에서 연속일 때 함수는 연속이라고 한다.

예제 1.14

〈그림 1.9〉에서 $y=[x]$는 정수가 아닌 모든 점에서는 연속이고, 모든 정수인 점에서는 불연속이지만 우측-연속이다.

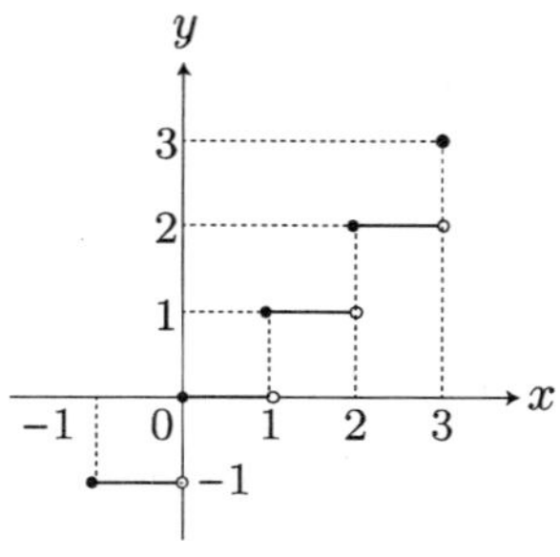

〈그림 1.9〉

따라서, $y=[x]$는 우측-연속함수라고 한다. ■

연속함수에 대하여 다음과 같은 성질이 성립한다.

정리 3 연속 함수 정리

함수 $f(x)$와 $g(x)$가 $x=c$에서 모두 연속이라면, 다음 함수는 $x=c$에서 연속이다.

(a) k가 상수일 때, $kf(x)$

(b) $f(x)\pm g(x)$

(c) $f(x)\cdot g(x)$

(d) $\dfrac{f(x)}{g(x)}$, 단, $g(c)\neq 0$이다.

다음과 같은 함수는 정의역의 모든 점에서 연속이다.

- 다항식
- 유리함수
- 무리함수
- 삼각함수
- 삼각함수의 역함수
- 지수함수
- 로그함수

유리함수인 경우를 보면, 유리함수 $f(x)=\dfrac{1}{x}$의 정의역은 $x\neq 0$인 모든 실수이고 정의되지 않는 $x=0$에서만 불연속이다. 따라서, $f(x)=\dfrac{1}{x}$는 연속함수라고 한다.

예제 1.15

다음 함수가 $x=1$에서 연속일 때, 상수 a,b의 값을 구하여라.

$$f(x)=\begin{cases}\dfrac{a\sqrt{x+1}-b}{x-1}, & (x\neq 1)\\ \sqrt{2}, & (x=1)\end{cases}$$

풀이 +

$x=1$에서 연속이려면, $\lim_{x\to1}f(x)=f(1)$에서 $\lim_{x\to1}\frac{a\sqrt{x+1}-b}{x-1}=\sqrt{2}$를 만족하여야 한다. 먼저 극한의 분모가 0으로 수렴하므로 분자도 0으로 수렴하여야 하므로 $\lim_{x\to1}(a\sqrt{x+1}-b)=0,\ \sqrt{2}a-b=0,\ b=\sqrt{2}a$ 이다. 따라서, $\lim_{x\to1}\frac{a\sqrt{x+1}-b}{x-1}=\lim_{x\to1}\frac{a(\sqrt{x+1}-2)}{x-1}=\lim_{x\to1}\frac{a}{\sqrt{x+1}+\sqrt{2}}=\frac{a}{2\sqrt{2}}=\sqrt{2}$에서 $a=4,\ b=4\sqrt{2}$이다. ■

다음은 연속함수의 성질을 이용한 중요한 성질이다. 증명은 생략하지만 내용은 꼭 기억을 해 둘 필요가 있다.

정리 4

최대·최소 정리 : 함수 $f(x)$가 폐구간 $[a,b]$에서 연속이면, $f(x)$는 그 구간에서 반드시 최댓값과 최솟값을 갖는다.

중간값의 정리 : 함수 $f(x)$가 폐구간 $[a,b]$에서 연속이고 $f(a)\neq f(b)$일 때, $f(a)<k<f(b)$을 만족하는 임의의 k에 대하여 $f(c)=k$을 만족하는 c가 구간 (a,b) 사이에 적어도 하나 존재한다.

중간값의 정리의 특별한 경우가 연속 함수의 근의 존재성을 파악하는 데 사용된다. 즉, 함수 $f(x)$가 폐구간 $[a,b]$에서 연속이고 $f(a)$와 $f(b)$가 반대 부호를 가지고 있으면, 함수 $f(x)$는 (a,b)에서 $f(c)=0$를 만족하는 c가 적어도 하나 존재한다.

예제 1.16

방정식 $x^2-4x+1=0$가 구간 $(0,2)$에서 적어도 하나의 근을 가짐을 보여라.

풀이 +

함수 $f(x)=x^2-4x+1$는 구간 $(0,2)$에서 연속이고, $f(0)=1$, $f(2)=-3$으로서 서로 다른 부호를 가지므로 중간값의 정리에 의하면 $x^2-4x+1=0$인 x가 구간 $(0,2)$에 적어도 하나 존재한다. ■

CHAPTER 01

연습문제

01 극한 $\lim_{x \to 0} \frac{|x|}{x}$를 계산하여라.

02 다음 극한을 구하여라.

(1) $\lim_{x \to 2}(5x^2 - 3x + 1)$

(2) $\lim_{x \to 0}(x\cos 2x)$

(3) $\lim_{x \to -1} \frac{3x^2 - 2x - 1}{x^2 + 1}$

(4) $\lim_{x \to 3} \frac{x^2 - 9}{x - 3}$

(5) $\lim_{x \to -2} \frac{x^3 + 8}{x^2 - 4}$

(6) $\lim_{x \to 0} \frac{x}{x^3}$

(7) $\lim_{x \to 1} \frac{x^3 - 1}{x^2 - 1}$

(8) $\lim_{\Delta x \to 0} \frac{(3 + \Delta x)^2 - 3^2}{\Delta x}$

(9) $\lim_{h \to 0} \frac{1}{h}(\frac{1}{2+h} - \frac{1}{2})$

03 다음 극한을 구하여라. 단, $[x]$는 x를 넘지 않는 최대정수이다.

(1) $\lim_{x \to -1} \frac{x + 1}{|x^2 + 3x| - 2}$

(2) $\lim_{x \to 2} \frac{x^2 - 4}{x - [x]}$

04 $h(x) = \frac{x+1}{x-2}$에 대하여 $\lim_{x \to -\infty} h(x)$, $\lim_{x \to \infty} h(x)$와 $\lim_{x \to 2} h(x)$를 구하여라.

05 다음 수렴 발산을 정하여라.

(1) $\lim_{x\to\infty}\dfrac{5x^2-19}{x^3+5x+2}$　　(2) $\lim_{x\to\infty}\dfrac{x^3-5}{8x^2+3}$

(3) $\lim_{x\to\infty}\dfrac{x^3-4}{3+5x^3}$　　(4) $\lim_{x\to\infty}\dfrac{3+x^2-3x^3}{x+6x^3}$

(5) $\lim_{x\to\infty}\dfrac{x^3+7}{-x^2+4}$

06 극한 $\lim_{x\to1}\dfrac{1}{(x-1)^2}$을 구하여라.

07 극한 $\lim_{x\to\infty}\dfrac{\sin x}{x}$을 구하여라.

08 다음 극한을 구하여라.

(1) $\lim_{x\to\infty}(x^3-x^2+2)$　　(2) $\lim_{x\to-\infty}(x^3-x^2+2)$

(3) $\lim_{x\to\infty}(-5x^4+10x^3+100)$　　(4) $\lim_{x\to-\infty}(-5x^4+10x^3+100)$

09 $f(x)=x^4-\sqrt{3}\,x^2+7$은 모든 실수에서 연속인가?

10 다음 각 함수가 $x=0$에서 연속일 때, 실수 a의 값을 구하여라.

(1) $f(x)=\begin{cases}\dfrac{\ln(1+ax)}{x}, & (x\neq0)\\ 3, & (x=0)\end{cases}$　　(2) $f(x)=\begin{cases}\dfrac{\sin x}{e^x-1}, & (x\neq0)\\ a, & (x=0)\end{cases}$

➥ 연습문제 풀이

01 우극한은 $\lim_{x\to+0}\frac{|x|}{x}=\lim_{x\to+0}\frac{x}{x}=1$이고, 좌극한은 $\lim_{x\to-0}\frac{|x|}{x}=\lim_{x\to-0}\frac{-x}{x}=-1$이므로, 극한은 존재하지 않는다.

02 (1) $\lim_{x\to2}(5x^2-3x+1)=5\lim_{x\to2}x^2-3\lim_{x\to2}x+\lim_{x\to2}1 = 5\cdot4-3\cdot2+1=15$

(2) $\lim_{x\to0}(x\cos2x)=\lim_{x\to0}x\cdot\lim_{x\to}(\cos2x)=0\cdot1=0$

(3) $\lim_{x\to-1}\frac{3x^2-2x-1}{x^2+1}=\frac{\lim_{x\to-1}(3x^2-2x-1)}{\lim_{x\to-1}x^2+1}=\frac{3+2-1}{1+1}=2$

(4) $\lim_{x\to3}\frac{x^2-9}{x-3}=\lim_{x\to-1}\frac{(x-3)(x+3)}{x-3}=\lim_{x\to3}(x+3)=6$

(5) $\lim_{x\to-2}\frac{x^3+8}{x^2-4}=\lim_{x\to-2}\frac{(x+2)(x^2-2x+4)}{(x+2)(x-2)}=\lim_{x\to-2}\frac{x^2-2x+4}{x-2}=\frac{4+4+4}{-4}=-3$

(6) $\lim_{x\to0}\frac{x}{x^3}=\lim_{x\to0}\frac{1}{x^2}=\infty$

(7) $\lim_{x\to1}\frac{x^3-1}{x^2-1}=\lim_{x\to1}\frac{(x-1)(x^2+x+1)}{(x-1)(x+1)}=\frac{3}{2}$

(8) $\lim_{\Delta x\to0}\frac{(3+\Delta x)^2-3^2}{\Delta x}=\lim_{\Delta x\to0}\frac{6\Delta x+\Delta x^2}{\Delta x}=\lim_{\Delta x\to0}(6+\Delta x)=6$

(9) $\lim_{h\to0}\frac{1}{h}(\frac{1}{2+h}-\frac{1}{2})=\lim_{h\to0}(\frac{2-(2+h)}{2h(2+h)})=\lim_{h\to0}\frac{-h}{2h(2+h)}=\lim_{h\to0}\left(\frac{-1}{2(2+h)}\right)=-\frac{1}{4}$

03 (1) $x\to-1$일 때, $x^2+3x\to-2(<0)$이므로,

$$\lim_{x\to-1}\frac{x+1}{|x^2+3x|-2}=\lim_{x\to-1}\frac{x+1}{-(x^2+3x)-2}=\lim_{x\to-1}\frac{x+1}{-(x^2+3x+2)}=\lim_{x\to-1}\frac{x+1}{-(x+1)(x+2)}$$
$$=\lim_{x\to-1}(\frac{-1}{x+2})=-1$$

(2) 우극한은 $x\to2+0$일 때 $2<x<3$ 곧, $[x]=2$, $\lim_{x\to2+0}\frac{x^2-4}{x-[x]}=\lim_{x\to2+0}x+2=4$이고,

좌극한은 $x\to2-0$일 때 $1<x<2$ 곧, $[x]=1$, $\lim_{x\to2-0}\frac{x^2-4}{x-[x]}=\lim_{x\to2-0}\frac{x^2-4}{x-1}=0$이므로, 극한값은 존재하지 않는다.

04 $\lim_{x\to-\infty}h(x)=1$, $\lim_{x\to+\infty}h(x)=1$이고, $\lim_{x\to2+0}h(x)=+\infty$, $\lim_{x\to2-0}h(x)=-\infty$이므로 $\lim_{x\to2}h(x)$는 존재하지 않는다.

05 (1) $\lim_{x\to\infty}\frac{5x^2-19}{x^3+5x+2}=0$

(2) $\lim_{x\to\infty}\frac{x^3-5}{8x^2+3}=\infty$

(3) $\lim_{x\to\infty}\frac{x^3-4}{3+5x^3}=\frac{1}{5}$

(4) $\lim_{x\to\infty}\frac{3+x^2-3x^3}{x+6x^3}=-\frac{1}{2}$

(5) $\lim_{x\to\infty}\frac{x^3+7}{-x^2+4}=-\infty$

06 $\lim\limits_{x\to 1-0}\dfrac{1}{(x-1)^2}=\infty$, $\lim\limits_{x\to 1+0}\dfrac{1}{(x-1)^2}=\infty$이므로 $\lim\limits_{x\to 1}f(x)=\infty$이다.

07 모든 x에서, $-1\le \sin x\le 1$이기 때문에, $x>0$이면 $-\dfrac{1}{x}\le\dfrac{\sin x}{x}\le\dfrac{1}{x}$를 따른다. $x\to\infty$일 때, $-\dfrac{1}{x}$와 $\dfrac{1}{x}$ 모두는 0에 수렴한다. 그러므로 샌드위치 정리에 의하면 $\lim\limits_{x\to\infty}\dfrac{\sin x}{x}$는 0이다.

08 (1) $\lim\limits_{x\to\infty}(x^3-x^2+2)=\infty$

(2) $\lim\limits_{x\to-\infty}(x^3-x^2+2)=-\infty$

(3) $\lim\limits_{x\to\infty}(-5x^4+10x^3+100)=-\infty$

(4) $\lim\limits_{x\to-\infty}(-5x^4+10x^3+100)=-\infty$

09 $f(x)=x^4-\sqrt{3}x^2+7$는 다항함수이기 때문에 모든 실수 x에 대하여 연속이다.

10 (1) $\lim\limits_{x\to}\dfrac{\ln(1+ax)}{x}=\lim\limits_{x\to 0}\dfrac{a\ln(1+ax)}{ax}=a$, $\left(\lim\limits_{x\to 0}\dfrac{\ln(1+ax)}{ax}=1\right)$이고, $f(0)=3$이므로 $a=3$이다.

(2) $\lim\limits_{x\to 0}\dfrac{\sin x}{e^x-1}=\lim\limits_{x\to 0}\dfrac{\sin x}{x}\cdot\dfrac{x}{e^x-1}=1$, $\left(\lim\limits_{x\to 0}\dfrac{\sin x}{x}=1,\ \dfrac{e^x-1}{x}=1\right)$이고, $f(0)=a$이므로 $a=1$이다.

Chapter

02

다변수 함수

2.1 다변수 함수

2.1.1 다변수 함수

많은 함수는 여러 개의 독립변수에 의존한다. 예를 들면, 한라산의 한 지역에서의 온도 F는 세 변수 x(경도), y(위도), h(높이)에 의존하는 (x,y,h)의 함수로 생각할 수 있다. 즉, 함수관계를 $F=f(x,y,h)$로 나타낼 수 있다. 또, 원기둥의 부피 V는 반지름 r과 높이 h에 의존하는 r과 h의 함수 $V=f(r,h)$로 나타낼 수 있으며, 실제로는 $V=\pi r^2 h$이다.

2변수 함수의 정의를 살펴보자. 먼저 집합 D를 실수의 순서쌍 (x,y)의 집합이라고 할 때, D에서 정의되는 2변수 함수 $f(x,y)$는 D에 속하는 각 순서쌍 (x,y)에 대해 유일한 실수값

$$z=f(x,y)$$

을 대응시켜 주는 규칙이다. 이때, 집합 D를 f의 정의역이라고 하고, f의 치역은 f가 취하는 값들의 집합이다. 변수 x와 y는 독립변수, z는 종속변수라고 한다.

예제 2.1

주어진 함수에 대하여 $f(1,2)$의 값과 정의역을 구하여라.

(1) $f(x,y)=\sqrt{y-x^2}$ (2) $f(x,y)=y\ln(y^2-x)$

풀이 +

(1) $f(1,2)=\sqrt{2-1^2}=\sqrt{1}=1$, 정의역은 $y \ge x^2$이다.

(2) $f(1,2)=2\ln(2^2-1)=2\ln 3$, 정의역은 $y^2>x$이다. ■

3변수 함수는 정의역 D에 속하는 각 순서쌍 (x,y,z)에 대해 유일한 실수값

$$w=f(x,y,z)$$

을 대응시켜 주는 규칙이다. 예를 들면, 지구 표면 위의 한 점에서의 온도 F는 그 점의 경도 x와 위도 y뿐만 아니라 시간 t에도 의존한다. 그러므로 이것은 $F=f(x,y,t)$로 쓸 수 있다.

예제 2.2

3변수 함수 $f(x,y,z)=xy\ln z$의 정의역을 구하라.

풀이 +

$f(x,y,z)$는 $z>0$에서만 정의된다.
따라서, f의 정의역은 $D=\{(x,y,z)|z>0\}$로 반공간(half-space)이다. ■

예제 2.3

다음 함수의 정의역을 구하라.

(1) $f(x,y,z)=\dfrac{\sin(x+z)}{x^2+y^2+z^2}$

(2) $g(x,y,z)=\sqrt{4-x^2-y^2-z^2}$

풀이 +

(1) $f(x,y,z)=\dfrac{\sin(x+z)}{x^2+y^2+z^2}$에서 분모가 0이 아니어야 하므로, 즉 $x^2+y^2+z^2\neq 0$이다. 따라서, 정의역은 $(x,y,z)\neq(0,0,0)$인, 즉, 원점을 제외한 모든 3차원 공간상의 점이다.

(2) $g(x,y,z)=\sqrt{4-x^2-y^2-z^2}$이 정의되기 위해서는 근호 안이 0보다 크거나 같아야 한다. 즉, $4-x^2-y^2-z^2\geqq 0$이다. 따라서, 정의역은 $x^2+y^2+z^2\leqq 4$이다. 이것은 중심이 원점이고 반지름이 2인 구와 그 내부이다. ■

일반적으로 n변수 함수는 정의역 D에 속하는 n개의 실수의 순서쌍 $(x_1,x_2,x_3,\cdots x_n)$에 유일한 실수값

$$z=f(x_1,\cdots x_n)$$

을 대응시켜 주는 규칙이다. 예를 들어, 어떤 회사의 휴대폰이 n개의 부품으로 이루어졌고, c_i를 i번째 부품의 가격, x_i를 i번째 부품의 수라고 하면, 휴대폰 부품의 총 가격 C는 n변수 함수 $C=f(x_{1,}\cdots x_n)=c_1x_1+c_2x_2+\cdots+c_nx_n$으로 나타낼 수 있다.

2.2 다변수 함수의 극한과 연속

2.2.1 2변수 함수의 극한

변수의 쌍 (x,y)가 (a,b)와 다르면서 (a,b)에 충분히 가까이 갈 때, $f(x,y)$가 L에 가까이 가면 $f(x,y)$는 L에 수렴한다라고 하고

$$\lim_{(x,y)\to(a,b)} f(x,y) = L$$

로 나타낸다. 이때 L을 $f(x,y)$의 극한값 또는 극한이라고 한다. 이 정의는 1장에서 본 함수의 극한의 정의와 같다. 다른 점은 1개의 변수 대신 2개의 독립변수를 가지기 때문에 (x,y)가 (a,b)에 수렴한다는 개념을 확장하여야 한다. 하나의 변수 x가 c에 수렴하는 것은 기하학적으로 보았을 때 수직선상에서 두 방향에서 수렴하는 우극한과 좌극한뿐이었다. 그러나 (x,y)가 좌표평면상에서 한 점$(0,0)$에 수렴하는 것은

- x축을 따라 수렴하는 방법, 즉 $y=0$이고 $x\to0$으로 수렴
- y축을 따라 수렴하는 방법, 즉 $x=0$이고 $y\to0$으로 수렴
- 직선 $y=x$을 따라 수렴하는 방법, 즉 $y=x$이고 $x\to0$으로 수렴
- 곡선 $y=\sqrt{x}$을 따라 수렴하는 방법, 즉 $y=\sqrt{x}$이고 $x\to0$으로 수렴

$$\vdots$$

와 같이 무수히 많다. 〈그림 2.1〉을 참고하기를 바란다.

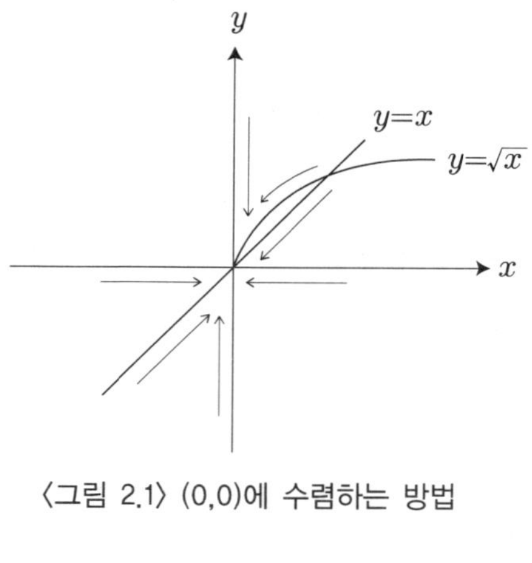

〈그림 2.1〉 (0,0)에 수렴하는 방법

먼저 극한값이 존재하지 않는 경우를 살펴보자. 극한값이 존재하지 않는 것은 위에서 열거한 (x, y)가 (a, b)에 수렴해 가는 방법 중에서 하나라도 $f(x, y)$가 다른 값에 수렴하면 극한은 존재하지 않는다.

예제 2.4

$\lim_{(x,y)\to(0,0)} \dfrac{x^2-y^2}{x^2+y^2}$의 극한이 존재하지 않음을 보여라.

풀이 +

먼저 x축을 따라 $(0,0)$에 수렴하는 경우를 생각해 보면, $y=0$이고 $x \to 0$으로 보내면 된다. 따라서, $\lim_{x\to 0}\dfrac{x^2-0^2}{x^2+0^2}=1$이다. 한편, y축을 따라 $(0,0)$에 수렴하는 경우는 $\lim_{y\to 0}\dfrac{0^2-y^2}{0^2+y^2}=-1$이다. 따라서, 극한은 존재하지 않는다. ■

예제 2.5

2변수 함수가 $f(x, y)=\dfrac{2xy}{x^2+y^2}$와 같을 때, 극한 $\lim_{(x,y)\to(0,0)} f(x, y)$을 구하여라.

풀이 +

먼저 x축을 따라 접근하면 $\lim_{x\to 0}\dfrac{2x\cdot 0}{x^2+0^2}=\lim_{x\to 0}\dfrac{0}{x^2}=0$이고, y축을 따라 접근하면 $\lim_{y\to 0}\dfrac{2\cdot 0\cdot y}{0^2+y^2}=\lim_{x\to 0}\dfrac{0}{y^2}$ $=0$이다. 하지만 직선 $y=x$를 따라 $(0,0)$으로 접근하면 $\lim_{x\to 0}\dfrac{2x\cdot x}{x^2+x^2}=\lim_{x\to 0}\dfrac{2x^2}{2x^2}=1$이다. 따라서 극한은 존재하지 않는다. ■

극한값이 존재하는 경우를 보면 부정형이 아닌 경우는 다음 예제와 같이 직접 계산할 수 있다.

예제 2.6

다음 극한을 구하여라.

(1) $\lim_{(x,y)\to(1,2)} (x^2y^3-x^3y^2+3xy)$

(2) $\lim_{(x,y)\to(3,4)} \sqrt{x^2+y^2}$

풀이 +

(1) $\lim_{(x,y)\to(1,2)}(x^2y^3-x^3y^2+3xy)=1^2\cdot 2^3-1^3\cdot 2^2+3\cdot 1\cdot 2=10$

(2) $\lim_{(x,y)\to(3,4)}\sqrt{x^2+y^2}=\sqrt{3^2+4^2}=5$ ■

다음은 부정형의 극한값을 구하는 방법을 보자. 이는 1장의 함수의 극한처럼 인수분해와 무리식의 유리화를 통하여 구할 수 있는 것도 있지만 그렇지 않은 경우도 있다.

예제 2.7

다음 극한을 구하여라.

(1) $\lim_{(x,y)\to(1,1)}\dfrac{x^2-y^2}{x-y}$ (2) $\lim_{(x,y)\to(0,0)}\dfrac{x^2-xy}{\sqrt{x}-\sqrt{y}}$

풀이

(1) 분자를 인수분해하면 $\lim_{(x,y)\to(1,1)}\dfrac{x^2-y^2}{x-y}=\lim_{(x,y)\to(1,1)}\dfrac{(x-y)(x+y)}{x-y}=\lim_{(x,y)\to(1,1)}(x+y)=2$

(2) 분모를 유리화하면

$$\lim_{(x,y)\to(0,0)}\frac{x^2-xy}{\sqrt{x}-\sqrt{y}}=\lim_{(x,y)\to(0,0)}\frac{x(x-y)(\sqrt{x}+\sqrt{y})}{x-y}=\lim_{(x,y)\to(0,0)}x(\sqrt{x}+\sqrt{y})=0$$ ■

2.2.2 다변수 함수에서 극한의 수렴

다변수 함수에서는 인수분해와 무리식의 유리화를 통하여 극한을 계산할 수 없는 경우가 있다. 이 경우에 변수가 하나인 일변수의 함수의 극한을 구하는 방법을 사용할 수 없다. 왜냐하면 〈그림 2.1〉과 같이 평면상에서 한 점에 수렴하는 방법이 무한가지가 있기 때문이다. 따라서 1장에서 배운 좌극한과 우극한을 이용하였던 정의를 다변수 함수에서 사용할 수 있도록 변형하여야 한다.

먼저 점 c와 양수 δ에 대하여 집합

$$N(c)=\{x:|x-c|<\delta\}$$

를 점 c의 근방(neighborhood)이라고 한다. 즉, 근방은 $N(c)=\{x:c-\delta<x<c+\delta\}=(c-\delta,c+\delta)$로서 점 c가 중심이고 반경(radius)이 δ인 개구간이다.

정의 1 **극한의 정의 1**

함수 $f(x)$가 c의 근방에서 정의되고, 모든 $\epsilon > 0$에 대하여

$$0 < |x-c| < \delta \quad \rightarrow \quad |f(x)-L| < \epsilon \tag{2.1}$$

을 만족하는 ϵ에 대응하는 δ가 존재할 때, "x가 c에 수렴할 때 $f(x)$는 L에 수렴한다"라고 하고 $\lim_{x \to c} f(x) = L$ 로 나타낸다.

위는 다변수 함수에서 필요한 정의로서 보통 $\epsilon-\delta$방법이라고 한다. 식 (2.1)을 만족하는 ϵ에 대응하는 δ을 찾는 방법은 나름대로의 고도의 기술이 필요하여 여기에서는 조금 쉬운 버전(version)으로 설명을 하도록 하자. 이 버전은 공학, 통계학 등 고급 미적분(advanced calculus)이 필요한 응용분야에서 많이 사용되고 있기 때문이다.

정의 2 **극한의 정의 2**

함수 $f(x)$가 c의 근방에서 정의되고,

$$|x-c| \rightarrow 0\text{일 때 } |f(x)-L| \rightarrow 0$$

을 만족할 때, "x가 c에 수렴할 때 $f(x)$는 L에 수렴한다"라고 하고 $\lim_{x \to c} f(x) = L$로 나타낸다.

예제 2.8

극한 $\lim_{x \to 1}(5x-2) = 3$임을 보여라.

풀이 +

$|(5x-2)-3| = |5x-5| = 5|x-1|$이고, $x \to 1$이면 $|x-1| \to 0$이므로

$$5|x-1| \to 0$$

이다. 따라서, 다음과 같다.

$$\lim_{x \to 1}(5x-2) = 3$$ ■

위 극한의 정의를 2변수로 확장을 해 보자. 먼저 점 $P(a,b)$와 양수 δ에 대하여 집합

$$N(P)=\{(x,y):|(x,y)-(a,b)|<\delta\}$$

를 점 P의 근방(neighborhood)이라고 한다. 즉, 근방은 $N(P)=\{(x,y):\sqrt{(x-a)^2+(y-b)^2}<\delta\}$로서 점 P가 중심이고 반경(radius)이 δ인 열린 디스크(원판)이다.

정의 3 2변수 함수의 극한

함수 $f(x)$가 점 P의 근방에서 정의되고,

$$\sqrt{(x-a)^2+(y-b)^2}\to 0 \text{일 때 } |f(x,y)-L|\to 0$$

을 만족할 때, "점 (x,y)가 (a,b)에 수렴할 때 $f(x,y)$는 L에 수렴한다"라고 하고 $\lim_{(x,y)\to(a,b)} f(x,y)=L$로 나타낸다.

예제 2.9

극한 $\lim_{(x,y)\to(0,0)} \dfrac{3x^2y}{x^2+y^2}$을 구하여라.

풀이 +

$$\begin{aligned}|f(x,y)-0| &= \left|\frac{3x^2y}{x^2+y^2}-0\right| \le \left|\frac{3x^2y}{x^2+y^2}\right| \\ &= \frac{3x^2|y|}{x^2+y^2} \\ &\le 3|y| \\ &= 3\sqrt{y^2} \\ &\le 3\sqrt{x^2+y^2}\end{aligned}$$

이고 $(x,y)\to(0,0)$이면 $\sqrt{x^2+y^2}\to 0$이므로 $3\sqrt{x^2+y^2}\to 0$
이다. 따라서, 다음과 같다.

$$\lim_{(x,y)\to(0,0)} \frac{3x^2y}{x^2+y^2}=0$$

■

예제 2.10

$\lim_{(x,y)\to(0,0)} \dfrac{xy}{\sqrt{x^2+y^2}} = 0$임을 보여라.

풀이 +

$x^2+y^2-2xy=(x-y)^2 \geq 0$이므로

$$0 \leq \left|\frac{xy}{\sqrt{x^2+y^2}}\right| \leqq \frac{|2xy|}{\sqrt{x^2+y^2}} \leqq \frac{x^2+y^2}{\sqrt{x^2+y^2}} = \sqrt{x^2+y^2}$$

이 성립한다. 따라서 $\sqrt{x^2+y^2}\to 0$일 때 $\left|\dfrac{xy}{\sqrt{x^2+y^2}}\right|\to 0$이다. ■

2.2.3 2변수 함수의 연속

먼저 2변수 함수의 연속의 정의를 보자. 2변수 함수 $f(x,y)$가

$$\lim_{(x,y)\to(a,b)} f(x,y) = f(a,b)$$

를 만족할 때 $f(x,y)$는 (a,b)에서 연속이라고 한다. 이 정의는 다음과 같은 세 가지를 만족한다고 할 수 있다.

(1) 함숫값 $f(a,b)$가 존재한다.

(2) 극한 $\lim_{(x,y)\to(a,b)} f(x,y)$가 존재한다.

(3) (a,b)에서 함숫값과 극한값이 같다. 즉, $\lim_{(x,y)\to(a,b)} f(x,y) = f(a,b)$이다.

위의 3식 중 하나라도 만족하지 않을 때, 즉 2변수 함수 $f(x,y)$는 한 점 (a,b)에서 불연속(discontinuous)이라고 한다. 한편, 2변수 함수 $f(x,y)$가 정의역의 모든 점 (a,b)에서 f가 연속이면, f는 연속이라고 한다.

예제 2.11

다음 함수는 점 (0,0)에서 연속인가?

$$f(x,y) = \begin{cases} \dfrac{x^2-y^2}{x^2+y^2}, & (x,y) \neq (0,0) \\ 0, & (x,y) = (0,0) \end{cases}$$

풀이 +

f가 $(0,0)$에서 정의되었지만 〈예제 2.4〉에서 $\lim_{(x,y)\to(0,0)} f(x,y)$가 존재하지 않으므로 불연속이다. ■

예제 2.12

다음 함수는 연속함수인가?

$$f(x,y)=\begin{cases}\dfrac{3x^2y}{x^2+y^2}, & (x,y)\neq(0,0)\\ 0, & (x,y)=(0,0)\end{cases}$$

풀이 +

먼저 $(x,y)\neq(0,0)$인 점들을 고려하면 $f(x,y)$가 유리함수이므로 연속이다. 한편 $(x,y)=(0,0)$에서 함숫값은 $f(0,0)=0$으로 정의되어 있고, 〈예제 2.9〉에서 $\lim_{(x,y)\to(0,0)} \dfrac{3x^2y}{x^2+y^2}=0$이므로, f는 $(0,0)$에서 연속이다. 따라서, $f(x,y)$는 모든 (x,y)에서 연속함수이다. ■

CHAPTER 02

연습문제

01 2변수 함수 $f(x,y)=\ln(x+y)$이라고 하자.

(1) $f(-1,2)$의 값을 구하여라.

(2) $f(e^2,0)$의 값을 구하여라.

(3) f의 정의역을 구하여라.

(4) f의 범위를 구하여라.

02 2변수 함수 $g(x,y)=\cos(x+2y)$라고 하자.

(1) $g(2\pi,-\pi)$의 값을 구하여라.

(2) g의 정의역을 구하여라.

(3) f의 범위를 구하여라.

03 3변수 함수 $f(x,y,z)=\sqrt{x}+\sqrt{y}+\sqrt{z}+\ln(4-x^2-y^2-z^2)$에 대하여

(1) $f(1,1,1)$의 값을 구하여라.

(2) f의 정의역을 구하여라.

04 다음 2변수 함수의 정의역과 치역을 구하여라.

(1) $f(x,y)=\sqrt{2x^2+y^2-2}$

(2) $f(x,y)=\sqrt{1-x^2}+\sqrt{1-y^2}$

(3) $f(x,y)=\dfrac{\sqrt{y^2-x^2}}{1-x^2}$

05 3변수 함수 $f(x,y,z)=\sqrt{9-x^2-y^2-z^2}$ 의 정의역을 구하여라.

06 다음 극한을 구하여라.

(1) $\lim_{(x,y)\to(1,2)}(5x^3-x^2y^2)$

(2) $\lim_{(x,y)\to(2,1)}\dfrac{4-xy}{x^2+3y^2}$

(3) $\lim_{(x,y)\to(1,-1)}e^{-xy}\cos(x+y)$

(4) $\lim_{(x,y)\to(1,0)}\ln\left(\dfrac{1+y^2}{x^2+xy}\right)$

(5) $\lim_{(x,y,z)\to(3,0,1)}e^{-xy}\sin(\pi z/2)$

07 다음 극한을 구하여라.

(1) $\lim_{(x,y)\to(0,0)}\dfrac{y^4}{x^4+3y^4}$

(2) $\lim_{(x,y)\to(0,0)}\dfrac{xy\cos y}{3x^2+y^2}$

(3) $\lim_{(x,y)\to(0,0)}\dfrac{xy}{\sqrt{x^2+y^2}}$

(4) $\lim_{(x,y)\to(0,0)}\dfrac{x^2ye^y}{x^4+4y^2}$

(5) $\lim_{(x,y)\to(0,0)}\dfrac{x^2+y^2}{\sqrt{x^2+y^2+1}-1}$

(6) $\lim_{(x,y)\to(0,0)}\dfrac{x^3+y^3}{x^2+y^2}$

(7) $\lim_{(x,y,z)\to(0,0,0)}\dfrac{xy+yz^2+xz^2}{x^2+y^2+z^4}$

(8) $\lim_{(x,y,z)\to(0,0,0)}\dfrac{yz}{x^2+4y^2+9z^2}$

08 다음의 함수가 연속인 점들의 집합을 구하여라.

(1) $f(x,y)=\dfrac{1}{x^2-y}$

(2) $f(x,y,z)=\sqrt{y-x^2}\ln z$

(3) $g(x,y)=\ln(x^2+y^2-4)$

(4) $f(x,y)=\begin{cases}\dfrac{x^2y^3}{2x^2+y^2} & \text{if } (x,y)\neq(0,0)\\ 1 & \text{if } (x,y)=(0,0)\end{cases}$

(5) $f(x,y)=\begin{cases}\dfrac{xy}{x^2+xy+y^2} & \text{if } (x,y)\neq(0,0)\\ 0 & \text{if } (x,y)=(0,0)\end{cases}$

➥ 연습문제 풀이

01 (1) $f(-1,2)=\ln(-1+2)=\ln 1=0$

(2) $f(e^2,0)=\ln(e^2+0)=\ln e^2=2$

(3) 로그의 진수 조건에 의하여 $x+y>0$, 따라서, 정의역은 $\{(x,y),x+y>0\}$이다.

(4) 로그의 범위는 모든 실수의 값을 가지므로 범위는 모든 실수이다.

02 (1) $g(2\pi,-\pi)=\cos(2\pi-2\pi)=\cos 0=1$

(2) 코사인 함수의 정의역은 모든 실수이므로 정의역은 $R^2=\{(x,y):x,y$는 모든 실수$\}$이다.

(3) 코사인 함수의 범위는 -1보다 크거나 같고 1보다 작거나 같으므로 $z=g(x,y)$의 범위는 $\{z:-1\le z\le 1\}$이다.

03 (1) $f(1,1,1)=\sqrt{1}+\sqrt{1}+\sqrt{1}+\ln(4-1^2-1^2-1^2)=1+1+1+\ln 1=3$

(2) 근호의 정의역은 0보다 크거나 같고, 로그의 진수 조건에 의하여 정의역은 $\{(x,y,z),x^2+y^2+z^2<4,x\ge 0,y\ge 0,z\ge 0\}$이다.

04 (1) 정의역: $\{(x,y),2x^2+y^2\ge 2\}$, 치역: $\{z:z\ge 0\}$

(2) 정의역: $\{(x,y),x^2\le 1,y^2\le 1\}$, 치역: $\{z:z\ge 0\}$

(3) 정의역: $\{(x,y),y^2\ge x^2,x\ne\pm 1\}$, 치역: $\{z:z$는 모든 실수$\}$

05 정의역 : $\{(x,y,z),x^2+y^2+z^2\le 9\}$

06 (1) $\lim_{(x,y)\to(1,2)}(5x^3-x^2y^2)=5\cdot 1^3-1^2\cdot 2^2=5-4=1$

(2) $\lim_{(x,y)\to(2,1)}\dfrac{4-xy}{x^2+3y^2}=\dfrac{4-2\cdot 1}{2^2+3\cdot 1^2}=\dfrac{2}{7}$

(3) $\lim_{(x,y)\to(1,-1)}e^{-xy}\cos(x+y)=e^{-(1)(-1)}\cos(1+(-1))=e$

(4) $\lim_{(x,y)\to(1,0)}\ln\left(\dfrac{1+y^2}{x^2+xy}\right)=\ln\left(\dfrac{1+0^2}{1^2+1\cdot 0}\right)=\ln 1=0$

(5) $\lim_{(x,y,z)\to(3,0,1)}e^{-xy}\sin(\pi z/2)=e^{-3\cdot 0}\sin\left(\dfrac{\pi\cdot 1}{2}\right)=e^{-0}\sin\dfrac{\pi}{2}=1$

07 (1) $\lim_{(x,y)\to(0,0)}\dfrac{y^4}{x^4+3y^4}$의 극한은 존재하지 않는다. 먼저 x축을 따라 $(0,0)$에 수렴하는 경우를 생각해 보면, $y=0$이고 $x\to 0$으로 보내면 된다. 따라서 $\lim_{(x,y)\to(0,0)}\dfrac{0^4}{x^4+3y^4}=0$이다. 한편, y축을 따라 $(0,0)$에 수렴하는 경우는 $\lim_{(x,y)\to(0,0)}\dfrac{y^4}{x^4+3y^4}=\lim_{(x,y)\to(0,0)}\dfrac{y^4}{0^4+3y^4}=\dfrac{1}{3}$이다.

(2) $\lim_{(x,y)\to(0,0)}\dfrac{xy\cos y}{3x^2+y^2}$의 극한은 존재하지 않는다. 먼저 x축을 따라 $(0,0)$에 수렴하는 경우와 y축을 따라 $(0,0)$에 수렴하는 경우의 극한은 0이지만 직선 $y=x$를 따라 $(0,0)$으로 접근해 보면 $\lim_{(x,y)\to(0,0)}\dfrac{xy\cos y}{3x^2+y^2}=$

$$\lim_{(x,y)\to(0,0)} \frac{x^2\cos x}{3x^2+x^2} = \lim_{(x,y)\to(0,0)} \frac{\cos x}{4} = \frac{1}{4}$$ 이다.

(3) $\left|\frac{xy}{\sqrt{x^2+y^2}}\right| = \frac{|x||y|}{\sqrt{x^2+y^2}} \le |y| \le \sqrt{x^2+y^2}$ 이고 $(x,y)\to(0,0)$이면 $\sqrt{x^2+y^2}\to 0$이다. 따라서

$$\lim_{(x,y)\to(0,0)} \frac{xy}{\sqrt{x^2+y^2}} = 0$$이다.

(4) $\lim_{(x,y)\to(0,0)} \frac{x^2ye^y}{x^4+4y^2}$의 극한은 존재하지 않는다. x축을 따라 $(0,0)$에 수렴하는 경우와 y축을 따라 $(0,0)$에 수렴하는 경우의 극한은 0이지만 직선 $y=x^2$를 따라 $(0,0)$으로 접근해 보면

$$\lim_{(x,y)\to(0,0)} \frac{x^2ye^y}{x^4+4y^2} = \lim_{(x,y)\to(0,0)} \frac{x^2x^2e^{x^2}}{x^4+4x^4} = \lim_{(x,y)\to(0,0)} \frac{e^{x^2}}{5} = \frac{1}{5}$$이다.

(5) $\left|\frac{x^2+y^2}{\sqrt{x^2+y^2+1}-1} - 2\right| = \left|\frac{x^2+y^2-2\sqrt{x^2+y^2+1}+2}{\sqrt{x^2+y^2+1}-1}\right| = \left|\frac{x^2+y^2+1-2\sqrt{x^2+y^2+1}+1}{\sqrt{x^2+y^2+1}-1}\right|$

$\left|\frac{(\sqrt{x^2+y^2+1}-1)^2}{\sqrt{x^2+y^2+1}-1}\right| = |(\sqrt{x^2+y^2+1}-1)|$이고 $(x,y)\to(0,0)$이면 $\sqrt{x^2+y^2}\to 0$이므로

$|(\sqrt{x^2+y^2+1}-1)|\to 0$이다. 따라서 $\lim_{(x,y)\to(0,0)} \frac{x^2+y^2}{\sqrt{x^2+y^2+1}-1} = 2$이다.

(6) $\left|\frac{x^3+y^3}{x^2+y^2} - 0\right| \le \left|\frac{x^3+y^3}{x^2+y^2}\right| \le \frac{|x|^3}{x^2+y^2} + \frac{|y|^3}{x^2+y^2} \le \frac{|x|^3}{x^2} + \frac{|y|^3}{y^2} = |x|+|y| \le \sqrt{x^2+y^2} + \sqrt{x^2+y^2}$

$=2\sqrt{x^2+y^2}$ 이고 $(x,y)\to(0,0)$이면 $\sqrt{x^2+y^2}\to 0$이므로 $2\sqrt{x^2+y^2}\to 0$이다.

따라서 $\lim_{(x,y)\to(0,0)} \frac{x^3+y^3}{x^2+y^2} = 0$이다.

(7) $\lim_{(x,y,z)\to(0,0,0)} \frac{xy+yz^2+xz^2}{x^2+y^2+z^4}$의 극한은 존재하지 않는다. 공간상의 x축을 따라 $(0,0,0)$에 수렴하는 경우,

즉 $y=0$, $z=0$이고 $x\to 0$인 경우 $\lim_{(x,y,z)\to(0,0,0)} \frac{xy+yz^2+xz^2}{x^2+y^2+z^4} = \lim_{(x,y,z)\to(0,0,0)} \frac{x\cdot 0+0\cdot 0^2+x0^2}{x^2+0^2+0^4} = 0$이지만 공간상의 직선 $z=0$, $y=x$를 따라 $(0,0,0)$으로 접근해 보면

$$\lim_{(x,y,z)\to(0,0,0)} \frac{xy+yz^2+xz^2}{x^2+y^2+z^4} = \lim_{(x,y,z)\to(0,0,0)} \frac{x^2+x\cdot 0^2+x0^2}{x^2+x^2+0^4} = \frac{1}{2}$$이다.

(8) $\lim_{(x,y,z)\to(0,0,0)} \frac{yz}{x^2+4y^2+9z^2}$의 극한은 존재하지 않는다. 공간상의 x축을 따라 $(0,0,0)$에 수렴하는 경우,

즉 $y=0$, $z=0$이고 $x\to 0$인 경우 $\lim_{(x,y,z)\to(0,0,0)} \frac{yz}{x^2+4y^2+9z^2} = \lim_{(x,y,z)\to(0,0,0)} \frac{0\cdot 0}{x^2+4\cdot 0^2+9\cdot 0^2} = 0$이지만

공간상의 직선 $x=0$, $y=z$를 따라 $(0,0,0)$으로 접근해 보면

$$\lim_{(x,y,z)\to(0,0,0)} \frac{yz}{x^2+4y^2+9z^2} = \lim_{(x,y,z)\to(0,0,0)} \frac{y^2}{0^2+4y^2+9y^2} = \frac{1}{13}$$이다.

08 (1) $f(x,y)$가 분수함수이므로 분모가 0이 아닌 모든 (x,y)에서 연속이다. 즉 $y\ne x^2$인 모든 (x,y)에서 연속이다.

(2) $f(x,y,z)$가 무리함수와 로그함수로 이루어져 있으므로 정의역의 모든 (x,y,z)에서 연속이다. 즉 $y\ge x^2$이고 $z>0$인 모든 (x,y,z)에서 연속이다.

(3) $g(x,y)$가 로그함수로 이루어져 있으므로 정의역의 모든 (x,y)에서 연속이다. 즉 $x^2+y^2>4$인 모든 (x,y)에서 연속이다.

(4) 먼저 $(x,y) \neq (0,0)$인 점들을 고려하면 $f(x,y)$가 유리함수이므로 연속이다. 한편 $(x,y)=(0,0)$에서 함수값은 $f(0,0)=1$으로 정의되어 있고, $\lim_{(x,y)\to(0,0)} \frac{x^2y^3}{2x^2+y^2}=0$이므로, f는 $(0,0)$에서 불연속이다.

따라서 $f(x,y)$는 $(x,y) \neq (0,0)$인 점에서 연속함수이다.

(5) f가 $(0,0)$에서 정의되었지만 $\lim_{(x,y)\to(0,0)} \frac{xy}{x^2+xy+y^2}$가 존재하지 않으므로 $(x,y)=(0,0)$에서 불연속이다.

Chapter

03

미분법

3.1 함수의 변화율

3.1.1. 평균변화율과 변화율

함수 $y=f(x)$의 구간 $[a,b]$에서의 **평균변화율(average rate of change)**은 용어가 의미하는 것처럼, y의 변화량을 x의 변화량으로 나눈 값을 의미한다. 먼저 x의 변화량(증분)은 x가 a에서 b로 변화하였으므로 $b-a$이다. 이를 Δx로 나타내고, $\Delta x = b-a$이다. y의 변화량은 y가 $f(a)$에서 $f(b)$로 변화하였으므로 $f(b)-f(a)$이다. 이를 Δy로 나타내고, $\Delta y = f(b)-f(a)$이다. 따라서, 함수 $y=f(x)$의 구간 $[a,b]$에서의 평균변화율은

$$\frac{\Delta y}{\Delta x} = \frac{f(b)-f(a)}{b-a}$$

로 정의한다. 함수 $y=f(x)$의 구간 $[a,b]$에서의 평균변화율은 〈그림 3.1〉에서 보듯이 기하학적으로 두 점 $P(a,f(a))$와 $Q(b,f(b))$를 잇는 직선의 기울기를 나타낸다.

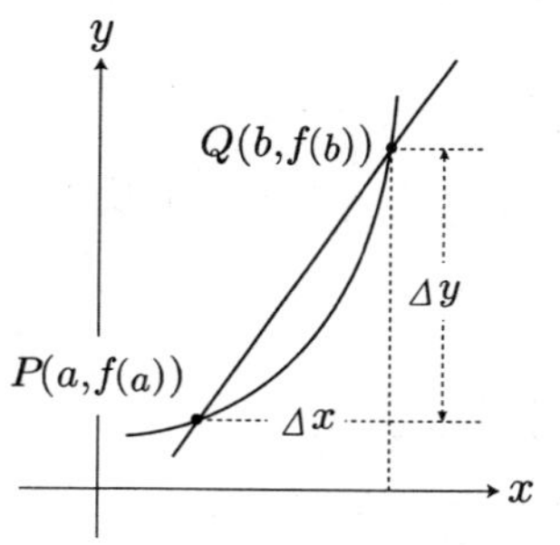

〈그림 3.1〉 평균변화율

예제 3.1

다음 각 함수의 주어진 구간에서 평균변화율을 구하여라.

(1) $y=x^3+1$, $[-1,2]$

(2) $y=\sin\pi x+1$, $[0,\frac{1}{2}]$

풀이 +

(1) $\Delta x = 2-(-1)=3$이고, $\Delta y = f(2)-f(-1)=9-0=9$이므로, $\frac{\Delta y}{\Delta x}=\frac{9}{3}=3$이다.

(2) $\Delta x = \frac{1}{2} - 0 = \frac{1}{2}$이고, $\Delta y = f(\frac{1}{2}) - f(0) = 2 - 1 = 1$이므로, $\frac{\Delta y}{\Delta x} = \frac{1}{1/2} = 2$이다. ■

함수의 평균변화율을 구할 때, 구간을 x의 변화량 Δx를 이용하여 $[a, a+\Delta x]$로 나타내면, y의 변화량은 $\Delta y = f(a+\Delta x) - f(a)$가 되므로, 함수의 평균변화율을

$$\frac{\Delta y}{\Delta x} = \frac{f(a+\Delta x) - f(a)}{\Delta x}$$

으로도 나타낸다.

이제 구간 $[a, a+\Delta x]$에서 Δx를 0으로 보내면 평균변화율은 어떻게 될 것인가? Δx를 0으로 보낼 때의 평균변화율 $\lim_{\Delta x \to 0} \frac{\Delta y}{\Delta x}$을 **순간변화율(instantaneous rate of charge)** 또는 변화율(rate of charge)이라고 하고 기호로는 $f'(a)$로 나타낸다. 즉, 함수 $f(x)$의 $x = a$에서의 변화율은 다음과 같다.

$$f'(a) = \lim_{\Delta x \to 0} \frac{\Delta y}{\Delta x} = \lim_{\Delta x \to 0} \frac{f(a+\Delta x) - f(a)}{\Delta x}.$$

변화율을 계산할 때, 기호의 편의상 Δx 대신에 h나 다른 기호를 이용하여 나타낼 수도 있다. h를 사용하는 경우는 다음과 같다.

$$f'(a) = \lim_{h \to 0} \frac{f(a+h) - f(a)}{h}$$

예제 3.2

다음 각 함수의 $x = 1$에서의 변화율을 구하여라.

(1) $y = x^2 + 1$ (2) $y = \sqrt{x}$

풀이 +

(1) $f'(1) = \lim_{h \to 0} \frac{f(1+h) - f(1)}{h} = \lim_{h \to 0} \frac{(1+h)^2 - 1}{h} = \lim_{h \to 0} \frac{h(h+2)}{h} = \lim_{h \to 0}(h+2) = 2$

(2) $f'(1) = \lim_{h \to 0} \frac{\sqrt{1+h} - \sqrt{1}}{h} = \lim_{h \to 0} \frac{h}{h(\sqrt{1+h}+1)} = \lim_{h \to 0} \frac{1}{\sqrt{1+h}+1} = \frac{1}{2}$ ■

함수 $y = f(x)$의 $x = a$에서의 변화율 $f'(a)$는 〈그림 3.2〉에서 보듯이 x좌표가 a인 점에서의 접선의 기울기를 나타낸다.

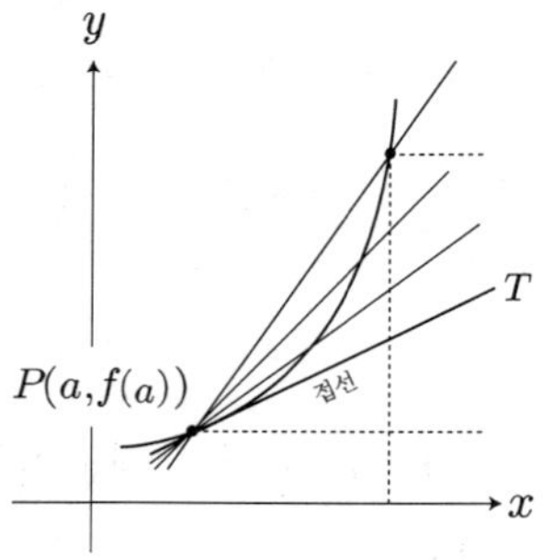

〈그림 3.2〉 접선의 기울기

3.1.2 도함수의 정의

함수 $f(x) = x^2$의 $x = a$에서의 변화율을 구하면

$$f'(a) = \lim_{h \to 0} \frac{f(a+h) - f(a)}{h} = \lim_{h \to 0} \frac{(a+h)^2 - a^2}{h} = \lim_{h \to 0} \frac{h(2a+h)}{h} = \lim_{h \to 0} (2a+h) = 2a$$

이다. 이때, a 대신에 $a = 1$, $a = 2$, $a = 3$, $\cdots$를 대입하면

$$f'(1) = 2,\ f'(2) = 4,\ f'(3) = 6,\ \cdots$$

이 된다. 즉, 이것은 하나의 함수가 된다. $f'(x) = 2x$라고 할 수 있다. 이를 일반화하여 도함수의 정의를 다음과 같이 말할 수 있다. 함수 $f(x)$에 대하여 극한

$$f'(x) = \lim_{h \to 0} \frac{f(x+h) - f(x)}{h}$$

가 존재할 때, $f'(x)$를 $f(x)$의 **도함수(derivative)**라고 한다.

도함수 $f'(x)$의 정의역은 함수의 정의역의 부분집합이다. 만일 특정한 점 x에서 $f'(x)$가 존재하면, 그 점에서 **미분가능(differentiable)**이라고 하고, $f(x)$의 정의역의 모든 점에서 $f'(x)$가 존재할 때, $f(x)$는 미분가능이라고 한다.

예제 3.3

다음 각 함수의 도함수를 구하여라.

(1) $y = x^2 + 1$　　　　(2) $y = \sqrt{x}$

풀이 +

(1) $f'(x) = \lim_{h \to 0} \frac{f(x+h) - f(x)}{h} = \lim_{h \to 0} \frac{(x+h)^2 - x^2}{h} = \lim_{h \to 0} \frac{h(h+2x)}{h} = \lim_{h \to 0}(h+2x) = 2x$

(2) $f'(x) = \lim_{h \to 0} \frac{\sqrt{x+h} - \sqrt{x}}{h} = \lim_{h \to 0} \frac{h}{h(\sqrt{x+h} + \sqrt{x})} = \lim_{h \to 0} \frac{1}{\sqrt{x+h} + \sqrt{x}} = \frac{1}{2\sqrt{x}}$ ■

함수 $f(x)$의 도함수 $f'(x)$를 표현하는 방법은 많다. 그중 가장 많이 쓰이는 기호는 다음과 같다. 괄호 안은 읽는 방법이다.

$$y' \ (y \text{ prime}), \ \frac{dy}{dx} \ (dy \ dx), \ \frac{df}{dx} \ (df \ dx), \ \frac{d}{dx} f(x) \ (ddx \text{ of } f(x))$$

또한, $\frac{dy}{dx}$를 "x에 대한 y의 도함수", $\frac{df}{dx}$와 $\frac{d}{dx}f(x)$를 "x에 대한 f의 도함수"라고 읽는다. 도함수를 구하는 과정은 **미분(differentiation)**이라고 표현한다.

앞의 절에서 배웠던 $x = a$에서의 변화율은

$$f'(a) = \lim_{h \to 0} \frac{f(a+h) - f(a)}{h}$$

이다.

함수 $y = f(x)$의 도함수를 알면 $x = a$를 대입하면 구할 수 있다. 따라서, $f'(a)$를 $x = a$에서의 미분계수라고 부르며 다음과 같이 나타낸다.

$$y'|_{x=a}, \quad \left.\frac{dy}{dx}\right|_{x=a}, \quad \left.\frac{df}{dx}\right|_{x=a} \ \text{또는} \ \left.\frac{d}{dx}f(x)\right|_{x=a}$$

함수 $y = f(x)$의 도함수 $f'(x)$도 x의 함수이므로 $f'(x)$가 미분가능하면 $f'(x)$의 도함수를 구할 수 있다. 이때, $f'(x)$의 도함수를 $y = f(x)$의 이계도함수라고 하고

$$y'', \ f''(x), \ \frac{d^2y}{dx^2} \ \text{또는} \ \frac{d^2}{dx^2}f(x)$$

등으로 나타낸다. 또한, 이계도함수 $f''(x)$가 미분가능하면 $f''(x)$의 도함수를 $y = f(x)$의 3계

도함수라고 하고

$$y''', \ f'''(x), \ \frac{d^3y}{dx^3} \text{ 또는 } \frac{d^3}{dx^3}f(x)$$

등으로 나타낸다. 일반적으로 $y=f(x)$의 n계도함수를 정의할 수 있으며,

$$y^{(n)}, \ f^{(n)}(x), \ \frac{d^ny}{dx^n} \text{ 또는 } \frac{d^n}{dx^n}f(x)$$

으로 나타낸다.

3.2 미분의 기본공식

3.2.1 여러 가지 함수의 미분법

다음은 도함수를 정의를 이용하지 않고 구할 수 있는 방법들을 정리한 것이다.

정리 1 미분공식 1

만약 C와 n을 상수이고, f와 g는 x의 도함수를 f'과 g'이라고 할 때 다음 공식이 성립한다.

$\frac{d}{dx}C=0$

$\frac{d}{dx}x^n = nx^{n-1}$

$\frac{d}{dx}Cf(x) = Cf'(x)$

$\frac{d}{dx}(f \pm g) = f' \pm g'$

$\frac{d}{dx}(fg) = f'g + fg'$ (곱의 미분법)

$\frac{d}{dx}(\frac{f}{g}) = \frac{f'g - fg'}{g^2}(g \neq 0)$ (몫의 미분법)

예제 3.4

다음 각 함수를 미분하여라.

(1) $f(x) = x^3 + 4x^2 - 5x$

(2) $f(x) = (x^2+1)(x-1)$

(3) $f(x) = \dfrac{2x}{1-x^2}$

풀이 +

(1) $f'(x) = 3x^2 + 8x - 5$

(2) 곱의 미분법을 이용하면, $f'(x) = 2x(x-1) + (x^2+1) \cdot 1 = 3x^2 - 2x + 1$

(3) 몫의 미분법을 이용하면, $f'(x) = \dfrac{2(1-x^2) - 2x(-2x)}{(1-x^2)^2} = \dfrac{2+2x^2}{(1-x^2)^2}$ ■

다음은 삼각함수와 관련된 기본적인 6개의 미분 공식이다.

정리 2 삼각함수의 미분법

$$\frac{d}{dx}\sin x = \cos x \qquad \frac{d}{dx}\cos x = -\sin x$$

$$\frac{d}{dx}\tan x = \sec^2 x \qquad \frac{d}{dx}\cot x = -\csc^2 x$$

$$\frac{d}{dx}\sec x = \sec x \tan x \qquad \frac{d}{dx}\csc x = -\csc x \cot x$$

예제 3.5

다음 각 함수를 미분하여라.

(1) $f(x) = x^3 + \sin x$

(2) $f(x) = \dfrac{\cos x}{x}$

풀이 +

(1) $f'(x) = 3x^2 + \cos x$

(2) 몫의 미분법을 이용하면, $f'(x) = \dfrac{-\sin x(x) - \cos x \cdot 1}{x^2} = -\dfrac{x\sin x + \cos x}{x^2}$ ■

지수함수와 로그함수에 대한 기본적인 미분 공식은 다음과 같다.

정리 3 지수함수와 로그함수의 미분법

$$\frac{d}{dx}e^x = e^x$$

$$\frac{d}{dx}a^x = a^x\ln a$$

$$\frac{d}{dx}\ln x = \frac{1}{x}$$

$$\frac{d}{dx}\log_a x = \frac{1}{x}\frac{1}{\ln a}$$

3.2.2 연쇄법칙

함수

$$y = 9x^4 + 6x^2 + 1 = (3x^2+1)^2$$

은 $y = u^2$과 $u = 3x^2+1$의 합성함수이다. 도함수를 구하면 $y' = (9x^4+6x^2+1)' = 36x^3 + 12x$이다. 한편, $\frac{dy}{du} = 2u$, $\frac{du}{dx} = 6x$이므로

$$\frac{dy}{du} \cdot \frac{du}{dx} = 2u \cdot 6x = 2(3x^2+1) \cdot 6x = 36x^3 + 12x$$

임을 알 수 있다. 따라서,

$$\frac{dy}{du} \cdot \frac{du}{dx} = \frac{dy}{dx}$$

이다. 이를 일반화한 것을 **연쇄법칙(chain rule)**이라고 한다. 보통 연쇄법칙은 합성함수의 미분법으로 알려져 있다.

정리 4 연쇄법칙

함수 $f(u)$가 $u = g(x)$에서 미분가능하고, $g(x)$가 x에서 미분가능할 때, 합성함수 $(f \circ g)(x) = f(g(x))$는 x에서 미분가능하고, 다음과 같다.

$$(f \circ g)'(x) = f'(g(x))g'(x)$$

다른 표현(Leibniz's notation)은 $y = f(u)$이고 $u = g(x)$이면,

$$\frac{dy}{dx} = \frac{dy}{du} \cdot \frac{du}{dx}$$

이다.

실제로 연쇄법칙을 이용하여 도함수를 구하는 경우는 많지 않고 합성함수의 형태에 따라 간단히 계산하는 요령이 있다. 이를 정리하면 다음과 같다.

정리 5 연쇄법칙의 계산

(a) $y = f(ax+b)$이면 $y' = af'(ax+b)$

(b) $y = \{f(x)\}^n$이면 $y' = n\{f(x)\}^{n-1}f'(x)$

(c) $y = (f \circ g)(x) = f(g(x))$이면 $y' = (f \circ g)'(x) = f'(g(x))g'(x)$

(d) $y = f(u)$이고 $u = g(x)$이면, $\dfrac{dy}{dx} = \dfrac{dy}{du} \cdot \dfrac{du}{dx}$

예제 3.6

(1) $y = f(ax+b)$이면 $y' = af'(ax+b)$임을 보여라.

(2) $y = \{f(x)\}^n$이면 $y' = n\{f(x)\}^{n-1}f'(x)$임을 보여라.

(3) $y = (f \circ g)(x) = f(g(x))$이면 $y' = (f \circ g)'(x) = f'(g(x))g'(x)$임을 보여라.

풀이 +

(1) $y=f(ax+b)$는 $y=f(u)$, $u=ax+b$이다. 따라서, $\dfrac{dy}{dx}=\dfrac{dy}{du}\cdot\dfrac{du}{dx}=f'(u)\cdot a=af'(ax+b)$이다.

(2) $y=\{f(x)\}^n$는 $y=u^n$, $u=f(x)$이다. 따라서, $\dfrac{dy}{dx}=\dfrac{dy}{du}\cdot\dfrac{du}{dx}=nu^{n-1}\cdot f'(x)=n\{f(x)\}^{n-1}f'(x)$

이다.

(3) $y=(f\circ g)(x)=f(g(x))$는 $y=f(u)$, $u=g(x)$이다. 따라서,

$\dfrac{dy}{dx}=\dfrac{dy}{du}\cdot\dfrac{du}{dx}=f'(u)\cdot g'(x)=f'(g(x))g'(x)$이다. ■

특히, 연쇄법칙의 계산 방법 (c)을 합성함수의 미분법이라고 부르고, "안쪽 함수 g는 그대로 놔두고 바깥쪽 함수 f를 미분한 후, 안쪽 함수 g를 미분한 후 곱한다."라고 말한다.

예제 3.7

다음 각 함수의 도함수를 구하여라.

(1) $y = \sin 2x$ (2) $y = e^{3x-1}$

풀이 +

(1) $y' = 2\cos 2x$ (2) $y' = 3e^{3x-1}$ ■

예제 3.8

다음 각 함수의 도함수를 구하여라.

(1) $f(x) = (3x+2)^5$

(2) $y = \sqrt{3 - x - x^2}$

(3) $f(x) = (x^2 - x + 2)^4$

풀이 +

(1) $f'(x) = 5(3x+2)^4 \cdot 3 = 15(3x+2)^4$

(2) $y = \sqrt{3-x-x^2} = (3-x-x^2)^{1/2}$이므로 $\dfrac{dy}{dx} = \dfrac{1}{2}(3-x-x^2)^{-1/2}(-1-2x) = -\dfrac{1+2x}{2\sqrt{3-x-x^2}}$

(3) $f'(x) = 4(x^2-x+2)^3 \cdot (2x-1) = 4(2x-1)(x^2-x+2)^3$ ■

예제 3.9

다음 각 함수의 도함수를 구하여라.

(1) $y = \tan(2x^2+1)$ (2) $y = e^{\sin x + 1}$

풀이 +

(1) $y' = 4x\sec^2(2x^2+1)$ (2) $y' = \cos x e^{\sin x + 1}$ ■

3.3 음함수 미분법

중심이 원점이고 반지름이 1인 원의 방정식 $x^2+y^2-1=0$은 함수라고 할 수는 없지만 $x^2+y^2-1=0$을 y에 대하여 정리하면 두 개의 함수 $y_1=\sqrt{1-x^2}$와 $y_2=-\sqrt{1-x^2}$로 나타낼 수 있고 그래프는 〈그림 3.3〉과 같다.

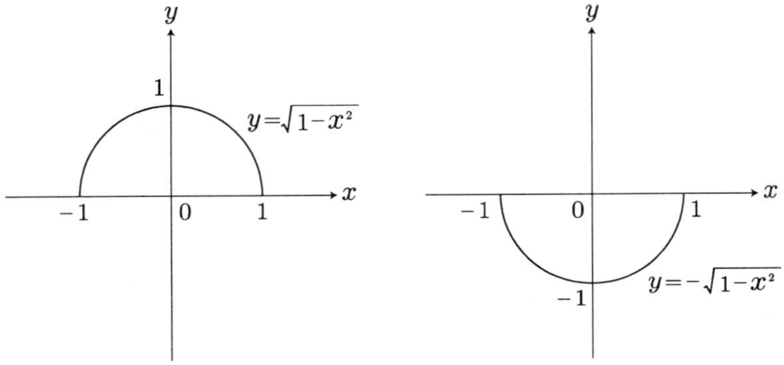

〈그림 3.3〉

이때, 두함수의 도함수를 구해 보면,

$$\frac{dy_1}{dx}=\frac{dy_2}{dx}=-\frac{x}{y}$$

로 같음을 알 수 있다. 그렇다면 굳이 $x^2+y^2-1=0$를 두 개의 함수로 나눈 다음 도함수를 구할 필요 없이 바로 구하면 된다.

방정식 $x^2+y^2-1=0$과 같이 x와 y의 관계가 $F(x,y)=0$의 형태로 주어졌을 때 y를 x의 **음함수(implicity function)**라고 한다. 이는 $F(x,y)=0$가 몇 개의 함수로 나타낼 수 있다는 것을 내포한다. 음함수가 주어졌을 때 dy/dx를 구하는 과정을 **음함수 미분법**(implicit differentiation)이라고 한다.

음함수의 기본 공식은 y^n을 x에 대하여 미분한 것이다. 이는

$$\frac{d}{dx}\{f(x)\}^n=n\{f(x)\}^{n-1}f'(x)$$

와 같이

$$\frac{d}{dx}y^n = ny^{n-1}\frac{dy}{dx}$$

가 된다. 이 성질을 이용하여 $x^2+y^2-1=0$에서 dy/dx를 구하면 다음과 같다.

$\frac{d}{dx}(x^2+y^2-1)=0$에서 $2x+\frac{d}{dx}y^2=0$이다. 따라서, $2x+2y\frac{dy}{dx}=0$이므로 $\frac{dy}{dx}=-\frac{x}{y}$ 이다.

예제 3.10

$x^2-2xy+2y^2=2$에서 $\frac{dy}{dx}$을 구하여라.

풀이 +

양변을 x에 대하여 미분하면, $2x-2(x\frac{dy}{dx}+y)+4y\frac{dy}{dx}=0$, $\frac{dy}{dx}(4y-2x)=2y-2x$이다.
따라서, $\frac{dy}{dx}=\frac{y-x}{2y-x}$이다. ■

예제 3.11

$y^2=x^2+\sin xy$에서 $\frac{dy}{dx}$을 구하여라.

풀이 +

양변을 x에 대하여 미분하면, $\frac{d}{dx}(y^2)=\frac{d}{dx}(x^2)+\frac{d}{dx}(\sin xy)$, $2y\frac{dy}{dx}=2x+\cos xy(y+x\frac{dy}{dx})$,
$(2y-x\cos xy)\frac{dy}{dx}=2x+y\cos xy$이다. 따라서, $\frac{dy}{dx}=\frac{2x+y\cos xy}{2y-x\cos xy}$이다. ■

3.4 역함수 미분법

함수 $y=\sqrt{x}$의 역함수는 $y=x^2(x\geq 0)$가 됨은 쉽게 보일 수 있다. 그러나 $y=x^3+x-2$의 역함수는 구할 수 없다. 단지 $x=y^3+y-2$로 나타낼 뿐이다. 그렇다면 $y=x^3+x-2$의 역함수의 도함수는 어떻게 구할 수 있을까? $x=y^3+y-2$를 만족하는 y가 역함수이므로 $x=y^3+y-2$에서 dy/dx를 구하면 된다. 그러나 $x=y^3+y-2$에서 dy/dx를 구하는 것

보다 dx/dy를 구하는 것이 더 쉽다. 즉,

$$\frac{d}{dy}(x) = \frac{d}{dy}(y^3 + y - 2), \quad \frac{dx}{dy} = 3y^2 + 1$$

이다. 또한, 〈그림 3.1〉에서 보듯이 함수와 역함수의 기울기는 역수 관계이므로

$$\frac{dy}{dx} = \frac{1}{\frac{dx}{dy}}$$

이다. 따라서, $y = x^3 + x - 2$의 역함수의 도함수는 $\frac{dy}{dx} = \frac{1}{\frac{dx}{dy}} = \frac{1}{3y^2 + 1}$이다.

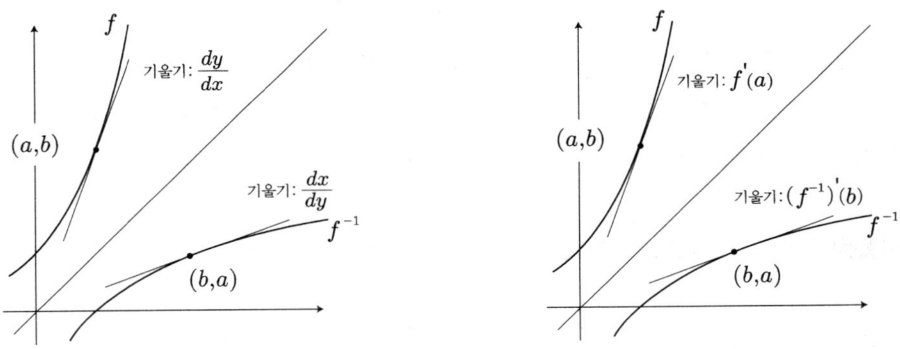

〈그림 3.4〉 함수와 역함수의 기울기

예제 3.12

$y = \sin x$의 역함수 $y = \sin^{-1}x$의 도함수를 구하여라.

풀이 +

$y = \sin^{-1}x$는 정의역 $[-1,1]$이고, 치역은 $[-\frac{\pi}{2}, \frac{\pi}{2}]$이다. $y = \sin^{-1}x$는 $x = \sin y$이므로 양변을 y에 대하여 미분하면 $\frac{dx}{dy} = \cos y$이다. 따라서, $\frac{dy}{dx} = \frac{1}{\cos y} = \frac{1}{\sqrt{1-\sin^2 y}} = \frac{1}{\sqrt{1-x^2}}$이다.

참고로 $-\frac{\pi}{2} \leq y \leq \frac{\pi}{2}$이면 $\cos y$는 양수이므로 $\cos y = \sqrt{1-\sin^2 x}$ 이다. ■

이제 역함수의 도함수를 구하는 공식을 유도하여 보자. 먼저 〈그림 3.4〉의 오른쪽 그래프에서 $y=f(x)$ 위의 $x=a$에서의 도함수 $f'(a)$는 한 점 (a,b)에서 접선의 기울기이고, $y=f^{-1}(x)$ 위의 $x=b$에서의 도함수 $(f^{-1})'(b)$는 점 (b,a)에서의 접선의 기울기이므로 두 기울기의 관계는 역수 관계이다. 따라서,

$$(f^{-1})'(b)=\frac{1}{f'(a)}$$

이다. 또 $b=f(a)$ 또는 $a=f^{-1}(b)$이므로 $(f^{-1})'(b)=\frac{1}{f'(a)}=\frac{1}{f'(f^{-1}(b))}$이고 b 대신에 x를 대입하면

$$(f^{-1})'(x)=\frac{1}{f'(f^{-1}(x))}$$

와 같은 역함수의 도함수를 구하는 공식을 유도할 수 있다.

삼각함수의 미분법에서 추가로 알아야 하는 것은 삼각함수의 역함수의 미분법이다. 6개 중에서 꼭 기억해야 할 것은 $\sin^{-1}x$와 $\tan^{-1}x$이다.

정리 6 삼각함수의 역함수의 미분법

(1) $\frac{d}{dx}\sin^{-1}x=\frac{d}{dx}\arcsin x=\frac{1}{\sqrt{1-x^2}}(-1<x<1)$

(2) $\frac{d}{dx}\cos^{-1}x=\frac{d}{dx}\arccos x=-\frac{1}{\sqrt{1-x^2}}(-1<x<1)$

(3) $\frac{d}{dx}\tan^{-1}x=\frac{d}{dx}\arctan x=\frac{1}{1+x^2}$

(4) $\frac{d}{dx}\cot^{-1}x=\frac{d}{dx}\mathrm{arccot}\,x=\frac{-1}{1+x^2}$

(5) $\frac{d}{dx}(\sec^{-1}x)=\frac{d}{dx}\mathrm{arcsec}\,x=\frac{1}{|x|\sqrt{x^2-1}}\ (|x|>1)$

(6) $\frac{d}{dx}(\csc^{-1}x)=\frac{d}{dx}\mathrm{arccsc}\,x=-\frac{1}{|x|\sqrt{x^2-1}}\ (|x|>1)$

3.5 매개변수로 주어진 함수의 미분법

매개변수로 주어진 $x=f(t)$와 $y=g(t)$에서 $\dfrac{dy}{dx}$를 구하는 방법은 다음과 같다.

$$\frac{dy}{dx}=\frac{\dfrac{dy}{dt}}{\dfrac{dx}{dt}}$$

이다.

예제 3.13

$x=2\sin t, y=\cos 2t$일 때, $\dfrac{dy}{dx}$을 구하여라.

풀이 +

$\dfrac{dx}{dt}=2\cos t$, $\dfrac{dy}{dt}=-2\sin 2t$이므로, $\dfrac{dy}{dx}=\dfrac{dy/dt}{dx/dt}=\dfrac{-2\sin 2t}{2\cos t}=-2\sin t$이다. ■

매개변수로 주어진 함수의 2계도함수는 다음과 같다.

$$\frac{d^2y}{dx^2}=\frac{\dfrac{dy'}{dt}}{\dfrac{dx}{dt}}$$

예제 3.14

$x=t-t^2$, $y=t-t^3$일 때, $\dfrac{d^2y}{dx^2}$을 구하여라.

풀이 +

$\dfrac{dx}{dt}=1-2t$, $\dfrac{dy}{dt}=1-3t^2$이므로, $y'=\dfrac{dy/dt}{dx/dt}=\dfrac{1-3t^2}{1-2t}$이다. 또한 $\dfrac{dy'}{dt}=\dfrac{d}{dt}\left(\dfrac{1-3t^2}{1-2t}\right)=\dfrac{2-6t+6t^2}{(1-2t)^2}$ 이므로 $\dfrac{d^2y}{dx^2}=\dfrac{dy'/dt}{dx/dt}=\dfrac{(2-6t+6t^2)/(1-2t)^2}{1-2t}=\dfrac{2-6t+6t^2}{(1-2t)^3}$이다. ■

3.6 자연로그를 이용한 미분법

함수 $y = x^x$의 도함수를 생각해 보자. 이 함수는 $y = x^a$과 $y = a^x$과는 다른 함수로서 두 함수의 미분법으로 도함수를 구할 수 없다. $y = x^x$의 도함수를 구하기 위해서는 양변에 자연로그를 취한 후 $\ln y = x \ln x$의 양변을 x에 대하여 미분하면 $\frac{d}{dx}(\ln y) = \frac{d}{dx}(x \ln x)$, $\frac{y'}{y} = \ln x + x \cdot \frac{1}{x} = \ln x + 1$이고, $y' = y(\ln x + 1)$이므로 $y = x^x$를 대입하면, $y' = x^x(\ln x + 1)$이다.

예제 3.15

$y = x^{1/x}$의 도함수를 구하여라.

풀이 +

양변에 자연로그를 취한 후 $\ln y = \frac{\ln x}{x}$의 양변을 x에 대하여 미분하면 $\frac{d}{dx}(\ln y) = \frac{d}{dx}(\frac{\ln x}{x})$, $\frac{y'}{y} = \frac{\frac{1}{x} \cdot x - \ln x \cdot 1}{x^2} = \frac{1 - \ln x}{x^2}$이고, $y' = y(\frac{1 - \ln x}{x^2})$이므로 $y = x^{1/x}$를 대입하면, $y' = x^{1/x}\left(\frac{1 - \ln x}{x^2}\right)$이다.

■

또한, 자연로그를 취한 후 미분을 하는 것이 편할 때가 있는데, 다음 예제처럼 여러 함수의 곱과 몫으로만 이루어진 경우이다. 물론 곱의 미분법과 몫의 미분법을 사용할 수는 있지만 계산이 쉽지 않다는 것을 알 수 있다.

예제 3.16

다음 함수를 자연로그를 이용하여 도함수를 구하여라.

$$y = \frac{(x^2 + 1)(x + 3)^{1/2}}{x - 1}, \qquad \text{단, } x > 1$$

풀이 +

먼저 양변에 자연로그를 취하고 로그의 법칙을 이용하여 간단히 한 다음,

$$\ln y = \ln \frac{(x^2 + 1)(x + 3)^{1/2}}{x - 1}$$

$$
\begin{aligned}
&= \ln((x^2+1)(x+3)^{1/2}) - \ln(x-1) \\
&= \ln(x^2+1) + \ln(x+3)^{1/2} - \ln(x-1) \\
&= \ln(x^2+1) + \frac{1}{2}\ln(x+3) - \ln(x-1).
\end{aligned}
$$

양변을 x에 대하여 미분하고

$$\frac{1}{y}\frac{dy}{dx} = \frac{1}{x^2+1} \cdot 2x + \frac{1}{2} \cdot \frac{1}{x+3} - \frac{1}{x-1}$$

$\dfrac{dy}{dx}$에 대하여 정리하면,

$$\frac{dy}{dx} = y\left(\frac{2x}{x^2+1} + \frac{1}{2x+6} - \frac{1}{x-1}\right)$$

이다. 마지막으로 y를 대입하면

$$\frac{dy}{dx} = \frac{(x^2+1)(x+3)^{1/2}}{x-1}\left(\frac{2x}{x^2+1} + \frac{1}{2x+6} - \frac{1}{x-1}\right)$$

이다. ■

3.7 평균값 정리

함수 $f(x)$가 폐구간 $[a,b]$의 모든 점에서 연속이고, 개구간 (a,b)에서 미분가능하다고 하면, 폐구간 $[a,b]$에서의 평균변화율과 개구간 (a,b)안의 점 $x=c$에서의 변화율이 갖게 되는 점이 존재함을 보이는데 이를 다음의 평균값 정리라고 한다.

정리 7 평균값 정리

함수 $f(x)$가 폐구간 $[a,b]$의 모든 점에서 연속이고, 개구간 (a,b)에서 미분가능하면,

$$\frac{f(b)-f(a)}{b-a} = f'(c)$$

가 되는 $a<c<b$를 만족하는 c가 적어도 하나 존재한다.

평균값 정리는 다양한 수학적 이론을 정리할 때 자주 인용되는 정리이므로 증명 자체가 중요한 것이 아니고, 그 개념을 이해하는 것이 중요하다. 평균값 정리의 특수한 경우가 롤의 정리이다.

정리 8 롤의 정리

함수 $f(x)$가 폐구간 $[a,b]$에서 연속이고, 개구간 (a,b)에서 미분가능하고 $f(a)=f(b)$이면,

$$f'(c)=0$$

가 되는 $a<c<b$를 만족하는 c가 적어도 하나 존재한다.

예제 3.17

다음 각 함수에 대하여 주어진 구간에서 평균값 정리를 만족시키는 c의 값을 구하여라.

(1) $f(x)=x^2, [-1,3]$ (2) $f(x)=\sqrt{x}$, $[4,16]$

(3) $f(x)=e^{-x}$, $[0,\ln 3]$ (4) $f(x)=\ln x$, $[1,e]$

풀이 +

(1) $f(x)=x^2$에서 $f'(x)=2x$이므로

$$\frac{f(3)-f(-1)}{3-(-1)}=2c$$

를 만족하는 c를 $-1<c<3$에서 구하면 된다. $\frac{3^2-(-1)^2}{4}=2c$에서 $c=1$이다.

(2) $f(x)=\sqrt{x}$에서 $f'(x)=\frac{1}{2\sqrt{x}}$이므로

$$\frac{f(16)-f(4)}{16-4}=\frac{1}{2\sqrt{c}}$$

를 만족하는 c를 $4<c<16$에서 구하면 된다. $\frac{\sqrt{16}-\sqrt{4}}{16-4}=\frac{1}{2\sqrt{c}}$에서 $c=9$이다.

(3) $f(x)=e^{-x}$에서 $f'(x)=-e^{-x}$이므로

$$\frac{f(\ln 3)-f(0)}{\ln 3-0}=-e^{-c}$$

를 만족하는 c를 $0<c<\ln 3$에서 구하면 된다. $\frac{e^{-\ln 3}-e^0}{\ln 3-0}=-e^{-c}$에서 $c=-\ln(\frac{2}{3\ln 3})$이다.

(4) $f(x)=\ln x$에서 $f'(x)=\dfrac{1}{x}$이므로

$$\frac{f(e)-f(1)}{e-1}=\frac{1}{c}(1<c<e)$$

를 만족하는 c를 $1<c<e$에서 구하면 $\dfrac{\ln e-\ln 1}{e-1}=\dfrac{1}{c}$에서 $c=e-1$이다. ■

예제 3.18

$f(x)=(x-2)(x-3)^2$일 때 구간 $2<c<3$에서 롤의 정리를 만족하는 c를 구하여라.

풀이 +

$f(x)=(x-2)(x-3)^2$에서 $f(2)=0$, $f(3)=0$이므로 $f(2)=f(3)$이다. 또한,

$$f'(x)=(x-3)^2+2(x-2)(x-3)=(x-3)(3x-7)$$

이므로, $f'(c)=0$를 만족하는 c를 $2<c<3$에서 구하면, $c=\dfrac{7}{3}$이다. ■

3.8 로피탈의 정리

함수의 극한에서 여러 가지 부정형의 극한을 구하였다. 특히, $\dfrac{0}{0}$ 또는 $\dfrac{\infty}{\infty}$ 형태의 극한을 구하기 위해서, 분모와 분자에 있는 식의 도함수를 이용하여 극한을 구하는 로피탈의 정리를 살펴보자.

정리 9 로피탈의 정리

(1) $\displaystyle\lim_{x\to a}\frac{f(x)}{g(x)}$의 극한이 $\dfrac{0}{0}$꼴이고, $\displaystyle\lim_{x\to a}\frac{f'(x)}{g'(x)}$가 존재한다면,

$\displaystyle\lim_{x\to a}\frac{f(x)}{g(x)}=\lim_{x\to a}\frac{f'(x)}{g'(x)}=\frac{f'(a)}{g'(a)}$이다.

(2) $\displaystyle\lim_{x\to a}\frac{f(x)}{g(x)}$의 극한이 $\dfrac{\infty}{\infty}$꼴이고, $\displaystyle\lim_{x\to a}\frac{f'(x)}{g'(x)}$가 존재한다면,

$\displaystyle\lim_{x\to a}\frac{f(x)}{g(x)}=\lim_{x\to a}\frac{f'(x)}{g'(x)}=\frac{f'(a)}{g'(a)}$이다.

(3) $\lim_{x\to\infty}\frac{f(x)}{g(x)}$의 극한이 $\frac{\infty}{\infty}$꼴이고, $\lim_{x\to\infty}\frac{f'(x)}{g'(x)}$가 존재한다면,

$\lim_{x\to\infty}\frac{f(x)}{g(x)}=\lim_{x\to\infty}\frac{f'(x)}{g'(x)}$이다.

예제 3.19

다음 극한을 구하여라.

(1) $\lim_{x\to3}\frac{x^2-9}{x-3}$

(2) $\lim_{x\to0}\frac{\tan x}{x}$

(3) $\lim_{x\to-2}\frac{x^3+8}{x^2-4}$

(4) $\lim_{h\to0}\frac{e^h-1}{h}$

(5) $\lim_{x\to\infty}\frac{\ln x}{x}$

(6) $\lim_{x\to\infty}x^{1/x}$

풀이 +

(1) $\lim_{x\to3}\frac{x^2-9}{x-3}$는 $\frac{0}{0}$꼴이므로 로피탈의 정리에 의하여 $\lim_{x\to3}\frac{2x}{1}=6$이다.

(2) $\lim_{x\to0}\frac{\tan x}{x}$는 $\frac{0}{0}$꼴이므로 $\lim_{x\to0}\frac{\sec^2 x}{1}=1$이다.

(3) $\lim_{x\to-2}\frac{x^3+8}{x^2-4}$는 $\frac{0}{0}$꼴이므로 $\lim_{x\to-2}\frac{3x^2}{2x}=-3$이다.

(4) $\lim_{h\to0}\frac{e^h-1}{h}$가 $\frac{0}{0}$꼴이므로 $\lim_{h\to0}\frac{e^h}{1}=1$이다.

(5) $\lim_{x\to\infty}\frac{\ln x}{x}$가 $\frac{\infty}{\infty}$의 형식이고 $\lim_{x\to\infty}\frac{1/x}{1}=0$와 같다.

(6) $y=x^{1/x}$ 형태이므로 양변에 자연로그를 취하면 $\ln y=\frac{\ln x}{x}$이다. 양변에 극한을 취하면

$\lim_{x\to\infty}\ln y=\lim_{x\to\infty}\frac{\ln x}{x}=0$이므로 $\lim_{x\to\infty}y=e^0=1$이다. ■

3.9 미분가능성과 연속성

함수의 미분가능과 연속에 대하여 살펴보자. 함수 $f(x)$가 개구간(유한 또는 무한)에서 미분가능이라고 함은 함수가 구간의 모든 점에서 미분계수(derivative)를 가질 때이다. 함수 $f(x)$가 폐구간 $[a,b]$에서 미분가능이라고 함은 함수가 개구간 (a,b)에서 미분가능하고 다음과 같은

$$\text{(i)}\ \ x=a\text{에서 우측-미분계수 : } \lim_{h\to+0}\frac{f(a+h)-f(a)}{h}$$

와

$$\text{(ii)}\ \ x=b\text{에서 좌측-미분계수 : } \lim_{h\to-0}\frac{f(b+h)-f(b)}{h}$$

를 가질 때이다.

예제 3.20

함수 $y=|x|$가 $(-\infty,0)$와 $(0,\infty)$에서는 미분가능하고, $x=0$에서 미분불능임을 보여라.

풀이 +

$y=|x|=\begin{cases}x, & x\geq 0\\ -x, & x<0\end{cases}$이므로, $x>0$일 때 $y'=1$이고, $x<0$일 때 $y'=-1$이다. 한편, $x=0$에서 우측-도함수를 구해 보면,

$$\lim_{h\to+0}\frac{f(0+h)-f(0)}{h}=\lim_{h\to+0}\frac{h}{h}=1$$

이고, 좌측-도함수를 구해 보면

$$\lim_{h\to-0}\frac{f(0+h)-f(0)}{h}=\lim_{h\to-0}\frac{-h}{h}=-1$$

이다. 따라서, $x=0$에서 미분불능이다. ■

위의 예제에서 다음과 같은 사실을 알 수 있다.

> 함수 $f(x)$가 연속이지만 미분불능일 수 있다.

함수 $f(x)$가 연속이지만 미분불능인 점을 〈그림 3.5〉에서 보는 바와 같이 첨점(뾰족한 점)이라고 한다.

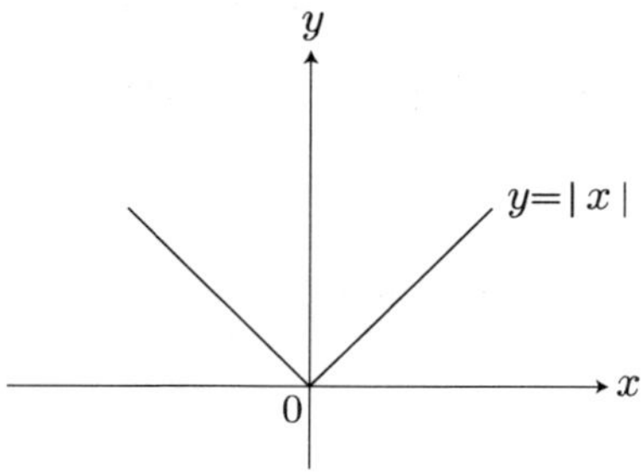

〈그림 3.5〉 $y = |x|$의 그래프

이제 함수의 연속성과 미분가능성에 대하여 살펴보자. 먼저 이것을 논의하기 위해서는 앞 장에서 배운 연속성의 정의를 약간 수정할 필요가 있다. 앞 장에서 함수 $f(x)$가 $\lim_{x \to c} f(x) = f(c)$를 만족할 때, $x = c$에서 연속이라는 정의에서 $x \to c$로 수렴할 때 $f(x)$의 극한 $\lim_{x \to c} f(x)$을 $\lim_{h \to 0} f(c+h)$로 표현할 수 있다. 따라서, 함수 $f(x)$가 $\lim_{h \to 0} f(c+h) = f(c)$를 만족할 때, $x = c$에서 연속이다.

먼저 불연속인 점에서는 미분불능이라는 사실을 직관적으로 알 수 있지만 수식으로 표현한다면 $\lim_{h \to 0} \frac{f(c+h) - f(c)}{h}$에서 분모는 0으로 수렴하지만 분자는 $\lim_{h \to 0} f(c+h) \neq f(c)$이므로 0이 될 수 없다. 따라서, 극한은 발산하거나 존재하지 않으므로 미분불능이다. 요약하면 다음과 같다.

함수 $f(x)$가 $x = c$에서 불연속이면 미분불능이다.

예제 3.21

다음과 같이 주어진 함수 $F(x)$의 그래프를 그린 후, 연속성을 확인하고 도함수 $f(x) = \frac{d}{dx} F(x)$를 구하여라.

(1) $F(x)=\begin{cases}0; & x \leqq 0 \\ x; & 0<x<\dfrac{1}{2} \\ 1; & x \geqq \dfrac{1}{2}\end{cases}$ (2) $F(x)=\begin{cases}0, & x<1 \\ \dfrac{x^2-2x+2}{2}, & 1 \leqq x<2 \\ 1, & x \geqq 2\end{cases}$

풀이 +

(1) $F(x)$의 그래프는 〈그림 3.6〉의 왼쪽 그래프와 같으며, 그림에서 보듯이 $x=\dfrac{1}{2}$에서 불연속이고, $x=0$에서 첨점을 갖는다. 따라서, 이 두 점에서 미분불능이다. 따라서, 도함수는 다음과 같다.

$$f(x)=\begin{cases}0, x<0 \\ 1, 0<x<\dfrac{1}{2} \\ 0,\ x>\dfrac{1}{2}\end{cases}$$

(2) $F(x)$는 〈그림 3.6〉의 오른쪽 그래프와 같이 $x=1$에서 불연속이고, $x=2$에서 첨점을 갖는다. 따라서, 도함수는 다음과 같다.

$$f(x)=\begin{cases}0, & x<1 \\ x-1, & 1<x<2 \\ 0, & 2<x\end{cases}$$

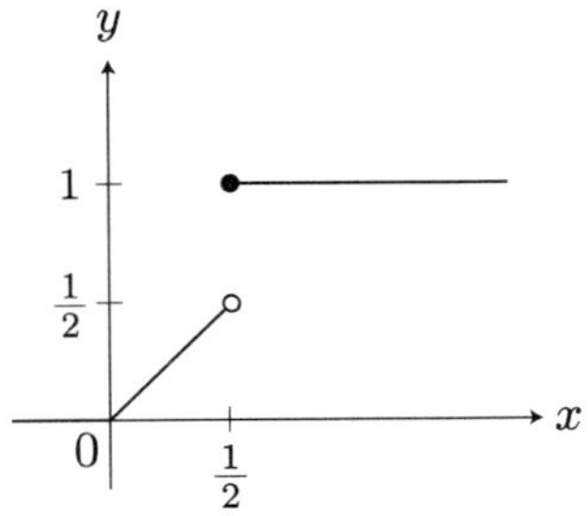

(1)의 그래프

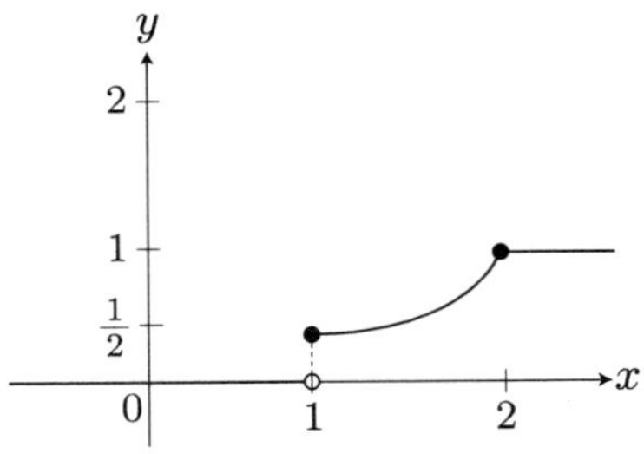

(2)의 그래프

〈그림 3.6〉 ■

앞에서 불연속이면 미분불능이고, 또한 연속이지만 미분불능인 경우를 보았다. 역으로 함수 $f(x)$가 미분가능하면 연속이라는 것은 잘 알려져 있다.

> 함수 $f(x)$가 $x=c$에서 미분가능하면 연속이다.

예제 3.22

함수 $f(x)$가 $x=c$에서 미분가능하면 연속임을 보여라.

풀이 +

$\lim_{h\to0}f(c+h)=f(c)$이 성립함을 보이면 된다.

$f(c+h)=\frac{f(c+h)-f(c)}{h}h+f(c)$이므로 양변에 극한을 취하면,

$$\lim_{h\to0}f(c+h)=\lim_{h\to0}\left(\frac{f(c+h)-f(c)}{h}h+f(c)\right)=\lim_{h\to0}\frac{f(c+h)-f(c)}{h}\cdot\lim_{h\to0}h+f(c)$$
$$=f'(c)\cdot0+f(c)=f(c)$$

이다. 따라서, $x=c$에서 연속이다. ■

CHAPTER 03

연습문제

01 다음 함수의 주어진 구간에서 평균변화율을 구하여라.

(1) $y = x^3 - 3x + 2$. $[1,3]$

(2) $y = \ln x$, $[1,e]$

02 다음 함수의 도함수를 구하여라.

(1) $y = 5x^3 - 10x - 5x^{-1}$

(2) $y = \dfrac{x^3 + 7}{x^2}$

(3) $f(x) = \dfrac{\sin x}{x^2}$

(4) $y = 4\cos x + \tan x$

(5) $y = 3e^{-x} + e^{3x}$

(6) $y = x^3 \sin x$

(7) $y = (2x+1)^3$

(8) $y = (7x^2 + x - \dfrac{1}{x})^4$

(9) $y = e^{5+7x}$

(10) $s = \dfrac{4}{3\pi}\sin(3\pi x) + \dfrac{4}{5\pi}\cos(5\pi x)$

(11) $y = xe^{-x} + e^{3x}$

(12) $y = \sin^4 x$

(13) $y = x\sin^4 x + x\cos^{-2} x$

(14) $y = x\tan(2x) + 7$

(15) $f(x) = \sqrt{7 + x\sec x}$

(16) $y = (x+1)\ln^2(x+1)$

(17) $y = e^{-x}(\sin x - \cos x)$

(18) $y = x - \cos^2(1-3x)$

(19) $y = \dfrac{5}{\sqrt{(1-x^2)^3}}$

(20) $y = \ln\sqrt{x^2 + 2x + 1}$

03 다음 함수에서 도함수 $\dfrac{dy}{d\theta}$를 구하여라.

(1) $y=\sin(\theta^2)\cos\theta$

(2) $y=\cos(e^{-\theta})$

(3) $y=(1+\cos 2\theta)^{-2}$

(4) $y=e^{\cos^2(\pi\theta-1)}$

(5) $y=\sin(\cos(2\theta-5))$

(6) $y=\tan^2(\sin^3\theta)$

04 다음 함수의 이계도함수 y''을 구하여라.

(1) $y=\dfrac{1}{9}\cot(3x-1)$

(2) $y=e^{x^2}+5x$

05 다음 함수의 n계도함수 $y^{(n)}$을 구하여라.

(1) $y=e^{2x}$

(2) $y=e^{-x}$

(3) $y=\dfrac{e^x+e^{-x}}{2}$

(4) $y=\dfrac{e^x-e^{-x}}{2}$

06 다음 함수의 도함수를 구하여라.

(1) $y=\ln(x+1)$

(2) $y=x(\ln x)^3$

(3) $y=\dfrac{\ln x}{x^2}$

(4) $y=\ln(\ln x)$

(5) $y=\dfrac{1+\ln x}{1-\ln x}$

(6) $y=\ln(\sec x)$

(7) $y=\ln\left(\dfrac{e^\theta}{1+e^\theta}\right)$

(8) $y=\log_5(x^2+x)$

07 음함수의 미분법을 이용하여 y'를 구하여라.

(1) $3x^2y+xy^2=6$

(2) $x^2(x+y)^2=x^2-y^2$

(3) $e^{3x}=\cos(x+3y)$

(4) $y\sin\left(\dfrac{1}{y}\right)=1+xy$

08 역함수의 미분법을 이용하여 다음 함수의 도함수를 구하여라.

(1) $y=\cos^{-1}(x^2)$

(2) $y=\sec^{-1}(2x+1)$

(3) $y=\csc^{-1}\dfrac{x}{4}$

(4) $y=\cot^{-1}\sqrt{x}$

(5) $y=\ln(\tan^{-1}x)$

(6) $y=x\sin^{-1}x+\sqrt{1-x^2}$

(7) $y=\sin^{-1}x+x\sqrt{1-x^2}$

(8) $y=\tan^{-1}\sqrt{x^2-1}+\csc^{-1}x^2$

09 자연로그를 취한 다음 함수의 도함수를 구하여라.

(1) $y=x^{\ln x}$

(2) $y=(x+1)^x$

10 d^2y/dx^2를 구하여라.

(1) $x^2+y^2=4$

(2) $3\sqrt{y}=x-y$

(3) $x^3+y^3=9$

11 매개변수로 주어진 함수에서 dy/dx를 구하여라.

(1) $x=3\cos t,\ y=3\sin t$

(2) $x=\sec 2t,\ y=\tan 2t$

(3) $x=t-\sin t,\ y=1-\cos t$

(4) $x=\dfrac{1}{t+1},\ y=\dfrac{t}{t-1}$

12 평균값의 정리를 만족하는 c의 값을 구하여라.

(1) $f(x)=x+\dfrac{2}{x},\ [\dfrac{1}{2},2]$

(2) $f(x)=\sin^{-1}x,\ [-1,1]$

13 함수 $y=\begin{cases}\sin x, & x<\pi \\ ax+b, & x \geqq \pi\end{cases}$ 가 $x=\pi$에서 미분 가능하도록 a과 b의 값을 구하여라.

14 함수 $f(x)=\begin{cases}\dfrac{1-\cos x}{x}, & x \neq 0 \\ 0, & x=0\end{cases}$, $x=0$에서 도함수를 구하여라.

15 음함수 $x^4+y^3=1$에서 $\dfrac{dy}{dx}$, $\dfrac{d^2y}{dx^2}$를 구하여라.

16 다음과 같이 주어진 $F(x)$에서 도함수 $f(x)$를 구하여라.

(1) $F(x)=\begin{cases}0, & x \leqq 0 \\ 3x^3-2x^4, & 0<x<1 \\ 1, & x \geqq 1\end{cases}$

(2) $F(x)=\begin{cases}0, & x \leqq 0 \\ \dfrac{1}{2}(x+x^2), & 0<x<1 \\ 1, & x \geqq 1\end{cases}$

➥ 연습문제 풀이

01 (1) $y=f(x)$

$$\frac{\Delta x}{\Delta y}=\frac{f(3)-f(1)}{3-1}=\frac{20}{2}=10$$

(2) $y=f(x)$

$$\frac{\Delta x}{\Delta y}=\frac{f(e)-f(1)}{e-1}=\frac{1}{e-1}$$

02 (1) $\frac{dy}{dx}=15x^2-10+5x^{-2}$

(2) $y=x+\frac{7}{x^2}$

$\frac{dy}{dx}=1-\frac{14}{x^3}$

(3) $f(x)=\sin x\cdot x^{-2}$

$f'(x)=\cos x\cdot x^{-2}+\sin x\cdot(-2x^{-3})$

$=x^{-2}\cos x-2x^{-3}\sin x$

(4) $\frac{dy}{dx}=-4\sin x+\sec^2 x$

(5) $\frac{dy}{dx}=-3e^{-x}+3e^{3x}$

(6) $\frac{dy}{dx}=3x^2\cdot\sin x+x^3\cdot\cos x$

$=3x^2\sin x+x^3\cos x$

(7) $\frac{dy}{dx}=3(2x+1)^2\cdot 2$

$=6(2x+1)^2$

(8) $\frac{dy}{dx}=4(7x^2+x-\frac{1}{x})^3(14x+1+\frac{1}{x^2})$

(9) $\frac{dy}{dx}=7e^{5+7x}$

(10) $\frac{ds}{dx}=\frac{4}{3\pi}\cdot 3\pi\cos(3\pi x)+\frac{4}{5\pi}\cdot(-5\pi\sin(5\pi x))$

$=4\cos(3\pi x)-4\sin(5\pi x)$

(11) $\frac{dy}{dx}=1\cdot -e^{-x}-xe^{-x}+3e^{3x}$

$=(1-x)e^{-x}+3e^{3x}$

(12) $\frac{dy}{dx}=4\sin^3 x\cos x$

(13) $y=x(\sin^4 x+\cos^{-2}x)$

$\frac{dy}{dx}=1\cdot(\sin^4 x+\cos^{-2}x)+x(4\sin^3 x\cos x+2\cos^{-3}x\sin x)$

$=\sin^4 x+\cos^{-2}x+4x\sin^3 x\cos x+2x\sin x\cos^{-3}x$

(14) $\frac{dy}{dx}=1\cdot\tan(2x)+x\cdot 2\sec^2(2x)$

$=\tan(2x)+2x\sec^2(2x)$

(15) $f'(x)=\frac{1\cdot\sec x+x\cdot\sec x\tan x}{2\sqrt{7+x\sec x}}$

$=\frac{\sec x(1+x\tan x)}{2\sqrt{7+x\sec x}}$

(16) $\frac{dy}{dx}=1\cdot\ln^2(x+1)+(x+1)\cdot\frac{2\ln(x+1)}{x+1}$

$=\ln(x+1)(\ln(x+1)+2)$

(17) $\frac{dy}{dx}=(-e^{-x})\cdot(\sin x-\cos x)+e^{-x}\cdot(\cos x+\sin x)$

$=2e^{-x}\cos x$

(18) $\frac{dy}{dx}=1+2\cos(1-3x)\sin(1-3x)\cdot(-3)$

$=1-6\sin(1-3x)\cos(1-3x)$

(19) $y=5(1-x^2)^{-3/2}$

$\frac{dy}{dx}=5\cdot\frac{-3}{2}(1-x^2)^{-5/2}\cdot(-2x)$

$=\frac{15x}{\sqrt{(1-x^2)^5}}$

(20) $\frac{dy}{dx}=\frac{1}{\sqrt{x^2+2x+1}}\cdot\frac{2x+2}{2\sqrt{x^2+2x+1}}$

$=\frac{1}{x+1}$

03 (1) $\frac{dy}{d\theta}=2\theta\cos(\theta^2)\cos\theta-\sin(\theta^2)\sin\theta$

(2) $\frac{dy}{d\theta}=e^{-\theta}\sin(e^{-\theta})$

(3) $\frac{dy}{d\theta}=-2(1+\cos2\theta)^{-3}\cdot(-2\sin2\theta)$
$=4\sin2\theta(1+\cos2\theta)^{-3}$

(4) $\frac{dy}{d\theta}=-2\pi\sin(\pi\theta-1)\cos(\pi\theta-1)e^{\cos^2(\pi\theta-1)}$

(5) $\frac{dy}{d\theta}=\cos(\cos(2\theta-5))\cdot(-2\sin(2\theta-5))$
$=-2\sin(2\theta-5)\cos(\cos(2\theta-5))$

(6) $\frac{dy}{d\theta}=2\tan(\sin^3\theta)\cdot3\sin^2\theta\cos\theta\cdot\sec^2(\sin^3\theta)$
$=6\sin^2\theta\cos\theta\tan(\sin^3\theta)\cdot\sec^2(\sin^3\theta)$

04 (1) $y'=\frac{1}{9}\cdot(-3\csc^2(3x-1))$
$=-\frac{1}{3}\csc^2(3x-1)$
$=-\frac{1}{3}\sin^{-2}(3x-1)$
$y''=-\frac{1}{3}\cdot(-2\sin^{-3}(3x-1))\cdot3\cdot\cos(3x-1)$
$=2\sin^{-3}(3x-1)\cos(3x-1)$

(2) $y'=2xe^{x^2}+5$
$y''=2(1\cdot e^{x^2}+x\cdot(2xe^{x^2}))$
$=2e^{x^2}(1+2x^2)$

05 (1) $y'=2e^{2x}$ $y''=4e^{2x}$
$y^{(n)}=2^n e^{2x}$

(2) $y'=-e^{-x}$ $y''=e^{-x}$
$y^{(n)}=(-1)^n e^{-x}$

(3) $y'=\frac{e^x-e^{-x}}{2}$ $y''=\frac{e^x+e^{-x}}{2}$
$y^{(n)}=\frac{e^x+(-1)^n e^{-x}}{2}$

(4) $y'=\frac{e^x+e^{-x}}{2}$ $y''=\frac{e^x-e^{-x}}{2}$
$y^{(n)}=\frac{e^x+(-1)^{n+1}e^{-x}}{2}$

06 (1) $y'=\frac{1}{x+1}$

(2) $y'=1\cdot(\ln x)^3+x\cdot\frac{3(\ln x)^2}{x}$
$=(\ln x)^2(\ln x+3)$

(3) $y=x^{-2}\ln x$
$y'=-2x^{-3}\cdot\ln x+x^{-2}\cdot\frac{1}{x}$
$=\frac{1-2\ln x}{x^3}$

(4) $y'=\frac{1}{\ln x}\cdot\frac{1}{x}$
$=\frac{1}{x\ln x}$

(5) $y'=\frac{\frac{1}{x}\cdot(1-\ln x)-(1+\ln x)\cdot(-\frac{1}{x})}{(1-\ln x)^2}$
$=\frac{2}{x(1-\ln x)^2}$

(6) $y'=\frac{1}{\sec x}\cdot\sec x\tan x$
$=\tan x$

(7) $y'=\frac{1+e^\theta}{e^\theta}\cdot\frac{e^\theta(1+e^\theta)-e^{2\theta}}{(1+e^\theta)^2}$
$=\frac{1}{1+e^\theta}$

(8) $y'=\frac{(2x+1)}{\ln5(x^2+x)}$

07 (1) $6xy+3x^2\frac{dy}{dx}+y^2+2xy\frac{dy}{dx}=0$
$(6xy+y^2)+(3x^2+2xy)\frac{dy}{dx}=0$
$\frac{dy}{dx}=-\frac{6xy+y^2}{3x^2+2xy}$

(2) $2x(x+y)^2+x^2\cdot2(x+y)(1+\frac{dy}{dx})=2x-2y\frac{dy}{dx}$
$2x(x+y)^2+2x^2(x+y)+2x^2(x+y)\frac{dy}{dx}=2x-2y\frac{dy}{dx}$
$\frac{dy}{dx}=-\frac{2x^3+3x^2y+xy^2-x}{x^3+x^2y+y}$

(3) $3e^{3x} = -\sin(x+3y) \cdot (1+3\frac{dy}{dx})$

$$\frac{dy}{dx} = -\frac{3e^{3x}+\sin(x+3y)}{3\sin(x+3y)}$$

(4) $\frac{dy}{dx}\sin(\frac{1}{y}) + y \cdot (-\frac{1}{y^2})\cos(\frac{1}{y})\frac{dy}{dx} = y + x\frac{dy}{dx}$

$$(\sin\frac{1}{y} - x - \frac{1}{y}\cos\frac{1}{y})\frac{dy}{dx} = y$$

$$\frac{dy}{dx} = \frac{y^2}{y\sin(\frac{1}{y}) - xy - \cos\frac{1}{y}}$$

08 (1) $y' = -\frac{2x}{\sqrt{1-x^4}}$

(2) $y' = \frac{1}{|2x+1|\sqrt{x^2+x}}$

(3) $y' = -\frac{1}{|x|\sqrt{\frac{x^2}{16}-1}} = -\frac{4}{|x|\sqrt{x^2-16}}$

(4) $y' = -\frac{1}{1+x} \cdot \frac{1}{2\sqrt{x}} = -\frac{1}{2\sqrt{x}(1+x)}$

(5) $y' = \frac{1}{\tan^{-1}x} \cdot \frac{1}{1+x^2} = \frac{1}{\tan^{-1}x(1+x^2)}$

(6) $y' = \sin^{-1}x + x \cdot \frac{1}{\sqrt{1-x^2}} - \frac{2x}{2\sqrt{1-x^2}}$

$$= \sin^{-1}x$$

(7) $y' = \frac{1}{\sqrt{1-x^2}} + \sqrt{1-x^2} + x \cdot (\frac{-2x}{2\sqrt{1-x^2}})$

$$= \sqrt{1-x^2} + \frac{(1-x^2)}{\sqrt{1-x^2}}$$

(8) $y' = \frac{1}{x^2} \cdot \frac{2x}{2\sqrt{x^2-1}} - \frac{2x}{x^2\sqrt{x^4-1}}$

$$= \frac{1}{x\sqrt{x^2-1}} - \frac{2}{x\sqrt{x^4-1}}$$

09 (1) $\ln y = \ln(x^{\ln x})$

$$\ln y = (\ln x)^2$$

$$\frac{1}{y}\frac{dy}{dx} = 2\ln x \cdot \frac{1}{x}$$

$$\frac{dy}{dx} = x^{\ln x}(\frac{2\ln x}{x}) = 2x^{\ln x - 1}\ln x$$

(2) $\ln y = \ln(x+1)^x$

$$\ln y = x\ln(x+1)$$

$$\frac{1}{y}\frac{dy}{dx} = \ln(x+1) + \frac{x}{x+1}$$

$$\frac{dy}{dx} = (x+1)^x(\ln(x+1) + \frac{x}{x+1})$$

10 (1) 양변을 x에 대하여 미분하면 $2x+2y\frac{dy}{dx}=0$, 따라서 $\frac{dy}{dx} = -\frac{x}{y}$이고,

$$\frac{d^2y}{dx^2} = -\frac{y \cdot 1 - x(\frac{dy}{dx})}{y^2} = -\frac{y - x(-\frac{x}{y})}{y^2} = -\frac{y^2+x^2}{y^3} = -\frac{4}{y^3}$$

(2) $\frac{3}{2\sqrt{y}}\frac{dy}{dx} = 1 - \frac{dy}{dx}$이므로 $\frac{dy}{dx} = \frac{2\sqrt{y}}{3+2\sqrt{y}}$

$$\frac{d^2y}{dx^2} = \frac{\frac{1}{\sqrt{y}} \cdot (3+2\sqrt{y}) - 2\sqrt{y} \cdot (\frac{1}{\sqrt{y}})}{(3+2\sqrt{y})^2} \times \frac{dy}{dx}$$

$$\frac{d^2y}{dx^2} = \frac{6}{(3+2\sqrt{y})^3}$$

(3) $3x^2+3y^2\frac{dy}{dx} = 0$이므로 $\frac{dy}{dx} = -\frac{x^2}{y^2}$

$$\frac{d^2y}{dx^2} = -\frac{2x \cdot y^2 - x^2 \cdot 2y(\frac{dy}{dx})}{y^4} = -\frac{2x}{y^2} - \frac{2x^4}{y^5}$$

11 (1) $\dfrac{dx}{dt}=-3\sin t \quad \dfrac{dy}{dt}=3\cos t$

$\dfrac{dy}{dx}=-\cot t$

(2) $\dfrac{dx}{dt}=2\sec 2t\tan 2t \quad \dfrac{dy}{dt}=2\sec^2 2t$

$\dfrac{dy}{dx}=\csc 2t$

(3) $\dfrac{dx}{dt}=1-\cos t \quad \dfrac{dy}{dt}=\sin t$

$\dfrac{dy}{dx}=\dfrac{\sin t}{1-\cos t}$

(4) $\dfrac{dx}{dt}=-\dfrac{1}{(t+1)^2} \quad \dfrac{dy}{dt}=\dfrac{(t-1)-t}{(t-1)^2}=-\dfrac{1}{(t-1)^2}$

$\dfrac{dy}{dx}=\dfrac{(t+1)^2}{(t-1)^2}$

12 (1) $\dfrac{f(2)-f(\frac{1}{2})}{2-\frac{1}{2}}=f'(c)$

$\dfrac{3-\frac{9}{2}}{\frac{3}{2}}=-1=f'(c) \quad 1-\dfrac{2}{c^2}=-1 \quad c^2=1$

$c=1$

(2) $\dfrac{f(1)-f(-1)}{2}=f'(c)$

$\dfrac{\frac{\pi}{2}+\frac{1}{2}\pi}{2}=\dfrac{\pi}{2}=f'(c) \quad \dfrac{1}{\sqrt{1-c^2}}=\dfrac{\pi}{2} \quad c^2=1-\dfrac{4}{\pi^2}$

$c=\pm\sqrt{(1-\frac{4}{\pi^2})}$

13 $y=f(x)$라고 할 때, $x=\pi$에서 미분가능을 보면

$f'(\pi-)=\lim_{h\to 0-}\dfrac{f(\pi+h)-f(\pi)}{h}=\lim_{h\to 0-}\dfrac{\sin(\pi+h)-\sin\pi}{h}=-1$

$f'(\pi)=a$

$f'(\pi+)=\lim_{h\to 0+}\dfrac{f(\pi+h)-f(\pi)}{h}=\lim_{h\to 0+}\dfrac{a(\pi+h)+b-(a\pi+b)}{h}=a$

$f'(\pi-)=f(\pi+)$

$f(\pi)=f(\pi-) \quad 0=a\pi+b$

$a=-1,\ b=\pi$

14

$$f'(x)=\begin{cases}\dfrac{x\sin x+\cos x-1}{x^2}\\ 0\end{cases}$$

15 양변을 x에 대하여 미분하면 $4x^3+3y^2\dfrac{dy}{dx}=0$, 따라서 $\dfrac{dy}{dx}=\dfrac{-4x^3}{3y^2}$이고,

$$\frac{d^2y}{dx^2}=-\frac{-12x^2\cdot 3y^2-(-4x^3)(6y\frac{dy}{dx})}{(3y^2)^2}=-\frac{-36x^2y^2+24x^3y(-\frac{4x^3}{3y^2})}{(3y^2)^2}=\frac{4x^2}{y^2}+\frac{32x^6}{9y^5}$$

16 (1) $x=0$에서 미분가능을 보면, $f(0-)=0$은 쉽게 알 수 있고,

$$f(0+)=\lim_{h\to+0}\frac{F(0+h)-F(0)}{h}=\lim_{h\to+0}\frac{3h^3-2h^4}{h}=\lim_{h\to+0}(3h^2-2h^3)=0$$

이므로 $f(0)=F'(0)=0$이다. 한편, $x=1$에서 미분가능을 보면, $f(1+)=0$임을 쉽게 알 수 있고,

$$f(1-)=\lim_{h\to-0}\frac{F(1+h)-F(1)}{h}=\lim_{h\to+0}\frac{3(1+h)^3-2(1+h)^4-1}{h}=\lim_{h\to+0}(3h^2-2h^3)=0$$

$$f(x)=\begin{cases}9x^2-8x^3, 0\leq x<1\\ 0, \text{기타}\end{cases}$$

(2) $x=0$에서 미분가능을 보면, $f(0-)=0$은 쉽게 알 수 있고,

$$f(0+)=\lim_{h\to+0}\frac{F(0+h)-F(0)}{h}=\lim_{h\to+0}\frac{\frac{1}{2}(h+h^2)}{h}=\lim_{h\to+0}(\frac{1}{2}(1+h))=\frac{1}{2}$$

이므로 미분불가능이다. 한편, $x=1$에서 미분가능을 보면, $f(1+)=0$임을 쉽게 알 수 있고, $f(1-)=$

$$\lim_{h\to-0}\frac{F(1+h)-F(1)}{h}=\lim_{h\to+0}\frac{\frac{1}{2}(h+1+(h+1)^2)-1}{h}=\lim_{h\to+0}(\frac{1}{2}h+\frac{3}{2})=\frac{3}{2}$$

이므로 미분불가능이다.

$$f(x)=\begin{cases}\frac{1+2x}{2}, 0<x<1\\ 0, \text{기타}\end{cases}$$

Chapter

04

미분의 응용

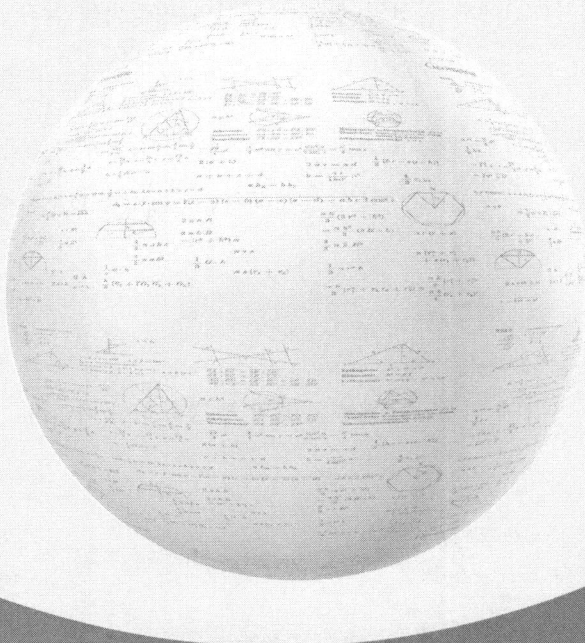

4.1 곡선의 접선과 법선

함수 $y=f(x)$가 $x=a$에서 미분계수 $f'(a)$가 존재한다면, 미분계수의 기하학적 의미는 점 $P(a,f(a))$에서의 접선의 기울기이다. 따라서, 점 $P(a,f(a))$에서 함수 $y=f(x)$의 접선의 방정식은 다음과 같다.

$$y=f'(a)(x-a)+f(a)$$

또한, 점 $P(a,f(a))$에서 접선에 수직인 직선의 기울기는 $-\dfrac{1}{f'(a)}$이므로, 점 $P(a,f(a))$에서 접선에 수직인 직선의 방정식은 다음과 같다.

$$y=-\frac{1}{f'(a)}(x-a)+f(a)$$

접선에 수직인 직선을 법선이라고 부른다.

예제 4.1

$f(x)=x^3+1$의 점 $(1,2)$에서 곡선의 접선과 법선의 방정식을 각각 구하여라.

풀이 +

$f'(x)=3x^2$이므로 $x=1$에서 접선의 기울기는 $f'(1)=3$이므로, 접선의 방정식은 $y=3x-1$이다. 또한, 법선의 기울기는 $-\dfrac{1}{f'(1)}=-\dfrac{1}{3}$이므로, 법선의 방정식은 $y=-\dfrac{1}{3}(x-1)+2$, 즉 $y=-\dfrac{1}{3}x+\dfrac{7}{3}$이다.

■

예제 4.2

곡선 $x^2y-x=y^3-8$위의 점 $(0,2)$에서 접선의 방정식을 구하여라.

풀이 +

음함수의 미분법에서 $\dfrac{dy}{dx}=\dfrac{1-2xy}{x^2-3y^2}$이므로 점 $(0,2)$에서 접선의 기울기는 $\left.\dfrac{dy}{dx}\right|_{(x,y)=(0.2)}=\dfrac{1-0}{0-12}=-\dfrac{1}{12}$이다. 따라서, 접선의 방정식은 $y=-\dfrac{1}{12}x+2$이다. ■

4.2 함수의 극대·극소

함수 $y = f(x)$는 구간의 임의의 두 수 a와 b에 대하여 "$a < b$이면 $f(a) \leqq f(b)$"를 만족할 때, 그 구간에서 증가(increasing)함수라고 하고, "$a < b$이면 $f(a) \geqq f(b)$"를 만족할 때 감소(decreasing)함수라고 한다. 위의 정의에서 등호가 빠진 경우, 즉 "$a < b$이면 $f(a) < f(b)$"를 만족할 때 순증가(increasing)라고 한다. 증가함수는 increasing 또는 non-decreasing으로 표현한다. 어떤 저자는 "non-decreasing"를 "감소하지 않는"으로 직역하는 경우도 있다.

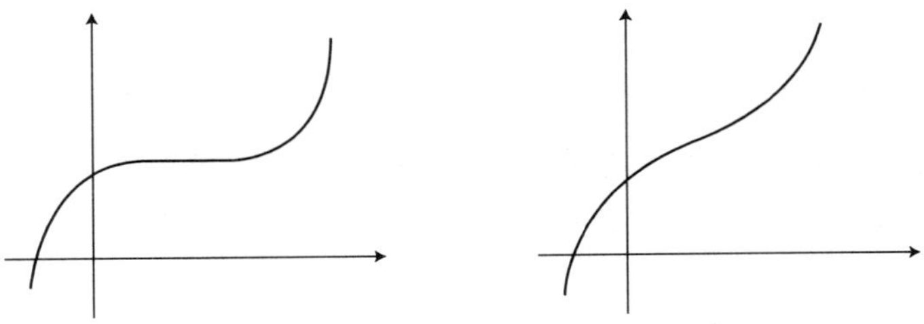

〈그림 4.1〉 증가함수와 순증가 함수

한편, 함수 $f(x)$가 미분가능하면 다음과 같이 정의할 수 있다.

> **정의 1**
>
> 함수 $f(x)$가 어떤 구간에서 미분가능하고
>
> (i) $f'(x) \geqq 0$ (또는 $f'(x) > 0$)이면, $f(x)$는 그 구간에서 증가(또는 순증가)함수이다.
>
> (ii) $f'(x) \leqq 0$ (또는 $f'(x) < 0$)이면, $f(x)$는 그 구간에서 감소(또는 순감소)함수이다.

예제 4.3

다음 함수가 정의역에서 증가함수임을 보여라.

(1) $y = x^3 + 1$　　　　(2) $y = 2x - \sin x$

풀이 +

(1) 모든 x에 대하여 $y' = 3x^2 \geqq 0$이므로 증가함수이다.

(2) 모든 x에 대하여 $y' = 2 - \cos x > 0$이므로 증가(순증가)함수이다. ■

함수 $f(x)$의 극대와 극소의 정의는 다음과 같다.

정의 1

함수 $f(x)$의 정의역의 한 점 $x=c$에서

(i) $x=c$를 포함하는 충분히 작은 개구간의 모든 x에 대하여 $f(x) \leqq f(c)$를 만족하면, 함수 $f(x)$는 $x=c$에서 **극댓값(local maximum)**을 갖는다.

(ii) $x=c$를 포함하는 충분히 작은 개구간의 모든 x에 대하여 $f(x) \geqq f(c)$를 만족하면, 함수 $f(x)$는 $x=c$에서 **극솟값(local minimum)**을 갖는다.

정의에서 극댓값과 극솟값을 합쳐서 **극값**이라고 하고, 극댓값을 갖는 점을 극대점, 극솟값을 갖는 점을 극소점이라고 하며 이를 합쳐서 **극점(critical point)** 또는 임계점이라고 한다. 극대점이라고 한다. 함수의 극대와 극소를 이해하기 위해 〈그림 4.2〉와 같은 함수를 생각해 보자.

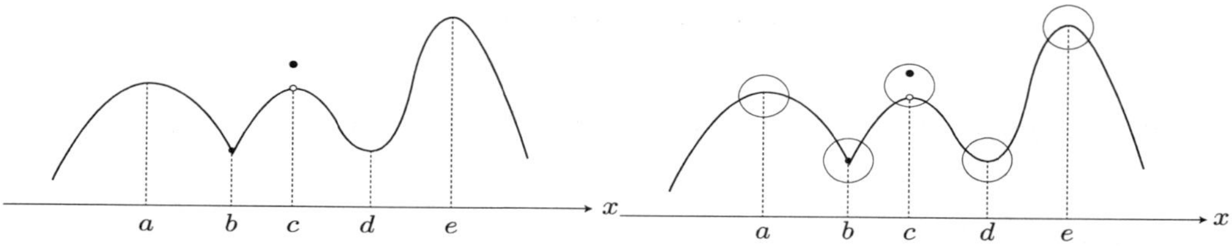

〈그림 4.2〉 극대 극소를 갖는 함수에서 극대 극소 확인 방법

정의에 의하면 $x=c$를 포함하는 충분히 작은 개구간에서 최대가 될 때 극대가 된다. 이를 확인하기 위해서 〈그림 4.2〉의 오른쪽처럼 함수 위에 조그마한 원을 그렸을 때 그 주위에서 최댓값을 가지면 된다.

함수 $f(x)$가 $x=c$에서 극댓값을 가진다면 곡선을 그렸을 때, $x=c$ 주변에서 x가 증가함에 따라 곡선이 올라갔다〔$f'(x)$의 부호가 양(+)〕가 내려옴〔$f'(x)$의 부호가 음(−)〕을 알 수 있다. 함수 $f(x)$가 $x=c$에서 극솟값을 가진다면 곡선을 그렸을 때, $x=c$ 주변에서 x가 증가함에 따라 곡선이 내려갔다〔$f'(x)$의 부호가 음(−)〕가 올라옴〔$f'(x)$의 부호가 양(+)〕을 알 수 있다. 이러한 극대점과 극소점은 그 점에서 불연속이거나 미분불능이어도 극대와 극소가 될 수 있다. 이때, 함수 $f(x)$가 미분가능하다면 도함수를 이용하여 쉽게 확인할 수 있다.

극대점과 극소점을 찾는 방법은 다음과 같다.

함수 $f(x)$가 $x=\alpha$에서 미분계수가 $f'(\alpha)=0$이거나 미분불능이고, $f'(x)$의 부호가
(i) 양(+)에서 음(−)으로 변하면 $f(x)$는 $x=\alpha$에서 극대이다.
(ii) 음(−)에서 양(+)으로 변하면 $f(x)$는 $x=\alpha$에서 극소이다.

예제 4.4

다음 함수의 극점을 구하여라.

(1) $f(x)=4x^3-6x^2-2$

(2) $f(x)=-x^4+2x^2$

(3) $f(x)=(x-1)^{1/3}$

풀이 +

(1) $f(x)=4x^3-6x^2-2$에서 $f'(x)=12x^2-12x=12x(x-1)$이므로 $f'(x)=0$을 만족하는 x를 구하면 $x=0,1$이다. $x=0$과 $x=1$ 근방에서 $f'(x)$의 부호를 확인하기 위하여 증감표를 그려 보면

x	$\cdots$	0	$\cdots$	1	$\cdots$
$f'(x)$	+	0	−	0	+
$f(x)$	↗	−2	↘	−4	↗

따라서, 극대점은 $(0,-2)$이고 극소점은 $(1,-4)$이다.

(2) $f(x)=-x^4+2x^2$에서 $f'(x)=-4x^3+4x=-4x(x-1)(x+1)$이므로 $f'(x)=0$을 풀면, $x=-1,0,1$이다. 증감표를 그려 보면

x	$\cdots$	−1	$\cdots$	0	$\cdots$	1	$\cdots$
$f'(x)$	+	0	−	0	+	0	−
$f(x)$	↗	1	↘	0	↗	1	↘

따라서, 극대점은 $(-1,1)$과 $(1,1)$이고 극소점은 $(0,0)$이다.

(3) $f(x)=(x-1)^{1/3}$에서 $f'(x)=\dfrac{1}{3(x-1)^{2/3}}=\dfrac{1}{3\sqrt[3]{(x-1)^2}}>0$이므로 $f(x)$는 증가함수이다. ■

예제 4.5

다음 함수의 극값을 구하여라.

(1) $f(x)=|x-2|$

(2) $f(x)=\sqrt[3]{x^2}$

풀이 +

(1) $f(x)=|x-2|$의 도함수는 $f'(x)=\begin{cases}1, & x>2\text{일 때}\\ -1, & x<2\text{일 때}\end{cases}$이므로 $x=2$에서 미분불능이며, $f'(x)=0$을 만족하는 점은 없다. $x=2$ 근방에서 증감표를 그려 보면

x	$\cdots$	2	$\cdots$
$f'(x)$	$-$	존재하지 않음	$+$
$f(x)$	↘	0	↗

이다. 따라서, $x=2$에서 극솟값 $f(2)=0$을 가진다.

(2) $f(x)=\sqrt[3]{x^2}$의 도함수는 $f(x)=\frac{2}{3}\frac{1}{\sqrt[3]{x}}$이므로 $x=0$에서 미분불능이고, $f'(x)=0$을 만족하는 점은 없다. $x=0$ 근방에서 증감표를 그려 보면

x	$\cdots$	0	$\cdots$
$f'(x)$	$-$	존재하지 않음	$+$
$f(x)$	↘	0	↗

이다. 따라서, $x=0$에서 극솟값 $f(0)=0$을 가진다. ■

예제 4.6

다음 함수의 극점을 구하여라.

(1) $f(x)=\dfrac{\ln x}{x}$　　　(2) $f(x)=\dfrac{x}{e^x}$

풀이 +

(1) $f(x)=\dfrac{\ln x}{x}$의 도함수는 $f'(x)=\dfrac{1-\ln x}{x^2}$에서 $f'(x)=0$을 만족하는 점은 $x=e$이므로 증감표를 그려 보면

x	$\cdots$	e	$\cdots$
$f'(x)$	$+$	0	$-$
$f(x)$	↗	$\frac{1}{e}$	↘

이다. 따라서, $x=e$에서 극댓값 $f(e)=\dfrac{1}{e}$을 갖는다.

(2) $f(x)=\dfrac{x}{e^x}$의 $f'(x)=\dfrac{1-x}{e^x}$에서 $f'(x)=0$을 만족하는 점은 $x=1$이므로 증감표를 그려 보면

x	$\cdots$	1	$\cdots$
$f'(x)$	$+$	0	$-$
$f(x)$	↗	$\frac{1}{e}$	↘

이다. 따라서, $x=1$에서 극댓값 $f(e)=\dfrac{1}{e}$을 갖는다. ■

4.3 그래프의 개형

4.3.1 함수의 요철과 변곡점

함수 $y=f(x)$가 구간 $[a,b]$에서 **아래로-볼록(convex)**이라고 함은 함수 $y=f(x)$가 구간 $[a,b]$에서 다음 식을 만족할 때이다. $a \le x_1 < x_2 \le b$을 만족하는 모든 x_1과 x_2에 대하여

$$f(\lambda x_1+(1-\lambda)x_2) \le \lambda f(x_1)+(1-\lambda)f(x_2)$$

을 만족할 때이다. 단, $0 \le \lambda \le 1$이다. 이를 그림으로 설명하면, 먼저 $0 \le \lambda \le 1$일 때, $\lambda x_1+(1-\lambda)x_2$는 수직선 상에서 x_1과 x_2의 내분점을 나타내며 $f(\lambda x_1+(1-\lambda)x_2)$는 $\lambda x_1+(1-\lambda)x_2$에서의 함숫값이므로 〈그림 4.3〉처럼 아래로-볼록인 함수에서는 점 P의 y의 값이고, $\lambda f(x_1)+(1-\lambda)f(x_2)$는 점 Q의 y의 값이므로 $f(\lambda x_1+(1-\lambda)x_2) \le \lambda f(x_1)$ $+(1-\lambda)f(x_2)$이 성립한다.

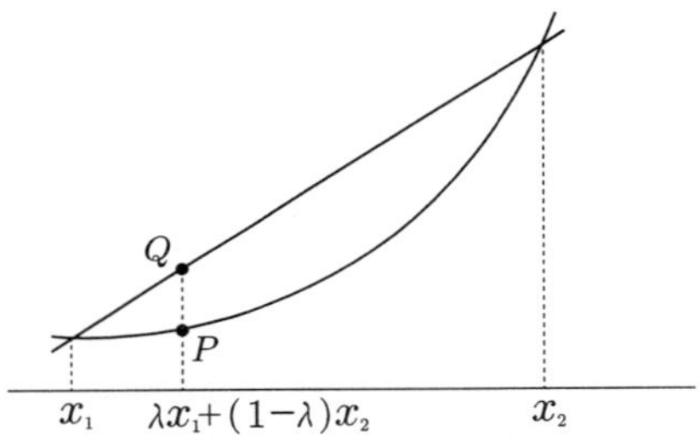

〈그림 4.3〉 아래로-볼록인 함수

한편, 함수 $y=f(x)$가 구간 $[a,b]$에서 **위로-볼록(concave)**이라고 함은 $a \le x_1 < x_2 \le b$을 만족하는 모든 x_1과 x_2에 대하여

$$f(\lambda x_1+(1-\lambda)x_2) \le \lambda f(x_1)+(1-\lambda)f(x_2)$$

을 만족할 때이다. 단, $0 \le \lambda \le 1$이다.

한편, 함수 $f(x)$가 2계도함수가 존재하면 다음과 같이 정의할 수 있다.

> 함수 $f(x)$가 어떤 구간에서 2계도함수가 존재하고
> (i) $f''(x) \geqq 0$이면, $f(x)$는 그 구간에서 아래로-볼록이다.
> (ii) $f''(x) \leqq 0$이면, $f(x)$는 그 구간에서 위로-볼록이다.

예제 4.7

함수 $y = x^2$이 아래로-볼록임을 보여라.

풀이 +

모든 x에 대하여 $y'' = 2$이므로 아래로-볼록이다. ■

또 함수 $y = f(x)$의 그래프에서 어떤 점 주위에서 곡선의 요철이 바뀌는 점을 **변곡점(point of inflection)**이라고 한다.

> 함수 $f(x)$가 $x = a$에서 $f''(a) = 0$이고 $x = a$에서 $f''(x)$의 부호가 바뀌면(양에서 음 또는 음에서 양) 점 $(a, f(a))$를 곡선 $y = f(x)$의 변곡점이라고 한다.

예제 4.8

함수 $f(x) = x^4 - 4x^3 + 3$의 변곡점을 구하여라.

풀이 +

$f(x) = x^4 - 4x^3 + 3$의 2계도함수는 $f''(x) = 12x(x-2)$이므로 $f''(x) = 0$의 해는 $x = 0$또는 2이다.
$x = 0$과 2 근방에서 $f''(x)$의 부호를 확인하기 위하여 증감표를 그려 보면

x	$\cdots$	0	$\cdots$	2	$\cdots$
$f''(x)$	$+$	0	$-$	0	$+$

이므로, $x = 0$과 2 근방에서 $f''(x)$의 부호가 바뀜을 알 수 있다. 따라서, 변곡점은 $(0,3)$과 $(2,-13)$이다. ■

4.3.2 그래프의 개형 그리는 방법

다음은 함수의 그래프를 그리는 절차를 도시한 것이다.

1. 정의역을 파악한다.(특히, 분수함수)
2. 도함수 $f'(x)$를 구한다.
3. $f'(x) = 0$인 점과 미분불능인 점을 구한다.
4. 2계도함수 $f''(x)$를 구한다.

5. $f''(x)=0$인 점을 구한다.

6. 위의 절차 3과 5를 만족하는 점들에 대하여 증감표를 그리고, 극점과 변곡점을 파악한다.

7. 점근선을 구한다.

   (i) 수평점근선: $\lim_{x\to\infty} f(x)=L_1$로 수렴하거나 $\lim_{x\to-\infty} f(x)=L_2$로 수렴하면 $y=f(x)$ 그래프의 수평점근선이 존재한다.

   (ii) 수직점근선: 분수함수인 경우 분모가 0이 되는 x의 값에서 수직점근선을 가진다. 예로, $f(x)=\frac{1}{x}$의 그래프는 $\lim_{x\to+0}\frac{1}{x}=\infty$이므로 수직점근선 $x=0$를 가진다.

8. 그래프를 그린다.

예제 4.9

$f(x)=x^4-6x^2-8x+12$의 그래프를 그려라.

풀이 +

$f(x)$의 정의역은 모든 실수이다. 또한 $f'(x)=4x^3-12x-8=4(x+1)^2(x-2)$이므로 $f'(x)=0$에서 $x=-1,\ 2$이다. 또한 $f''(x)=12(x-1)(x+1)$이므로 $f''(x)=0$에서 $x=-1,\ 1$이다. 증감표를 그려 보면

x	$\cdots$	-1	$\cdots$	1	$\cdots$	2	$\cdots$
$f'(x)$	$-$	0	$-$	$-$	$-$	0	$+$
$f''(x)$	$+$	0	$-$	0	$+$	$+$	$+$
$f(x)$	↘	15	↘	-1	↘	-12	↗

따라서, $x=2$에서 극솟값 -12를 가지고, 변곡점은 $(-1,15)$와 $(1,-1)$이다. 그래프는 〈그림 4.4〉와 같다.

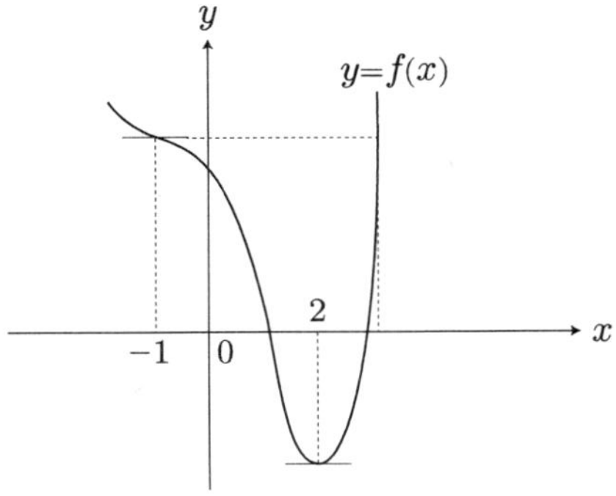

〈그림 4.4〉

■

예제 4.10

함수 $f(x)=\dfrac{x}{(1+x)^2}$ 의 그래프를 그려라.

풀이 +

정의역은 $x \neq -1$인 모든 실수이다. $f'(x)=\dfrac{1-x}{(1+x)^3}$이므로 $f'(x)=0$에서 $x=1$이다. 또한, $f''(x)=\dfrac{2(x-2)}{(1+x)^4}$이므로 $f''(x)=0$에서 $x=2$이다. 증감표를 그려 보면

x	$\cdots$	-1	$\cdots$	1	$\cdots$	2	$\cdots$
$f'(x)$	$-$	undefined	$+$	0	$-$	$-$	$-$
$f''(x)$	$-$	undefined	$-$	$-$	$-$	0	$+$
$f(x)$	↘		↗	1/4	↘	2/9	↗

따라서, $x=1$에서 극댓값 $\dfrac{1}{4}$를 가지고, 변곡점은 $(2, \dfrac{2}{9})$이다. 한편, 점근선을 구해 보면, $\lim\limits_{x\to\infty}\dfrac{x}{(1+x)^2}=0$, $\lim\limits_{x\to-\infty}\dfrac{x}{(1+x)^2}=0$이다. 또한, $\lim\limits_{x\to-1}\dfrac{x}{(x+1)^2}=-\infty$이다. 그래프는 〈그림 4.5〉와 같다.

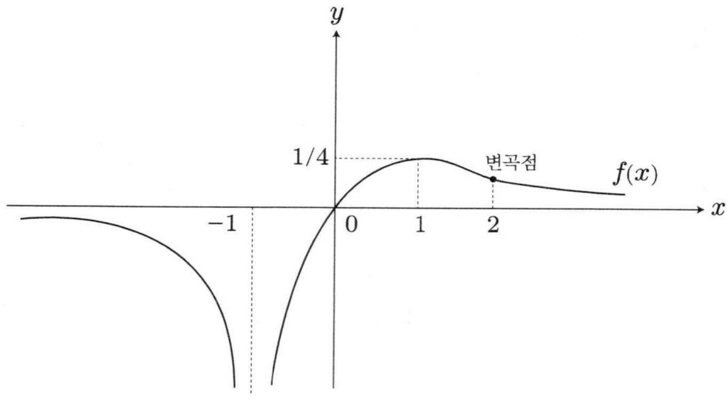

〈그림 4.5〉

■

예제 4.11

함수 $y=\dfrac{x}{e^x}$ 의 그래프를 그려라.

풀이 +

정의역은 모든 실수이며, $y'=\dfrac{1-x}{e^x}$이므로, $y'=0$에서 $x=1$이다. 또한 $y''=\dfrac{x-2}{e^x}$이므로 $y''=0$에서 $x=2$이다. 증감표를 그려 보면

x	$\cdots$	1	$\cdots$	2	$\cdots$
$f'(x)$	$+$	0	$-$	$-$	$-$
$f''(x)$	$-$	$-$	$-$	0	$+$
$f(x)$	↗	$1/e$	↘	$2/e^2$	↘

따라서, $x=1$에서 극댓값 $\dfrac{1}{e}$를 가지고, 변곡점은 $(2, \dfrac{2}{e^2})$이다. 한편, 점근선을 구해 보면, $\lim\limits_{x\to\infty}\dfrac{x}{e^x}=0$, $\lim\limits_{x\to-\infty}\dfrac{x}{e^x}=-\infty$이다. 그래프는 〈그림 4.6〉과 같다.

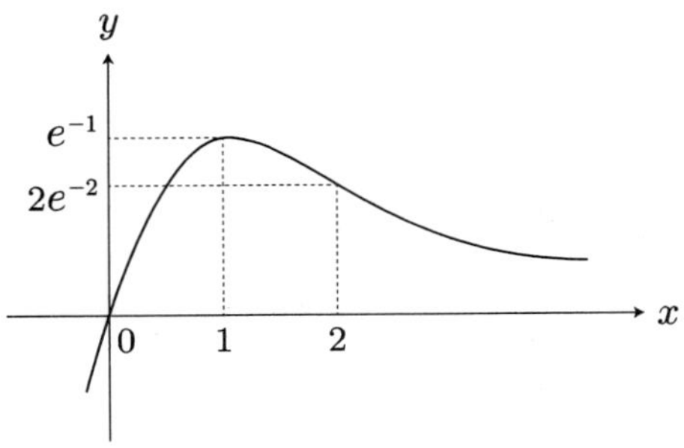

〈그림 4.6〉 ■

예제 4.12

함수 $y=\ln(x^2+1)$의 그래프를 그려라.

풀이 +

$y'=\dfrac{2x}{x^2+1}$이므로, $y'=0$에서 $x=0$이다. 또한 $y''=\dfrac{-2(x+1)(x-1)}{(x^2+1)^2}$이므로 $y''=0$에서 $x=-1$, 1이다. 증감표를 그려 보면

x	$\cdots$	-1	$\cdots$	0	$\cdots$	1	$\cdots$
$f'(x)$	$-$	$-$	$-$	0	$+$	$+$	$+$
$f''(x)$	$+$	0	$-$	$-$	$-$	0	$+$
$f(x)$	↘	ln2	↘	0	↗	ln2	↗

따라서, $x=0$에서 극솟값 0를 가지고, 변곡점은 $(-1,\ln2)$, $(1,\ln2)$이다. 한편, 점근선을 구해 보면, $\lim\limits_{x\to\infty}\ln(x^2+1)=\infty$, $\lim\limits_{x\to-\infty}\ln(x^2+1)=\infty$이다. 그래프는 〈그림 4.7〉과 같다.

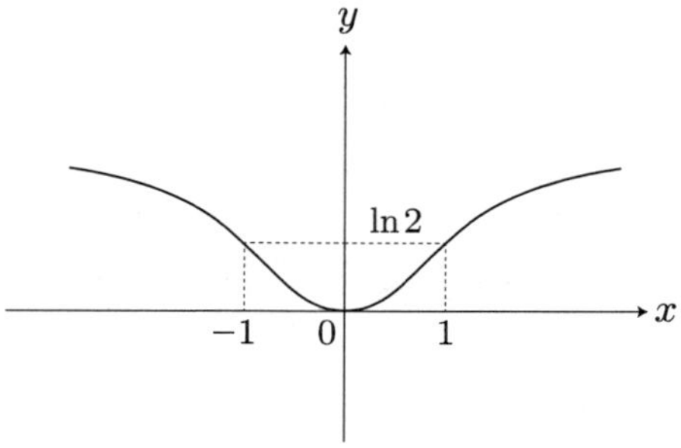

〈그림 4.7〉 ■

예제 4.13

함수 $y=\exp(-\frac{x^2}{2})$의 극값과 변곡점을 구하고 그래프의 개형을 그려라.

풀이 +

$y'=-x\exp[-\frac{x^2}{2}]$이므로, $x=0$에서 $y'=0$이다. 또한, $f''(x)=(x^2-1)\exp[-\frac{x^2}{2}]$이므로 $x=-1$, 1에서 $f''(x)=0$이다. 증감표를 그려 보면, 다음과 같다.

x	$\cdots$	-1	$\cdots$	0	$\cdots$	1	$\cdots$
$f'(x)$	$+$	$+$	$+$	0	$-$	$-$	$-$
$f''(x)$	$-$	0	$+$	$+$	$+$	0	$-$
$f(x)$	↗	$e^{-1/2}$	↗	1	↘	$e^{-1/2}$	↘

먼저, $x=0$에서 $f'(x)$의 부호가 +에서 −로 바뀌므로 극대이고 극댓값은 $f(0)=1$이다. 또한, $x=-1$에서 $f''(x)$의 부호가 +에서 −로 바뀌므로 아래로 볼록에서 위로 볼록으로 바뀌는 변곡점 $(-1,e^{-1/2})$이며, $x=1$에서 $f''(x)$의 부호가 −에서 +로 바뀌므로 위로 볼록에서 아래로 볼록으로 바뀌는 변곡점 $(1,e^{-1/2})$이다. 또한, $\lim_{x\to\infty}\exp(-\frac{x^2}{2})=0$, $\lim_{x\to-\infty}\exp(-\frac{x^2}{2})=0$이므로 점근선이 $y=0$다. 위를 그래프로 나타내면 〈그림 4.8〉과 같다.

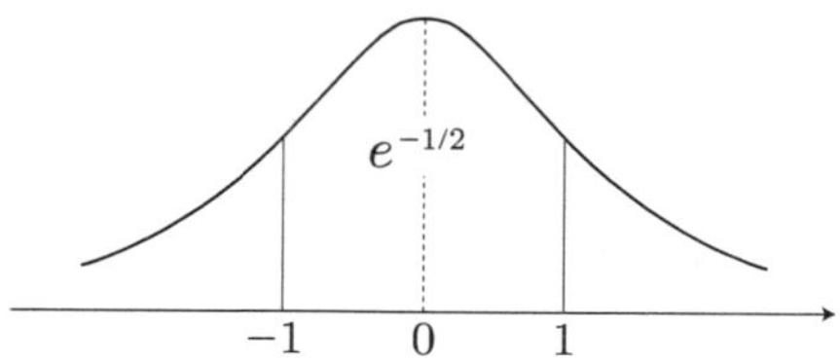

〈그림 4.8〉 $y=\exp(-\frac{x^2}{2})$의 그래프 ■

4.4 최댓값 또는 최솟값

함수 $f(x)$가 폐구간 $[a,b]$에서 연속이면 최대 · 최소 정리로부터 $f(x)$가 폐구간 $[a,b]$에서 반드시 최댓값과 최솟값을 가진다. 함수의 최댓값과 최솟값을 구하는 방법을 정리하면 다음과 같다.

정리 1 최대 · 최소 구하는 방법

(i) 구간이 폐구간 $[a,b]$인 경우, 폐구간 $[a,b]$에서 극댓값과 극솟값을 구한 후 최댓값은 구간의 양 끝의 함숫값, 극댓값을 비교하여 가장 큰 값이 최댓값이 된다.
최솟값은 구간의 양 끝의 함숫값, 극솟값을 비교하여 가장 작은 값이 최솟값이 된다.

(ii) 구간이 폐구간 $[a,b]$이 아닌 경우, 구간에서 극댓값과 극솟값을 구한 후 최댓값은 구간의 양 끝의 함숫값(또는 극한값), 극댓값을 비교하여 가장 큰 값이 최댓값이 될 수 있다. 정의되지 않은 극한값이 큰 경우는 최댓값이 없다.
최솟값은 구간의 양 끝의 함숫값(또는 극한값), 극솟값을 비교하여 가장 작은 값이 최솟값이 될 수 있다. 정의되지 않은 극한값이 작은 경우는 최솟값이 없다.

함수의 최대 · 최소를 구할 때 함수의 그래프를 간단히 그리는 것이 큰 도움이 된다. 그래프의 개형을 그릴 때 앞 절에서는 곡선의 요철과 변곡점까지 구하였으나, 극대 · 극소만을 이용하여 충분히 그래프의 개형을 그릴 수 있다.

예제 4.14

구간 $[-2,3]$에서 $f(x)=2x^3-3x^2-12x+1$의 최댓값과 최솟값을 구하여라.

풀이 +

먼저, 구간 $[-2,3]$에서 극값을 구하면, $f'(x)=6x^2-6x-12=6(x+1)(x-2)$이므로 $f'(x)=0$에서 $x=-1$, 2에서 극값을 가지며, 증감표를 그려 보면

x	-2	$\cdots$	-1	$\cdots$	2	$\cdots$	3
$f'(x)$	+	+	0	−	0	+	+
$f(x)$	−3	↗	8	↘	−19	↗	−8

따라서, 극댓값은 $f(-1)=8$, 극솟값은 $f(2)=-19$이다. 구간의 끝 값은 $f(-2)=-3$, $f(3)=-8$이므로 $f(x)$의 최댓값은 8이고, 최솟값은 -19이다. ■

예제 4.15

다음 함수의 최댓값 또는 최솟값을 구하여라.

(1) $y=\dfrac{x^2-3x+1}{x-3}(-2\leq x<3)$

(2) $y=\dfrac{x^2+x-1}{x^2-x+1}$

풀이 +

(1) $y=\dfrac{x^2-3x+1}{x-3}$에서 $y'=\dfrac{(2x-3)(x-3)-(x^2-3x+1)*1}{(x-3)^2}=\dfrac{(x-2)(x-4)}{(x-3)^2}$이므로

$y'=0$에서 $x=2$, 4이지만 구간 안에 들어가는 것은 $x=2$에서 극댓값을 가진다. 따라서, 최댓값은 $f(2)=1$이며, 최솟값은 $f(-2)=-\dfrac{11}{5}$이고, $\lim\limits_{x\to 3-0}f(x)=-\infty$이므로 최솟값은 없다.

(2) $y=\dfrac{x^2+x-1}{x^2-x+1}$에서 $y'=\dfrac{(2x+1)(x^2-x+1)-(x^2+x-1)(2x-1)}{(x^2-x+1)^2}=\dfrac{-2x(x-2)}{(x^2-x+1)^2}$이므로

$y'=0$에서 $x=0$, 2에서 극값을 가진다. 또한, $x=0$에서 극솟값 $f(0)=-1$을 갖고, $x=2$에서 극댓값 $f(2)=\dfrac{5}{3}$을 가진다. 또한, $\lim\limits_{x\to\infty}f(x)=1$, $\lim\limits_{x\to-\infty}f(x)=1$이므로 최댓값은 $\dfrac{5}{3}$이고 최솟값은 -1이다.

■

예제 4.16

$f(x)=\dfrac{1}{x}$의 최댓값과 최솟값을 구하여라.

풀이 +

함수 $f(x)=\dfrac{1}{x}$은 분수함수이므로 정의역은 $(-\infty,0)$와 $(0,\infty)$로서 $x=0$에서 수직점근선을 가진다. 도함수를 구해 보면 $f'(x)=-\dfrac{1}{x^2}$이므로, 모든 x에 대하여 $f'(x)<0$, 즉 정의역의 모든 구간에서 감소함수이므로 극값을 갖지 않는다. 따라서, 이 경우 다음과 같은 4개의 극한값을 구하여 보아야 한다.

$$\lim_{x\to\infty}f(x)=0,\ \lim_{x\to-\infty}f(x)=0,\ \lim_{x\to+0}f(x)=\infty,\ \lim_{x\to-0}f(x)=-\infty$$

따라서, $f(x)=\dfrac{1}{x}$의 최댓값과 최솟값은 존재하지 않는다. ■

예제 4.17

$f(x)=\dfrac{1}{x}e^{-\frac{1}{x}}(x>0)$의 최대가 되는 x의 값과 최소가 되는 x의 값을 구하여라.

풀이 +

함수 $f(x)$는 정의역은 $(0,\infty)$로서 $x=0$에서 수직점근선을 가진다. 도함수를 구해 보면 $f'(x)=-\dfrac{1}{x^2}e^{-\frac{1}{x}}+\dfrac{1}{x}e^{-\frac{1}{x}}\left(\dfrac{1}{x^2}\right)=e^{-\frac{1}{x}}\left(-\dfrac{1}{x^2}+\dfrac{1}{x^3}\right)=e^{-\frac{1}{x}}\left(\dfrac{1-x}{x^3}\right)$이므로 $x=1$에서 극대이면서 최대를 가짐을 알 수 있다. $f(x)$가 극대만 가지므로 정의역 양 끝점에서 최소를 갖게 되는데 정의역이 개구간이므로 최솟값은 존재하지 않는다. ■

우리는 앞 장에서 어떤 함수의 도함수를 구할 때, 바로 구하는 것보다 로그를 취한 후 미분을 하는 것이 아주 편한 경우를 보았다. 최대최소를 구할 때도 마찬가지로 로그를 취한 후 미분을 하면 쉽게 극점을 구할 수 있다. 〈예제 4.17〉 이하의 예제와 같이 지수함수나 함수의 형태가 곱의 형태로 되어 있는 경우가 이 경우이다.

〈예제 4.17〉에서 $f(x)$의 양변에 먼저 자연로그를 취하면 $\ln f(x)=\ln(\dfrac{1}{x}e^{-\frac{1}{x}})=\ln\dfrac{1}{x}+\ln e^{-\frac{1}{x}}=-\ln x-\dfrac{1}{x}$가 되고, 양변을 미분하면 $\dfrac{d}{dx}\ln f(x)=-\dfrac{1}{x}+\dfrac{1}{x^2}=\dfrac{1-x}{x^2}$이 되고, $\dfrac{d}{dx}\ln f(x)=0$에서 $x=1$에서 극대이면서 최대를 가짐을 알 수 있다. 따라서, 극대 극소를 구할 때 $f'(x)=0$를 만족하는 x를 구하는 것보다 $\dfrac{d}{dx}\ln f(x)=0$을 만족하는 x를 구하는 것이 훨씬 편하다. 이에 대한 근거는 다음과 같은 정리에서 확인할 수 있다.

정리 2

> 함수 $f(x)$가 정의역에서 항상 양의 값을 갖는 함수일 때,
> $f(x)$가 극값을 갖는 x의 값은 $y=\ln f(x)$가 극값을 갖는 x와 동일하다.

위의 정리는 로그 함수 $\ln x$가 증가함수이므로 x가 최대일 때 $\ln x$도 최대이므로 증명 없이 직관적으로 생각할 수도 있다. 굳이 증명을 하자면, $y=\ln f(x)$의 도함수를 구하면 $y'=\dfrac{f'(x)}{f(x)}$이고 $f(x)>0$이므로 $f'(x)$가 0이 되는 값과 $f'(x)$의 부호가 $y'=\dfrac{f'(x)}{f(x)}$가 0이 되는 값과 부호와 일치한다.

CHAPTER 04

연습문제

01 다음 물음에 답하여라.

(1) 곡선 $y=e^x$에 접하고 기울기가 1인 직선의 방정식을 구하여라.

(2) 곡선 $y=x\ln x+2x$ 의 한 점 $(e, 3e)$에서 접선의 방정식을 구하여라.

02 다음 함수의 극값을 구하여라.

(1) $f(x)=\sqrt{3}\sin x+\cos x\ (0 \le x \le 2\pi)$

(2) $f(x)=2x-\tan x\ \left(-\frac{\pi}{2}<x<\frac{\pi}{2}\right)$

03 다음 함수의 극값을 구하여라.

(1) $f(x)=x\ln x$

(2) $f(x)=x^2e^{-x}$

04 다음 함수의 극값을 구하여라.

(1) $f(x)=\ln x-x$

(2) $f(x)=x+1-\ln x$

(3) $f(x)=x^2\ln x$

(4) $f(x)=xe^{-x}$

05 다음 각 곡선의 극점, 변곡점을 구하고 오목, 볼록을 조사하여 그 개형을 그려라.

(1) $y=x^4-4x^3+3$

(2) $y=\dfrac{2x}{x^2+1}$

06 다음 함수의 극댓값 또는 극솟값을 구하여라.

(1) $f(x)=\sqrt{x}+\sqrt{4-x}$

(2) $f(x)=\sqrt[3]{x^2}(2x-5)$

07 다음 함수가 극값을 가질 때, x의 값을 구하여라.

$$f(x) = \ln(1+\sin x) + \ln(1-\sin x)$$

08 다음 함수의 극값을 구하여라.

(1) $f(x) = \dfrac{2-\cos x}{\sin x}\left(0 < x < \dfrac{\pi}{2}\right)$ (2) $f(x) = \dfrac{\ln x}{x^4}$

(3) $f(x) = x(\ln x)^2$

09 함수 $y = \dfrac{x}{x^2 - x + 1}$에 대하여 다음 물음에 답하여라.

(1) 이 함수의 최댓값과 최솟값을 구하여라.

(2) 구간 [0, 2]에서 이 함수의 최댓값과 최솟값을 구하여라.

10 함수 $y = \dfrac{6x}{x^2+1}$의 최댓값과 최솟값을 구하여라.

11 함수 $y = \dfrac{x^2 - 3x + 1}{x - 3}(-2 \leq x < 3)$의 최댓값 또는 최솟값을 구하여라.

12 다음 각 함수의 최댓값과 최솟값을 구하여라.

(1) $f(x) = \sin x(1+\cos x)$ $(0 \leq x \leq \pi)$

(2) $f(x) = (x^2 - 3)e^x$ $(-2 \leq x \leq 2)$

13 다음 각 함수의 최댓값과 최솟값을 구하여라.

(1) $f(x) = x + 2\sin x (0 \leq x \leq \pi)$

(2) $f(x) = e^x - ex$

(3) $f(x) = x^2 e^{-x} (-1 \leq x \leq 3)$

(4) $f(x) = x^{-1} e^x (x > 0)$

(5) $f(x) = x \ln x$

(6) $f(x) = \dfrac{\ln x}{x}$

14 다음 함수의 최댓값을 구하여라.

(1) $f(x) = \sqrt{2 - x^2}\, e^x$

(2) $f(x) = e^{\sqrt{3}x} \sin x \ (0 \leq x \leq \pi)$

(3) $f(x) = x \ln \dfrac{1}{x} + (1 - x) \ln \dfrac{1}{1 - x} \ (0 < x < 1)$

15 다음 함수의 최솟값을 구하여라.

(1) $f(x) = \dfrac{e^x}{\sin x} (0 < x < \pi)$

(2) $f(x) = \left(\dfrac{x}{10}\right)^{\frac{x}{10}} (x > 0)$

16 극솟값 또는 극댓값을 구하여라.

(1) $y = x^3 + x^2 - 8x + 5$

(2) $y = \dfrac{1}{\sqrt[3]{1 - x^2}}$

(3) $y = \dfrac{x}{x^2 + 1}$

(4) $y = x \ln x$

(5) $y = x^{2/3}(x + 2)$

(6) $y = x\sqrt{4 - x^2}$

(7) $h(x) = -x^3 + 2x^2$

(8) $f(x) = x^4 - 8x^2 + 16$

(9) $h(t) = \dfrac{3}{2} t^4 - t^6$

(10) $g(x) = x\sqrt{8 - x^2}$

(11) $f(x) = \dfrac{x^2 - 3}{x - 2},\ x \neq 2$

(12) $f(x) = x^{1/3}(x + 8)$

(13) $f(x) = x \ln x$

(14) $f(t) = 12t - t^3, -3 \leq t < \infty$

(15) $h(x) = \dfrac{x^3}{3} - 2x^2 + 4x$

(16) $f(x) = \sqrt{25 - x^2}, -5 \leq x < 5$

17 다음 함수들의 극값과 요철 및 개형을 그려라.

(1) $y = 3x^4 - 4x^3 + 1$

(2) $y = \dfrac{1}{\pi}\dfrac{1}{x^2+1}$

(3) $y = \dfrac{\ln x}{x}$

(4) $y = x^{-1}e^x$

(5) $y = \dfrac{1}{\sqrt{2\pi}\,\sigma}\exp\left[-\dfrac{(x-\mu)^2}{2\sigma^2}\right]$

➥ 연습문제 풀이

01 (1) $y'=e^x=1$이면 $x=0$이고 $y=1$인 점을 지난다.

그러므로 $y=x+1$이다.

(2) $y'=\ln x+1+2=\ln x+3$이므로 접선의 기울기는 4이다.

그러므로 $y-3e=4(x-e)$ $y=4x-e$이다.

02 (1) $f(x)=\sqrt{3}\sin x+\cos x$에서

$f'(x)=\sqrt{3}\cos x-\sin x$

$f'(x)=0$에서 $\frac{\sin x}{\cos x}=\sqrt{3}$ $\therefore \tan x=\sqrt{3}$ $\therefore x=\frac{\pi}{3}, \frac{4\pi}{3}$

x	0	…	$\frac{\pi}{3}$	…	$\frac{4}{3}\pi$	…	2π
$f'(x)$		+	0	−	0	+	
$f(x)$		↗	2	↘	−2	↗	

극댓값 $f(\frac{\pi}{3})=2$, 극솟값 $f(\frac{4\pi}{3})=-2$

(2) $f(x)=2x-\tan x$ 에서 $f'(x)=2-\sec^2 x$, $f''(x)=-2\sec^2 x\tan x$

$f'(x)=0$에서 $\sec^2 x-2=0$ $\therefore \cos x=\pm\frac{1}{\sqrt{2}}$ $\therefore x=\frac{\pi}{4}, -\frac{\pi}{4}$

x	$-\frac{\pi}{2}$	…	$-\frac{\pi}{4}$	…	$\frac{\pi}{4}$	…	$\frac{\pi}{2}$
$f'(x)$		−	0	+	0	−	
$f(x)$		↘	$1-\frac{\pi}{2}$	↗	$\frac{\pi}{2}-1$	↘	

극댓값 $f(\frac{\pi}{4})=\frac{\pi}{2}-1$, 극솟값 $f(-\frac{\pi}{4})=1-\frac{\pi}{2}$

03 (1) $f'(x)=\ln x+x\cdot\frac{1}{x}=\ln x+1$

$f'(x)=0$에서 $\ln x+1=0$

$\therefore \ln x=-1$ $\therefore x=e^{-1}$

x	(0)	…	e^{-1}	…
$f'(x)$		−	0	+
$f(x)$		↘	극소	↗

따라서, $f(x)$의 증감을 조사하면 위와 같으므로 $f(x)$는 $x=e^{-1}$에서 극소이고 극솟값 $f(e^{-1})=-e^{-1}$이다.

(2) $f(x)=x^2e^{-x}$에서

$f'(x)=2xe^{-x}+x^2(-e^{-x})=-x(x-2)e^{-x}$

$f'(x)=0$에서 $-x(x-2)e^{-x}=0$

$\therefore x=0, 2$

x	$\cdots$	0	$\cdots$	2	$\cdots$
$f'(x)$	$-$	0	$+$	0	$-$
$f(x)$	↘	극소	↗	극대	↘

따라서, $f(x)$의 증감을 조사하면 위와 같으므로 $f(x)$는 $x=0$에서 극소이고 극솟값 $f(0)=0$이다. $f(x)$는 $x=2$에서 극대이고 극댓값 $f(2)=4e^{-2}$이다.

04 (1) $f'(x)=0$에서 $f'(x)=\dfrac{1}{x}-1=0 \quad x=1$

x	(0)	$\cdots$	1	$\cdots$
$f'(x)$		$+$	0	$-$
$f(x)$		↗	극대	↘

따라서, $f(x)$의 증감을 조사하면 $f(x)$는 $x=1$에서 극대이고 극댓값 $f(1)=-1$이다.

(2) $f'(x)=0$에서 $f'(x)=1-\dfrac{1}{x}=0 \quad x=1$

x	(0)	$\cdots$	1	$\cdots$
$f'(x)$		$-$	0	$+$
$f(x)$		↘	극소	↗

따라서, $f(x)$의 증감을 조사하면 $f(x)$는 $x=1$에서 극소이고 극솟값 $f(1)=2$이다.

(3) $f'(x)=0$에서 $f'(x)=x(2\ln x+1)=0 \quad x=e^{-\frac{1}{2}}$

x	(0)	$\cdots$	$e^{-\frac{1}{2}}$	$\cdots$
$f'(x)$		$-$	0	$+$
$f(x)$		↘	극소	↗

따라서, $f(x)$의 증감을 조사하면 $f(x)$는 $x=e^{-\frac{1}{2}}$에서 극소이고 극솟값 $f(\dfrac{1}{\sqrt{e}})=-\dfrac{1}{2e}$이다.

(4) $f'(x)=0$에서 $f'(x)=(1-x)e^{-x}=0 \quad x=1$

x	$\cdots$	1	$\cdots$
$f'(x)$	$+$	0	$-$
$f(x)$	↗	극대	↘

따라서, $f(x)$의 증감을 조사하면 $f(x)$는 $x=1$에서 극대이고 극댓값 $f(1)=e^{-1}$이다.

05 (1) $y'=4x^2(x-3)$, $y''=12x(x-2)$

$y'=0$에서 $x=0, 3 \quad y''=0$에서 $x=0, 2$

x	$-\infty$	$\cdots$	0	$\cdots$	2	$\cdots$	3	$\cdots$	$+\infty$
y'		$-$	0	$-$	$-$	$-$	0	$+$	
y''		$+$	0	$-$	0	$+$	$+$	$+$	
y	$+\infty$	↘	3	↘	-13	↘	-24	↗	$+\infty$

따라서, 극소점(3, −24), 변곡점(0, 3), (2, −13)이고 곡선의 개형은 〈그림 4.9〉와 같다.

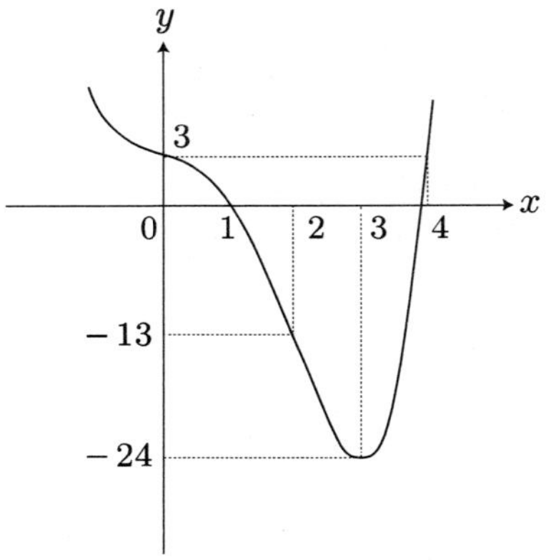

〈그림 4.9〉

(2) $y' = \dfrac{-2(x+1)(x-1)}{(x^2+1)^2}$, $y'' = \dfrac{4x(x+\sqrt{3})(x-\sqrt{3})}{(x^2+1)^3}$

$y'=0$에서 $x=-1, 1$ $\quad y''=0$에서 $x=0, -\sqrt{3}, \sqrt{3}$ 이다.

x	$\cdots$	$-\sqrt{3}$	$\cdots$	-1	$\cdots$	0	$\cdots$	1	$\cdots$	$\sqrt{3}$	$\cdots$
y'	$-$	$-$	$-$	0	$+$	$+$	$+$	0	$-$	$-$	$-$
y''	$-$	0	$+$	$+$	$+$	0	$-$	$-$	$-$	0	$+$
y	↘	$-\dfrac{\sqrt{3}}{2}$	↘	-1	↗	0	↗	1	↘	$\dfrac{\sqrt{3}}{2}$	↘

따라서, 극대점 (1,1), 극소점 (−1, −1), 변곡점$\left(-\sqrt{3}, -\dfrac{\sqrt{3}}{2}\right)$, (0, 0), $\left(\sqrt{3}, \dfrac{\sqrt{3}}{2}\right)$이므로 개형은 〈그림 4.10〉과 같다.

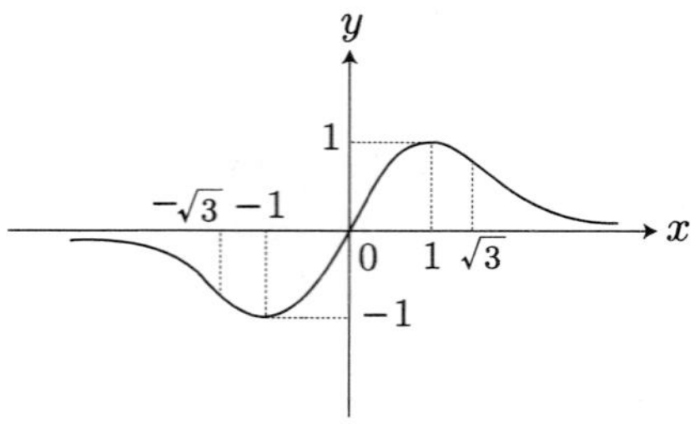

〈그림 4.10〉

06 (1) $f'(x)=0$에서 $f'(x) = \dfrac{1}{2\sqrt{x}} - \dfrac{1}{2\sqrt{4-x}} = 0 \quad x=2$

x	0	$\cdots$	2	$\cdots$	4
$f'(x)$		$+$	0	$-$	
$f(x)$		↗	극대	↘	

따라서, $f(x)$의 증감을 조사하면 $f(x)$는 $x=2$에서 극대이고 극댓값 $f(2)=2\sqrt{2}$ 이다.

(2) $f'(x)=0$에서 $f'(x)=\frac{10}{3}x^{-\frac{1}{3}}(x-1)=0 \quad x=1$

x	$-\infty$	$\cdots$	1	$\cdots$	∞
$f'(x)$		$-$	0	$+$	
$f(x)$		↘	극소	↗	

따라서, $f(x)$의 증감을 조사하면 $f(x)$는 $x=1$에서 극소이고 극솟값 $f(1)=-3$이다.

07 $f'(x)=0$에서 $f'(x)=-2\tan x=0$

$x=n\pi$ 단, $x\neq\frac{2n+1}{2}\pi(-\infty<n<\infty)$

x	$\frac{2n-1}{2}\pi$	$\cdots$	$n\pi$	$\cdots$	$\frac{2n+1}{2}\pi$
$f'(x)$		$+$	0	$-$	
$f(x)$		↗	극대	↘	

따라서, $f(x)$의 증감을 조사하면 $f(x)$는 $x=n\pi$에서 극대이고 극댓값 $f(n\pi)=0$이다.

08 (1) $f'(x)=0$에서 $f'(x)=\frac{1-2\cos x}{\sin^2 x} \quad x=\frac{\pi}{3}$

$f(x)$의 증감을 조사하면 $f(x)$는 $x=\frac{\pi}{3}$에서 극대이고 극댓값 $f(\frac{\pi}{3})=\sqrt{3}$ 이다.

(2) $f'(x)=0$에서 $f'(x)=\frac{1-4\ln x}{x^5}=0 \quad x=e^{\frac{1}{4}}$

$f(x)$의 증감을 조사하면 $f(x)$는 $x=e^{\frac{1}{4}}$에서 극소이고 극솟값 $f(e^{\frac{1}{4}})=\frac{1}{4e}$ 이다.

x	0	$\cdots$	$e^{\frac{1}{4}}$	$\cdots$	∞
$f'(x)$		$+$	0	$-$	
$f(x)$		↗	극대	↘	

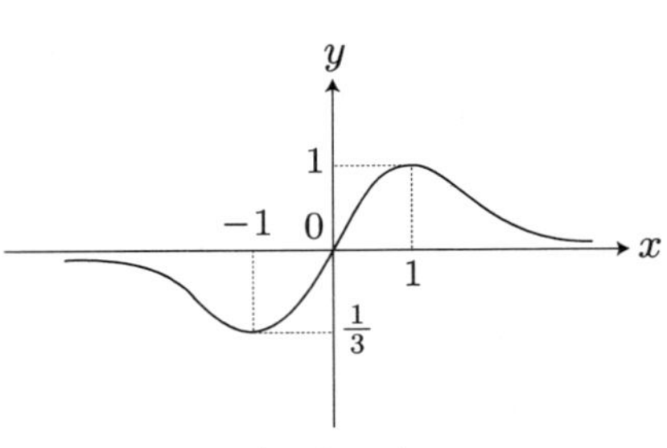

〈그림 4.11〉

(3) $f'(x)=0$에서 $f'(x)=\ln x(\ln x+2)=0 \quad \therefore x=e^{-2}$ or $x=1$

$f(x)$의 증감을 조사하면 $f(x)$는 $x=e^{-2}$에서 극소이고 극솟값 $f(e^{-2})=\frac{4}{e^2}$ 이다. 극댓값은 $f(1)=0$이다.

x	0	$\cdots$	e^{-2}	$\cdots$	1	$\cdots$	∞
$f'(x)$		$-$	0	$+$	0	$-$	
$f(x)$		↘	극소	↗	극대	↘	

09 (1) $y=\dfrac{x}{x^2-x+1}$에서

$$y'=\frac{x^2-x+1-x(2x-1)}{(x^2-x+1)^2}=\frac{-(x+1)(x-1)}{(x^2-x+1)^2}$$

$y'=0$에서 $x=-1, 1$

따라서, 주어진 함수의 증감을 조사하면 다음 표와 같다.

x	$-\infty$	$\cdots$	-1	$\cdots$	1	$\cdots$	$+\infty$
y'		$-$	0	$+$	0	$-$	
y	0	↘	$-\dfrac{1}{3}$	↗	1	↘	0

따라서, 최댓값 1, 최솟값 $-\dfrac{1}{3}$이다.

(2) 구간[0, 2]에서 주어진 함수의 증감을 조사하면 다음 표와 같다.

x	0	$\cdots$	1	$\cdots$	2
y'		$+$	0	$-$	0
y	0	↗	1	↘	$\dfrac{2}{3}$

따라서, 최댓값 1, 최솟값 0이다.

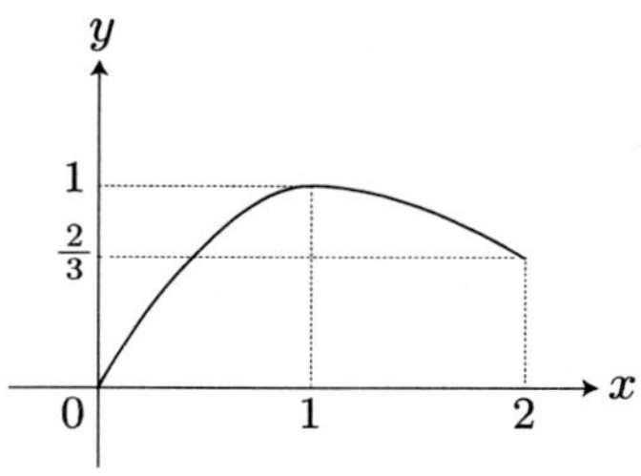

〈그림 4.12〉

10 $f'(x)=0$에서 $f'(x)=\dfrac{-6(x-1)(x+1)}{(x^2+1)^2}$ $x=-1, 1$

x	$-\infty$	$\cdots$	-1	$\cdots$	1	$\cdots$	$+\infty$
y'		$-$	0	$+$	0	$-$	
y	0	↘	-3	↗	3	↘	0

따라서, $f(x)$의 증감을 조사하면 최댓값 3, 최솟값 -3이다.

11 $f'(x)=0$에서 $f'(x)=1-\dfrac{1}{(x-3)^2}=0$ $x=2$

x	-2	$\cdots$	2	$\cdots$	3
y'		$+$	0	$-$	
y	$-\dfrac{11}{5}$	↗	1	↘	$-\infty$

따라서, 최댓값은 1, 최솟값은 없다.

12 (1) $f(x)=\sin x(1+\cos x)$에서

$f'(x)=\cos x(1+\cos x)-\sin x\sin x \quad \Leftarrow \sin^2 x=1-\cos^2 x$

$=2\cos^2 x+\cos x-1=(\cos x+1)(2\cos x-1)$

$0\le x\le \pi$에서 $f'(x)=0$을 만족시키는 x의 값은 $x=\frac{\pi}{3}, \pi$

따라서, $f(x)$의 증감을 조사하면 아래 표와 같다.

x	0	$\cdots$	$\frac{\pi}{3}$	$\cdots$	π
$f'(x)$		+	0	−	0
$f(x)$	0	↗	$\frac{3\sqrt{3}}{4}$	↘	0

따라서, 최대값 $\frac{3\sqrt{3}}{4}$, 최소값 0이다.

(2) $f(x)=(x^2-3)e^x$ 에서

$f'(x)=2xe^x+(x^2-3)e^x=(x^2+2x-3)e^x=(x+3)(x-1)e^x$

$f'(x)=0$에서 $x=-3, 1$

따라서, $-2\le x\le 2$에서 $f(x)$의 증감을 조사하면 아래 표와 같다.

x	-2	$\cdots$	1	$\cdots$	2
$f'(x)$		−	0	+	
$f(x)$	$\frac{1}{e^2}$	↘	$-2e$	↗	e^2

따라서, 최댓값 e^2, 최솟값 $-2e$이다.

13 (1) $f'(x)=0$에서 $f'(x)=1+2\cos x=0 \quad \cos x=-\frac{1}{2} \quad x=\frac{2}{3}\pi$

$0\le x\le \pi$에서 $f(x)$의 증감을 조사하면 아래 표와 같다.

x	0	$\cdots$	$\frac{2}{3}\pi$	$\cdots$	π
$f'(x)$		+	0	−	
$f(x)$	0	↗	$\frac{2}{3}\pi+\sqrt{3}$	↘	π

따라서, 최댓값 $\frac{2}{3}\pi+\sqrt{3}$, 최솟값 0이다.

(2) $f'(x)=0$에서 $f'(x)=e^x-e=0 \quad x=1$

$-\infty<x<\infty$에서 $f(x)$의 증감을 조사하면 아래 표와 같다.

x	$-\infty$	$\cdots$	1	$\cdots$	∞
$f'(x)$		−	0	+	
$f(x)$		↘	0	↗	

따라서, 최솟값 0이다.

(3) $f'(x)=0$에서 $f'(x)=2xe^{-x}-x^2e^{-x} \qquad x=0, 2$

$=-xe^{-x}(x-2)$

$-1\le x\le 3$에서 $f(x)$의 증감을 조사하면 97쪽의 표와 같다.

x	-1	$\cdots$	0	$\cdots$	2	$\cdots$	3
$f'(x)$		$-$	0	$+$	0	$-$	
$f(x)$	e	↘	0	↗	$4e^{-2}$	↘	$9e^{-3}$

따라서, 최댓값 e, 최솟값 0이다.

(4) $f'(x)=0$에서 $f'(x)=-x^{-2}e^x+x^{-1}e^x$ $\quad x=1$

$$=\frac{e^x}{x}\left(-\frac{1}{x}+1\right)$$

$x>0$에서 $f(x)$의 증감을 조사하면 아래 표와 같다.

x	0	$\cdots$	1	$\cdots$	∞
$f'(x)$		$-$	0	$+$	
$f(x)$		↘	e	↗	

따라서, 최솟값 e이다.

(5) $f'(x)=0$에서 $f'(x)=\ln x+x\cdot\frac{1}{x}$ $\quad x=e^{-1}$

$$=\ln x+1$$

$x>0$에서 $f(x)$의 증감을 조사하면 아래 표와 같다.

x	0	$\cdots$	e^{-1}	$\cdots$	∞
$f'(x)$		$-$	0	$+$	
$f(x)$		↘	$-e^{-1}$	↗	

따라서, 최솟값 $-\frac{1}{e}$이다.

(6) $f'(x)=0$에서 $f'(x)=\dfrac{\frac{1}{x}\cdot x-\ln x\cdot 1}{x^2}$ $\quad x=e$

$$=\frac{1-\ln x}{x^2}$$

$x>0$에서 $f(x)$의 증감을 조사하면 아래 표와 같다.

x	0	$\cdots$	e	$\cdots$	∞
$f'(x)$		$+$	0	$-$	
$f(x)$		↗	e^{-1}	↘	

따라서, 최댓값 $\frac{1}{e}$이다.

14 (1) $f'(x)=0$에서 $f'(x)=\dfrac{-2x}{2\sqrt{2-x^2}}\cdot e^x+\sqrt{2-x^2}\cdot e^x$ $\quad x=-1$

$$=e^x\left(\frac{-x}{\sqrt{2-x^2}}+\sqrt{2-x^2}\right)$$

$$=e^x\left(\frac{-x+2-x^2}{\sqrt{2-x^2}}\right)$$

$$=-\frac{e^x(x+2)(x-1)}{\sqrt{2-x^2}}$$

$-\sqrt{2}<x<\sqrt{2}$에서 $f(x)$의 증감을 조사하면 아래 표와 같다.

x	$-\sqrt{2}$	$\cdots$	1	$\cdots$	$\sqrt{2}$
$f'(x)$		$+$	0	$-$	
$f(x)$		↗	e^1	↘	

따라서, 최댓값 e이다.

(2) $f'(x)=0$에서 $f'(x)=\sqrt{3}e^{\sqrt{3}x}\sin x+e^{\sqrt{3}x}\cos x$ $\quad \sqrt{3}\sin x=-\cos x$

$=e^{\sqrt{3}x}(\sqrt{3}\sin x+\cos x)$ $\quad \tan x=-\dfrac{1}{\sqrt{3}}$

$x=\dfrac{5}{6}\pi$

$0\le x\le\pi$에서 $f(x)$의 증감을 조사하면 아래 표와 같다.

x	0	$\cdots$	$\frac{5}{6}\pi$	$\cdots$	π
$f'(x)$		$+$	0	$-$	
$f(x)$		↗	$\frac{1}{2}e^{\frac{5}{6}\sqrt{3}\pi}$	↘	

따라서, 최댓값 $\dfrac{1}{2}e^{\frac{5}{6}\sqrt{3}\pi}$이다.

(3) $f'(x)=0$에서 $f'(x)=1\cdot\ln\dfrac{1}{x}+x\cdot\dfrac{-\frac{1}{x^2}}{\frac{1}{x}}-1\cdot\ln\dfrac{1}{1-x}+(1-x)\dfrac{\frac{1}{(1-x)^2}}{\frac{1}{1-x}}$

$=\ln\dfrac{1}{x}-1-\ln\dfrac{1}{1-x}+1$

$=\ln\dfrac{1}{x}-\ln\dfrac{1}{1-x}$

$=\ln\dfrac{1-x}{x}$ $\qquad \therefore x=\dfrac{1}{2}$

$0<x<1$에서 $f(x)$의 증감을 조사하면 아래 표와 같다.

x	0	$\cdots$	$\frac{1}{2}$	$\cdots$	1
$f'(x)$		$+$	0	$-$	
$f(x)$		↗	$\ln 2$	↘	

따라서, 최댓값 $\ln 2$이다.

15 (1) $f'(x)=0$에서 $f'(x)=\dfrac{e^x\sin x-e^x\cos x}{\sin^2 x}$ $\quad \sin x=\cos x$

$=\dfrac{e^x(\sin x-\cos x)}{\sin^2 x}$ $\quad x=\dfrac{\pi}{4}$

$0<x<\pi$에서 $f(x)$의 증감을 조사하면 아래 표와 같다.

x	0	$\cdots$	$\frac{\pi}{4}$	$\cdots$	π
$f'(x)$		$-$	0	$+$	
$f(x)$		↘	$\sqrt{2}e^{\frac{\pi}{4}}$	↗	

따라서, 최솟값 $\sqrt{2}e^{\frac{\pi}{4}}$이다.

(2) $f'(x)=0$에서 $f'(x)=\frac{1}{10}(\ln\frac{x}{10}+1)f(x)$ $x=10/e$

$x>0$에서 $f(x)$의 증감을 조사하면 아래 표와 같다.

x	0	$\cdots$	$10/e$	$\cdots$	∞
$f'(x)$		$-$	0	$+$	
$f(x)$		↘	$\left(\frac{1}{e}\right)^{\frac{1}{e}}$	↗	

따라서, 최솟값 1이다.

16 (1) $y'=0$에서 $y'=3x^2+2x-8=(3x-4)(x+2)$ $x=-2,\ \frac{3}{4}$

$-\infty<x<\infty$에서 y의 증감을 조사하면 아래 표와 같다.

x	$-\infty$	$\cdots$	-2	$\cdots$	$\frac{3}{4}$	$\cdots$	∞
y'		$+$	0	$-$	0	$+$	
y		↗	17	↘	$-\frac{41}{27}$	↗	

따라서, 극댓값 17, 극솟값 $-\frac{41}{27}$이다.

(2) $y'=0$에서 $y'=-\frac{1}{3}(1-x^2)^{-\frac{4}{3}}\cdot(-2x)$ $x=0$

$=\frac{2}{3}x(1-x^2)^{-\frac{4}{3}}$

$-1<x<1$에서 y의 증감을 조사하면 아래 표와 같다.

x	-1	$\cdots$	0	$\cdots$	1
y'		$-$	0	$+$	
y		↘	1	↗	

따라서, 극솟값 1이다.

(3) $y'=0$에서 $y'=\frac{x^2+1-x\cdot 2x}{(x^2+1)^2}$ $x=-1,\ 1$

$=\frac{1-x^2}{(x^2+1)^2}$

$=-\frac{(x-1)(x+1)}{(x^2+1)^2}$

$-\infty<x<\infty$에서 y의 증감을 조사하면 아래 표와 같다.

x	$-\infty$	$\cdots$	-1	$\cdots$	1	$\cdots$	∞
y'		$-$	0	$+$	0	$-$	
y		↘	$-\frac{1}{2}$	↗	$\frac{1}{2}$	↘	

따라서, 극솟값 $-\frac{1}{2}$, 극댓값 $\frac{1}{2}$이다.

(4) $y'=0$에서 $y'=\ln x+x\cdot\frac{1}{x}$ $x=\frac{1}{e}$

$=\ln x+1$

$x>0$에서 y의 증감을 조사하면 100쪽의 표와 같다.

x	0	$\cdots$	$\frac{1}{e}$	$\cdots$	1
y'		$-$	0	$+$	
y		↘	$-\frac{1}{e}$	↗	

따라서, 극솟값 $-\frac{1}{e}$이다.

(5) $y'=0$에서 $y'=\frac{2}{3}x^{-\frac{1}{3}}(x+2)+x^{\frac{2}{3}}$ $\qquad x=-\frac{4}{5}$

$=x^{-\frac{1}{3}}(\frac{2}{3}x+\frac{4}{3}+x)$

$=x^{-\frac{1}{3}}(\frac{5}{3}x+\frac{4}{3})$

$-\infty<x<\infty$에서 y의 증감을 조사하면 아래 표와 같다.

x	$-\infty$	$\cdots$	$-\frac{4}{5}$	$\cdots$	0	$\cdots$	∞
y'		$+$	0	$-$		$+$	
y		↗	$\frac{6}{5}(-\frac{4}{5})^{\frac{2}{3}}$	↘	0	↗	

따라서, 극댓값 $\frac{6}{5}(-\frac{4}{5})^{\frac{2}{3}}$, 극솟값 0이다.

(6) $y'=0$에서 $y'=\sqrt{4-x^2}+x\cdot\frac{-2x}{2\sqrt{4-x^2}}$ $\qquad x=-\sqrt{2}, \sqrt{2}$

$=\sqrt{4-x^2}-\frac{x^2}{\sqrt{4-x^2}}$

$=\frac{4-x^2-x^2}{\sqrt{4-x^2}}$

$=\frac{-2(x-\sqrt{2})(x+\sqrt{2})}{\sqrt{4-x^2}}$

$-2<x<2$에서 y의 증감을 조사하면 아래 표와 같다.

x	-2	$\cdots$	$-\sqrt{2}$	$\cdots$	$\sqrt{2}$	$\cdots$	2
y'		$-$	0	$+$	0	$-$	
y		↘	-2	↗	2	↘	

따라서, 극솟값 -2, 극댓값 2이다.

(7) $h'(x)=0$에서 $h'(x)=-3x^2+4x=-x(3x-4)$ $\qquad x=0, \frac{4}{3}$

$-\infty<x<\infty$에서 $h(x)$의 증감을 조사하면 아래 표와 같다.

x	$-\infty$	$\cdots$	0	$\cdots$	$\frac{4}{3}$	$\cdots$	∞
$h'(x)$		$-$	0	$+$	0	$-$	
$h(x)$		↘	0	↗	$\frac{32}{27}$	↘	

따라서, 극솟값 0, 극댓값 $\frac{32}{27}$이다.

(8) $f'(x)=0$에서 $f'(x)=4x^3-16x=4x(x-2)(x+2)$　　$x=-2, 0, 2$

$-\infty<x<\infty$에서 $f(x)$의 증감을 조사하면 아래 표와 같다.

x	$-\infty$	$\cdots$	-2	$\cdots$	0	$\cdots$	2	$\cdots$	∞
$f'(x)$		$-$	0	$+$	0	$-$	0		
$f(x)$		↘	0	↗	16	↘	0	↗	

따라서, 극솟값 0, 극댓값 16이다.

(9) $h'(t)=0$에서 $h'(t)=6t^3-6t^5=-6t(t-1)(t+1)$　　$t=-1, 0, 1$

$-\infty<t<\infty$에서 $h(t)$의 증감을 조사하면 아래 표와 같다.

t	$-\infty$	$\cdots$	-1	$\cdots$	0	$\cdots$	1	$\cdots$	∞
$h'(t)$		$+$	0	$-$	0	$+$	0	$-$	
$h(t)$		↗	$\frac{1}{2}$	↘	0	↗	$\frac{1}{2}$	↘	

따라서, 극솟값 0, 극댓값 $\frac{1}{2}$이다.

(10) $g'(x)=0$에서 $g'(x)=\sqrt{8-x^2}+\frac{-2x}{2\sqrt{8-x^2}}$　　$x=-2, 2$

$$=\frac{8-x^2-x^2}{\sqrt{8-x^2}}$$

$$=\frac{-2(x-2)(x+2)}{\sqrt{8-x^2}}$$

$-2\sqrt{2}<x<2\sqrt{2}$에서 $g(x)$의 증감을 조사하면 아래 표와 같다.

x	$-2\sqrt{2}$	$\cdots$	-2	$\cdots$	2	$\cdots$	$2\sqrt{2}$
$g'(x)$		$-$	0	$+$	0	$-$	
$g(x)$		↘	-4	↗	4	↘	

따라서, 극솟값 -4, 극댓값 4이다.

(11) $f'(x)=0$에서 $f'(x)=\frac{2x(x-2)-(x^2-3)}{(x-2)^2}$　　$x=1, 3$

$$=\frac{2x^2-4x-x^2+3}{(x-2)^2}$$

$$=\frac{(x-1)(x-3)}{(x-2)^2}$$

$-\infty<x<\infty\,(x\neq 2)$에서 $f(x)$의 증감을 조사하면 표와 같다.

x	$-\infty$	$\cdots$	1	$\cdots$	2	$\cdots$	3	$\cdots$	∞
$f'(x)$		$+$	0	$-$		$-$	0	$+$	
$f(x)$		↗	2	↘		↘	6	↗	

따라서, 극솟값 6, 극댓값 2이다.

(12) $f'(x)=0$에서 $f'(x)=\frac{1}{3}x^{-\frac{2}{3}}(x+8)+\frac{1}{x^3}$　　$x=4$

$$=x^{-\frac{2}{3}}\left(\frac{1}{3}x+\frac{8}{3}+x\right)$$

$$=\frac{4}{3}x^{-\frac{2}{3}}(x+2)$$

$-\infty<x<\infty$에서 $f(x)$의 증감을 조사하면 102쪽의 표와 같다.

x	$-\infty$	$\cdots$	-2	$\cdots$	0	$\cdots$	∞
$f'(x)$		$-$	0	$+$		$+$	
$f(x)$		↘	$-3(2)^{\frac{4}{3}}$	↗		↗	

따라서, 극솟값 $-3(2)^{\frac{4}{3}}$ 이다.

(13) $f'(x)=0$에서 $f'(x)=\ln x+x\cdot\dfrac{1}{x}$ $\quad x=\dfrac{1}{e}$

$=\ln x+1$

$x>0$에서 $f(x)$의 증감을 조사하면 아래 표와 같다.

x	0	$\cdots$	$\frac{1}{e}$	$\cdots$	∞
$f'(x)$		$-$	0	$+$	
$f(x)$		↘	$-\frac{1}{e}$	↗	

따라서, 극솟값 $-\dfrac{1}{e}$이다.

(14) $f'(t)=0$에서 $f'(t)=12-3t^2=-3(t-2)(t+2)$ $\quad t=-2,2$

$-3\le t<\infty$에서 $f(t)$의 증감을 조사하면 아래 표와 같다.

t	0	$\cdots$	-2	$\cdots$	2	$\cdots$	∞
$f'(t)$		$-$	0	$+$	0	$+$	
$f(t)$		↘	-16	↗	16	↘	

따라서, 극솟값 -16 극댓값 16이다.

(15) $h'(x)=0$에서 $h'(x)=x^2-4x+4=(x-2)^2$ $\quad x=2$

$-\infty<x<\infty$에서 $h(x)$의 증감을 조사하면 아래 표와 같다.

x	$-\infty$	$\cdots$	2	$\cdots$	∞
$h'(x)$		$+$	0	$+$	
$h(x)$		↗	$\frac{8}{3}$	↗	

따라서, 극솟값, 극댓값이 없다

(16) $f'(x)=0$에서 $f'(x)=\dfrac{-2x}{2\sqrt{25-x^2}}$ $\quad x=0$

$=\dfrac{-x}{\sqrt{25-x^2}}$

$-5\le x<5$에서 $f(x)$의 증감을 조사하면 아래 표와 같다.

x	-5	$\cdots$	0	$\cdots$	5
$f'(x)$		$+$	0	$-$	
$f(x)$		↗	5	↘	

따라서, 극댓값 5이다.

17 (1) $y'=0$에서 $y'=12x^3-12x^2=12x^2(x-1)$ $\quad x=0,1$

$y''=36x^2-24x=12x(3x-2)$ $\quad x=0,\dfrac{2}{3}$

$-\infty < x < \infty$에서 y의 증감을 조사하면 아래 표와 같다.

x	$-\infty$	$\cdots$	0	$\cdots$	$\frac{2}{3}$	$\cdots$	1	$\cdots$	∞
y'		$-$	0	$-$	$-$	$-$	0	$+$	
y''		$+$	0	$-$	0	$+$	$+$	$+$	
y		↘	1	↘	$\frac{11}{27}$	↘	0	↗	

따라서, 극솟값 0, 변곡점 $(0,1)$, $(\frac{2}{3}, \frac{11}{27})$이다.

(2) $y'=0$에서 $y'=-\frac{1}{\pi}\frac{2x}{(x^2+1)^2}$ $\qquad x=0$

$$y''=\frac{1}{\pi}\frac{-2(x^2+1)^2+2x \cdot 2(x^2+1)2x}{(x^2+1)^4} \qquad x=-\frac{1}{\sqrt{3}}, \frac{1}{\sqrt{3}}$$
$$=\frac{1}{\pi}\frac{-2(x^2+1)(x^2+1-4x^2)}{(x^2+1)^4}$$
$$=\frac{1}{\pi}\frac{2(\sqrt{3}x-1)(\sqrt{3}x+1)}{(x^2+1)^3}$$

$-\infty < x < \infty$에서 y의 증감을 조사하면 아래 표와 같다.

x	$-\infty$	$\cdots$	$-\frac{1}{\sqrt{3}}$	$\cdots$	0	$\cdots$	$\frac{1}{\sqrt{3}}$	$\cdots$	∞
y'		$+$	$+$	$+$	0	$-$	$-$	$-$	
y''		$+$	0	$-$	$-$	$-$	0	$+$	
y		↗	$\frac{3}{4\pi}$	↗	$\frac{1}{\pi}$	↘	$\frac{3}{4\pi}$	↘	

따라서, 극댓값 $\frac{1}{\pi}$, 변곡점 $(-\frac{1}{\sqrt{3}}, \frac{3}{4\pi})$, $(\frac{1}{\sqrt{3}}, \frac{3}{4\pi})$이다.

(3) $y'=0$에서 $y'=\dfrac{\frac{1}{x} \cdot x-\ln x \cdot 1}{x^2}$ $\qquad x=e$

$$=\frac{1-\ln x}{x^2}$$

$$y''=\frac{-\frac{1}{x} \cdot x^2-(1-\ln x) \cdot 2x}{x^4} \qquad x=e^{\frac{3}{2}}$$
$$=\frac{-x-2x+2x\ln x}{x^4}$$
$$=\frac{-3+2\ln x}{x^3}$$

$-\infty < x < \infty$에서 y의 증감을 조사하면 아래 표와 같다.

x	$-\infty$	$\cdots$	e	$\cdots$	$e^{\frac{2}{3}}$	$\cdots$	∞
y'		$+$	0	$-$	$-$	$-$	
y''		$-$	$-$	$-$	0	$+$	
y		↗	$\frac{1}{e}$	↘	$\frac{3}{2}e^{\frac{3}{2}}$	↘	

따라서, 극댓값 $\frac{1}{e}$, 변곡점 $(e^{\frac{2}{3}}, \frac{3}{2}e^{\frac{3}{2}})$이다.

(4) $y'=0$에서 $y'=-x^{-2}e^x+x^{-1}e^x$ $x=1$, $(x\neq 0)$

$=x^{-2}e^x(-1+x)$

$y''=-2x^{-3}\cdot e^x(x-1)+x^{-2}\cdot(e^x(x-1)+e^x)$

$=x^{-3}e^x(-2x+2+x^2)$

$-\infty<x<\infty\,(x\neq 0)$에서 y의 증감을 조사하면 아래 표와 같다.

x	$-\infty$	$\cdots$	0	$\cdots$	1	$\cdots$	∞
y'		$-$	$-$	$-$	0	$+$	
y''		$+$		$+$	$+$	$+$	
y		↘		↘	e	↗	

따라서, 극솟값 e이다.

(5) $y'=0$에서 $y'=\frac{1}{\sqrt{2\pi}\,\sigma}\exp\left[\frac{-(x-\mu)^2}{2\sigma^2}\right]\cdot(-\frac{(x-\mu)}{\sigma^2})$ $x=\mu$

$=\frac{-1}{\sqrt{2\pi}\,\sigma^3}(x-\mu)\exp\left[\frac{-(x-\mu)^2}{2\sigma^2}\right]$

$y''=-\frac{1}{\sqrt{2\pi}\,\sigma^3}\left(\exp\left[\frac{-(x-\mu)^2}{2\sigma^2}\right]+(x-\mu)\exp\left[\frac{-(x-\mu)^2}{2\sigma^2}\right]\left(-\frac{(x-\mu)}{\sigma^2}\right)\right)$ $x=\mu\pm\sigma$

$=-\frac{1}{\sqrt{2\pi}\,\sigma^3}\left(1-\frac{(x-\mu)^2}{\sigma^2}\right)\exp\left[\frac{-(x-\mu)^2}{2\sigma^2}\right]$

$-\infty<x<\infty$에서 y의 증감을 조사하면 아래 표와 같다.

x	$-\infty$	$\cdots$	$\mu-\sigma$	$\cdots$	μ	$\cdots$	$\mu+\sigma$	$\cdots$	∞
y'		$+$	$+$	$+$	0	$-$	$-$	$-$	
y''		$+$	0	$-$	$-$	$-$	0	$+$	
y		↗	$\frac{1}{\sqrt{2\pi}\,\sigma}e^{-\frac{1}{2}}$	↗	$\frac{1}{\sqrt{2\pi}\,\sigma}$	↘	$\frac{1}{\sqrt{2\pi}\,\sigma}e^{-\frac{1}{2}}$	↘	

따라서, 극댓값 $\frac{1}{\sqrt{2\pi}\,\sigma}$, 변곡점 $(\mu-\sigma,\ \frac{1}{\sqrt{2\pi}\,\sigma}e^{-\frac{1}{2}})$, $(\mu+\sigma,\ \frac{1}{\sqrt{2\pi}\,\sigma}e^{-\frac{1}{2}})$이다.

Chapter

05

편미분

5.1 편도함수

5.1.1 다변수 함수의 편도함수

이변수 x와 y의 함수 $z=f(x,y)$에서 $y=b$로 일정한 값으로 고정되었다고 하고, 오직 x만의 함수로 생각할 수 있다. 즉, $g(x)=f(x,b)$라고 생각할 수 있다. 만일 $g(x)=f(x,b)$가 $x=a$에서 미분계수를 갖는다면, 그 값을 (a,b)에서 f의 x에 관한 **편미분계수(partial differential coefficient)**라고 하고, $f_x(a,b)$로 나타낸다. 미분계수의 정의에 의하여

$$g'(a)=\lim_{h\to 0}\frac{g(a+h)-g(a)}{h}$$

이므로

$$f_x(a,b)=\lim_{h\to 0}\frac{f(a+h,b)-f(a,b)}{h} \tag{5.1}$$

이 된다.

같은 방법으로, (a,b)에서 y에 관한 편미분계수 $f_y(a,b)$는

$$f_y(a,b)=\lim_{h\to 0}\frac{f(a,b+h)-f(a,b)}{h} \tag{5.2}$$

로 정의된다. 식 (5.1)과 (5.2)에서 점 (a,b)가 변하는 값이라면, $f_x(a,b)$와 $f_y(a,b)$는 x와 y의 함수가 된다.

정의 1

$f(x,y)$가 x와 y의 이변수 함수일 때, $f(x,y)$의 **편도함수(partial derivative)** f_x와 f_y는 다음과 같다.

$$f_x(x,y)=\lim_{h\to 0}\frac{f(x+h,y)-f(x,y)}{h}$$

$$f_y(x,y)=\lim_{h\to 0}\frac{f(x,y+h)-f(x,y)}{h}$$

편도함수를 나타내는 방법은 여러 가지가 있다. 예를 들면, f_x 대신에 "첫 번째 변수에 관한 미분이다"라는 의미로 f_1이나 $D_1 f$로 나타내거나 $\frac{\partial f}{\partial x}$로 나타낸다.

정리 1 편도함수의 기호

$z = f(x,y)$라고 하면 다음과 같이 쓸 수 있다.

$$f_x(x,y) = f_x = \frac{\partial f}{\partial x} = \frac{\partial}{\partial x} f(x,y) = \frac{\partial z}{\partial x} = f_1 = D_1 f = D_x f$$

$$f_y(x,y) = f_y = \frac{\partial f}{\partial y} = \frac{\partial}{\partial y} f(x,y) = \frac{\partial z}{\partial y} = f_2 = D_2 f = D_y f$$

따라서, $z = f(x,y)$의 편도함수를 구하는 공식은 다음과 같다.

1. f_x를 구하기 위해서 y를 상수로 보고 $f(x,y)$를 x에 관하여 미분한다.
2. f_y를 구하기 위해서 x를 상수로 보고 $f(x,y)$를 y에 관하여 미분한다.

예제 5.1

$f(x,y) = x^3 + 2x^2y^2 + 3y^2$일 때, $f_x(2,1), f_y(2,1)$을 구하여라.

풀이 +

y를 상수로 생각하고 x에 관하여 미분하면,

$\frac{\partial f}{\partial x} = 3x^2 + 4xy^2$이므로

$$f_x(2,1) = 3 \cdot 2^2 + 4(2)(1^2) = 20$$

이다. 또한, $\frac{\partial f}{\partial y} = 4x^2y + 6y$이므로 $f_y(2,1) = 4 \cdot 2^2 \cdot 1 + 6(1) = 22$이다. ■

예제 5.2

$f(x,y) = \sin(\frac{y}{1+x})$일 때 $\frac{\partial f}{\partial x}, \frac{\partial f}{\partial y}$를 구하여라.

풀이 +

1변수 함수에 관한 연쇄법칙(합성함수의 미분)을 이용하면 된다.

$$\frac{\partial f}{\partial x} = \cos\left(\frac{y}{1+x}\right) \cdot \frac{-y}{(1+x)^2} = \frac{-y}{(1+x)^2}\cos\left(\frac{y}{1+x}\right)$$

$$\frac{\partial f}{\partial y} = \cos\left(\frac{y}{1+x}\right) \cdot \left(\frac{1}{1+x}\right) = \frac{1}{1+x}\cos\left(\frac{y}{1+x}\right)$$ ■

예제 5.3

방정식 $x^3 + y^3 + z^3 + 6xyz = 1$과 같이 x와 y의 음함수로 주어지는 z에 대하여 $\frac{\partial z}{\partial x}$와 $\frac{\partial z}{\partial y}$를 구하여라.

풀이 +

z를 x에 대한 음함수의 미분 $\frac{\partial z}{\partial x}$을 구할 때, y는 상수로 취급하고 미분함을 명심한다. 즉,

$$3x^2 + 3z^2\frac{\partial z}{\partial x} + 6yz + 6xy\frac{\partial z}{\partial x} = 0$$

이다. 이를 $\frac{\partial z}{\partial x}$에 대하여 정리하면 $\frac{\partial z}{\partial x} = -\frac{x^2+2yz}{z^2+2xy}$이다.

같은 방법으로, y에 관한 음함수의 도함수는 $\frac{\partial z}{\partial y} = -\frac{y^2+2xz}{z^2+2xy}$이다. ■

편도함수는 세 개 이상의 변수의 함수에 대해서도 정의할 수 있다. 만약 f가 x, y와 z의 3변수 함수라면, x에 관한 f의 편도함수는 다음과 같이 정의된다.

$$f_x(x,y,z) = \lim_{h\to 0}\frac{f(x+h,y,z) - f(x,y,z)}{h}$$

즉, y와 z를 상수로 보고 $f(x,y,z)$를 x에 관하여 미분한다. 만약 $w = f(x,y,z)$라고 하면, $f_x = \frac{\partial w}{\partial x}$는 y와 z가 고정되어 있을 때, x에 관한 w의 변화율로 해석된다.

일반적으로, u가 n개의 변수의 함수 $u = f(x_1, x_2, x_3, \cdots, x_n)$이라고 하면, i번째 변수 x_i에 관한 f의 편도함수는 다음과 같다.

$$\frac{\partial u}{\partial x_i} = \lim_{h\to 0}\frac{f(x_1,\cdots,x_{i-1},x_i+h,\cdots,x_n) - f(x_1,\cdots,x_{i-1},x_i,\cdots,x_n)}{h}$$

또한, 다음과 같이 표기하기도 한다.

$$\frac{\partial u}{\partial x_i} = \frac{\partial f}{\partial x_i} = f_{x_i} = f_i = D_i f$$

예제 5.4

$f(x,y,z) = e^{xy}\ln z$일 때, f_x, f_y, f_z를 구하여라.

풀이 +

$f_x = ye^{xy}\ln z$, $f_y = xe^{xy}\ln z$, $f_z = \dfrac{e^{xy}}{z}$ ■

5.1.2 고계편도함수

f가 2변수 함수이면 f의 편도함수 f_x와 f_y도 2변수 함수이므로, f_x와 f_y의 편도함수 $(f_x)_x$, $(f_x)_y$, $(f_y)_x$, $(f_y)_y$도 생각할 수 있는데, 이것들을 f의 **2계편도함수(second partial derivatives)**라고 부른다. 만약 $z = f(x,y)$이면, 보통 다음과 같이 표기한다.

$$(f_x)_x = f_{xx} = f_{11} = \frac{\partial}{\partial x}\left(\frac{\partial f}{\partial x}\right) = \frac{\partial^2 f}{\partial x^2} = \frac{\partial^2}{\partial x^2} f(x,y)$$

$$(f_y)_x = f_{yx} = f_{21} = \frac{\partial}{\partial x}\left(\frac{\partial f}{\partial y}\right) = \frac{\partial^2 f}{\partial x \partial y} = \frac{\partial^2}{\partial x \partial y} f(x,y)$$

$$(f_x)_y = f_{xy} = f_{12} = \frac{\partial}{\partial y}\left(\frac{\partial f}{\partial x}\right) = \frac{\partial^2 f}{\partial y \partial x} = \frac{\partial^2}{\partial y \partial x} f(x,y)$$

$$(f_y)_y = f_{yy} = f_{22} = \frac{\partial}{\partial y}\left(\frac{\partial f}{\partial y}\right) = \frac{\partial^2 f}{\partial y^2} = \frac{\partial^2}{\partial y^2} f(x,y)$$

그러므로 f_{xy}(또는 $\dfrac{\partial^2 f}{\partial y \partial x}$) 표기법은 우선 x에 관하면 미분하고 다음으로 y에 관하여 미분하는 것이고, 반면 f_{yx}는 우선 y에 관하여 미분하고 다음으로 x에 관하여 미분하는 것이다.

예제 5.5

$f(x,y) = x^3 + x^2y^3 - 2y^2$의 2계편도함수를 구하여라.

풀이 +

$f_x(x,y)=3x^2+2xy^3$, $f_y(x,y)=3x^2y^2-4y$이므로,

$$f_{xx}=\frac{\partial}{\partial x}(3x^2+2xy^3)=6x+2y^3 \qquad f_{xy}=\frac{\partial}{\partial y}(3x^2+2xy^3)=6xy^2$$

$$f_{yx}=\frac{\partial}{\partial x}(3x^2y^2-4y)=6xy^2 \qquad f_{yy}=\frac{\partial}{\partial y}(3x^2y^2-4y)=6x^2y-4$$

이다. ■

참고로 〈예제 5.5〉에서 $f_{xy}=f_{yx}$임을 알 수 있다. 이것은 항상 성립하는 것은 아니지만, 많은 응용 분야에서 이용되는 대부분의 함수는 혼합된 편도함수 f_{xy}와 f_{yx}가 같다. 다음 Clairaut's 정리는 두 식이 성립하는 조건을 제시한다.

정리 2 Clairaut' s 정리

함수 f가 점 (a,b)를 포함하는 원 D 안에서 정의되었다고 하자. 만일 f_{xy}와 f_{yx} 모두 D에서 연속이면,

$$f_{xy}(a,b)=f_{yx}(a,b)$$

이다.

3차 이상의 편도함수에서도 Clairaut's 정리가 성립한다. 예를 들면,

$$f_{xyy}=(f_{xy})_y=\frac{\partial}{\partial y}\left(\frac{\partial^2 f}{\partial y \partial x}\right)=\frac{\partial^3 f}{\partial y^2 \partial x}$$

와 f_{yxy}와 f_{yyx}가 연속함수이면, Clairaut's 정리를 이용하여 $f_{xyy}=f_{yxy}=f_{yyx}$임을 보일 수 있다.

예제 5.6

$f(x,y,z)=xyze^{-x-y-z}$일 때, f_{xyz}를 구하여라.

풀이 +

$$f_x(x,y,z) = yze^{-x-y-z} - xyze^{-x-y-z} = (1-x)yze^{-x-y-z}$$

$$f_{xy}(x,y,z) = (1-x)(1-y)ze^{-x-y-z}$$

$$f_{xyz}(x,y,z) = (1-x)(1-y)(1-z)e^{-x-y-z}$$

■

5.1.3 연쇄법칙

단일변수 함수에 대한 연쇄법칙(chain rule)을 회상하여 보자. 만일 $y = f(x)$이고 $x = g(t)$이고, f와 g가 미분가능한 함수이면 y는 t에 대하여 미분가능하고

$$\frac{dy}{dt} = \frac{dy}{dx}\frac{dx}{dt}$$

이다. 변수가 2개 이상인 경우의 연쇄법칙은 여러 가지 version이 있다. 각각은 합성함수의 미분법을 제공한다. 첫 번째 version은 $z = f(x,y)$이고, x와 y가 t의 함수인 경우이다.

정리 3 연쇄법칙(case 1)

함수 $z = f(x,y)$가 x,y에 관하여 편미분가능하고, $x = g(t)$와 $y = h(t)$가 t에 대하여 미분가능하면,

$$\frac{dz}{dt} = \frac{\partial f}{\partial x}\frac{dx}{dt} + \frac{\partial f}{\partial y}\frac{dy}{dt}$$

이다.

가끔 $\frac{\partial f}{\partial x}$ 대신에 $\frac{\partial z}{\partial x}$를 사용하기 때문에 연쇄법칙을 다음과 같이 나타내기도 한다.

$$\frac{dz}{dt} = \frac{\partial z}{\partial x}\frac{dx}{dt} + \frac{\partial z}{\partial y}\frac{dy}{dt}$$

예제 5.7

$z = x^2y + 3xy^4$이고, $x = \sin 2t$, $y = \cos t$일 때 $t = 0$에서 $\frac{dz}{dt}$를 구하여라.

풀이 +

연쇄법칙에 의하여

$$\frac{dz}{dt}=\frac{\partial z}{\partial x}\frac{dx}{dt}+\frac{\partial z}{\partial y}\frac{dy}{dt}$$

$$=(2xy+3y^4)(2\cos 2t)+(x^2+12xy^3)(-\sin t)$$

이다. 단, 위 식에서 x,y를 t에 대한 식으로 나타낼 필요는 없다. 단지 $t=0$일 때 $x=\sin 0=0$과 $y=\cos 0=1$을 알면 된다. 따라서,

$$\left.\frac{dz}{dt}\right|_{t=0}=(0+3)(2\cos 0)+(0+0)(-\sin 0)=6$$

이다. ■

두 번째 version은 $z=f(x,y)$이고, x와 y가 u와 v의 함수인 경우이다.

정리 4 연쇄법칙(case 2)

함수 $z=f(x,y)$가 x,y에 관하여 편미분가능하고, $x=g(u,v)$와 $y=h(u,v)$가 u와 v에 대하여 미분가능하면,

$$\frac{\partial z}{\partial u}=\frac{\partial z}{\partial x}\frac{\partial x}{\partial u}+\frac{\partial z}{\partial y}\frac{\partial y}{\partial u},$$

$$\frac{\partial z}{\partial v}=\frac{\partial z}{\partial x}\frac{\partial x}{\partial v}+\frac{\partial z}{\partial y}\frac{\partial y}{\partial v}$$

이다.

예제 5.8

$z=e^x\sin y$이고 $x=uv^2$, $y=u^2v$일 때 $\frac{\partial z}{\partial u},\frac{\partial z}{\partial v}$를 구하여라.

풀이 +

$$\frac{\partial z}{\partial u}=\frac{\partial z}{\partial x}\frac{\partial x}{\partial u}+\frac{\partial z}{\partial y}\frac{\partial y}{\partial u}=(v^2\sin u^2v+2uv\cos u^2v)e^{uv^2}$$

$$\frac{\partial z}{\partial v}=\frac{\partial z}{\partial x}\frac{\partial x}{\partial v}+\frac{\partial z}{\partial y}\frac{\partial y}{\partial v}=(2uv\sin u^2v+u^2\cos u^2v)e^{uv^2}$$

■

5.2 방향도함수와 그래디언트 벡터

5.2.1 방향도함수

이변수 x와 y의 함수 $z=f(x,y)$에서 편도함수

$$f_x(x_0,y_0)=\lim_{h\to 0}\frac{f(x_0+h,y_0)-f(x_0,y_0)}{h},$$
$$f_y(x_0,y_0)=\lim_{h\to 0}\frac{f(x_0,y_0+h)-f(x_0,y_0)}{h} \tag{5.3}$$

는 x축 방향과 y축 방향, 즉 기본단위벡터 $e_1=(1,0)$와 $e_2=(0,1)$으로의 z의 변화율을 나타낸다.

이제 임의의 단위벡터 $\boldsymbol{u}=(a,b)$ 방향으로의 점 (x_0,y_0)에서 z의 변화율을 구하고자 한다고 하자. 이때 벡터 $\boldsymbol{u}=(a,b)$ 방향으로의 z의 변화율을 점 (x_0,y_0)에서 z의 **방향도함수(directional derivative)**라고 하고 다음과 같이 정의한다.

> **정의 2**
>
> 이변수 함수 $f(x,y)$의 점 (x_0,y_0)에서 단위벡터 $\boldsymbol{u}=(a,b)$ 방향으로 **방향도함수(directional derivative)**는
>
> $$D_{\boldsymbol{u}}f(x,y)=\lim_{h\to 0}\frac{f(x_0+ha,y_0+hb)-f(x_0,y_0)}{h}$$
>
> 이다. 단, 극한이 존재할 때이다.

정의 2와 수식 (5.3)을 비교하면, $\boldsymbol{u}=\boldsymbol{e}_1=(1,0)$이면 $D_{e_1}f=f_1$이고, $\boldsymbol{u}=\boldsymbol{e}_2=(0,1)$이면 $D_{e_2}f=f_2$이다. 다시 말해서, x에 관한 f의 편도함수와 y에 관한 y의 편도함수는 f의 방향도함수의 특별한 경우이다.

방향도함수를 구할 때도 마찬가지로 정의에 의하여 구하면 많은 시간과 노력이 필요하다. 따라서, 다음 공식을 이용하면 매우 편리하다.

정리 5 방향도함수 구하는 공식

함수 $f(x,y)$가 x와 y에 대하여 미분가능하면, 임의의 단위벡터 $\boldsymbol{u}=(a,b)$ 방향으로의 **방향도함수**(directional derivative)는

$$D_{\boldsymbol{u}}f(x,y)=f_x(x,y)a+f_y(x,y)b$$

가 성립한다.

예제 5.9

단위벡터 $\boldsymbol{u}$는 x축의 양의 방향과 $\theta=\dfrac{\pi}{6}$를 이룬다. 이때 다음 함수에 대한 방향도함수 $D_{\boldsymbol{u}}f(1,2)$를 구하여라.

$$f(x,y)=x^3-3xy+4y^2$$

풀이 +

단위벡터 $\boldsymbol{u}$는 x축의 양의 방향과 θ이면 $\boldsymbol{u}=(\cos\theta,\sin\theta)$이다. $\theta=\dfrac{\pi}{6}$이므로

$\boldsymbol{u}=(\cos\dfrac{\pi}{6},\sin\dfrac{\pi}{6})=(\dfrac{\sqrt{3}}{2},\dfrac{1}{2})$이다. 따라서,

$$\begin{aligned}D_{\boldsymbol{u}}f(x,y)&=f_x(x,y)\frac{\sqrt{3}}{2}+f_y(x,y)\frac{1}{2}\\&=(3x^2-3y)\frac{\sqrt{3}}{2}+(-3x+8y)\frac{1}{2}\\&=\frac{1}{2}[3\sqrt{3}x^2-3x+(8-3\sqrt{3})y]\end{aligned}$$

이고,

$$D_{\boldsymbol{u}}f(1,2)=\frac{1}{2}[3\sqrt{3}1^2-3(1)+(8-3\sqrt{3})(2)]=\frac{13-3\sqrt{3}}{2}$$

이다. ■

5.2.2 그래디언트 벡터

방향도함수 구하는 공식에서 방향도함수를 벡터의 내적을 이용하여 표현할 수 있다. 즉, 두 벡터 $(f_x(x,y), f_y(x,y))$와 $\boldsymbol{u}$의 내적으로

$$\begin{aligned} D_{\boldsymbol{u}}f(x,y) &= f_x(x,y)a + f_y(x,y)b \\ &= (f_x(x,y), f_y(x,y)) \cdot (a,b) \\ &= (f_x(x,y), f_y(x,y)) \cdot \boldsymbol{u} \end{aligned} \tag{5.4}$$

와 같이 표현한다. 위의 식 (5.4)의 벡터의 내적에서 나오는 첫 번째 벡터는 방향도함수를 계산할 때뿐만 아니라 다른 곳에서도 많이 등장한다. 그래서 이것의 이름을 특별히 f의 그래디언트라고 하고 기호로는 ∇f 또는 grad f로 나타낸다.

정의 3

$f(x,y)$가 x와 y의 2변수 함수일 때 f의 그래디언트(gradient) ∇f는 다음과 같이 정의된다.

$$\nabla f(x,y) = < f_x(x,y),\ f_y(x,y) > = \frac{\partial f}{\partial x}e_1 + \frac{\partial f}{\partial y}e_2$$

예제 5.10

$f(x,y) = x^2y^3 - 4y$일 때, 점 $(2,-1)$에서 그래디언트를 구하여라.

풀이 +

$f(x,y) = x^2y^3 - 4y$의 그래디언트는 $\nabla f(x,y) = < 2xy^3,\ 3x^2y^2 - 4 >$이므로
$\nabla f(2,-1) = < -4, 8 >$이다. ■

예제 5.11

점 $(2,-1)$에서 함수 $f(x,y) = x^2y^3 - 4y$의 벡터 $v = (2,5)$의 방향으로 방향도함수를 구하여라.

풀이 +

먼저 벡터 $\boldsymbol{v}=(2,5)$의 크기가 $|\boldsymbol{v}|=\sqrt{2^2+5^2}=\sqrt{29}$로 단위벡터가 아니므로 단위벡터로 나타내면 $\boldsymbol{v}$의 방향의 단위벡터는

$$\boldsymbol{u}=\frac{\boldsymbol{v}}{|\boldsymbol{v}|}=\frac{1}{\sqrt{29}}(2,5)=(\frac{2}{\sqrt{29}},\frac{5}{\sqrt{29}})$$

이다. 또한, 〈예제 5.10〉에서 $\nabla f(2,-1)=<-4,8>$이므로

$$D_{\boldsymbol{u}}f(2,-1)=\nabla f(2,-1)\cdot\boldsymbol{u}=(-4,8)\cdot(\frac{2}{\sqrt{29}},\frac{5}{\sqrt{29}})=\frac{32}{\sqrt{29}}$$

이다. ■

5.3 최대와 최소

5.3.1 극대와 극소

4장에서 보았듯이 미분이 가장 많이 사용되는 분야는 함수의 극값을 포함하여 최댓값과 최솟값을 구하는 것이다. 이 절에서는 편도함수를 이용하여 이변수 x와 y의 함수 $z=f(x,y)$의 최댓값과 최솟값을 찾는 방법을 학습한다.

〈그림 5.1〉의 함수 f의 그래프에서 언덕과 계곡을 보자. f의 극댓값이 갖는 점, 즉 그 점 주위에서 최대가 되는 점이 2개가 있다. 이 두 점 중에서 큰 값이 최댓값이 된다. 비슷하게 그 점 주위에서 최소가 되는 극소점이 2개 있다.

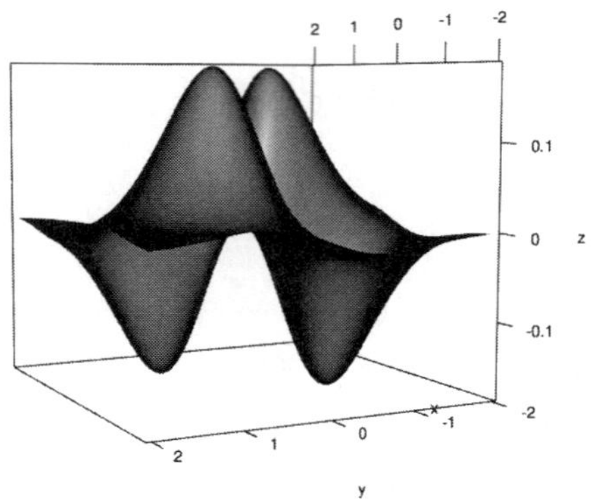

〈그림 5.1〉

정의 4

x와 y의 2변수 함수 $f(x,y)$가 **점 (a,b)의 근방의 점**(점 (a,b)를 중심으로 하는 어떤 조그마한 원 또는 디스크(disk) 안의 모든 점) (x,y)에 대하여 $f(x,y) \le f(a,b)$을 만족할 때, 점 (a,b)에서 **극대(local maximum)**를 갖는다. 이때 함숫값 $f(a,b)$를 **극댓값(local maximum value)**이라고 한다. $f(x,y)$가 점 (a,b)의 근방의 점 (x,y)에 대하여 $f(x,y) \ge f(a,b)$을 만족할 때, 점 (a,b)에서 **극소(local minimum)**를 갖는다. 이때 함숫값 $f(a,b)$를 **극솟값(local minimum value)**이라고 한다.

위 정의에서 부등식이 f의 정의역의 모든 점 (x,y)에 대하여 성립한다면 f는 점 (a,b)에서 최대(absolute maximum) 또는 최소(absolute minimum)를 갖는다.

정리 6

f가 점 (a,b)에서 극대 또는 극소를 가지고 편도함수를 가지면, $f_x(a,b)=0$이고 $f_y(a,b)=0$이다.

점 (a,b)가 $f_x(a,b)=0$이고 $f_y(a,b)=0$이거나 편도함수가 하나라도 존재하지 않으면 그 점을 **극값(critical point)**이라고 한다. 위의 정리에서 점 (a,b)에서 극대 또는 극소를 가지면 점 (a,b)는 극점이다. 일변수 함수처럼 모든 극값이 다 최대와 최소가 되는 것이 아니다. 극점에서 함수는 극대나 극소를 갖던지 극대와 극소가 아닐 수도 있다.

예제 5.12

$f(x,y)=x^2+y^2-2x-6y+14$의 극대 또는 극소를 구하여라.

풀이 +

편도함수가 0이 되는 즉, $f_x(x,y)=2x-2=0$, $f_y(x,y)=2y-6=0$되는 점은 $x=1$이고 $y=3$이므로 오직 하나의 극점만 갖는다. $f(x,y)$는 완전제곱의 형태로 나타내면 $f(x,y)=4+(x-1)^2+(y-3)^2$이므로 모든 x와 y에 대하여 $f(x,y) \ge 4$이다. $(1,3)$에서 극소이면서 실제로는 최소가 되며 최솟값은 $f(1,3)=4$이다. ■

예제 5.13

$f(x,y)=y^2-x^2$이 극대 또는 극소를 갖는지 알아보아라.

풀이 +

$f_x=-2x$이고 $f_y=2y$이므로 극점(critical point)은 $(0,0)$이다. $(0,0)$에서 극대 또는 극소를 갖는지 알아보자. 먼저 $y=0$인 x축 방향의 점들을 보면 $f(x,y)=-x^2<0(x\neq 0)$이지만, $x=0$인 y축 방향의 점들에 대해서는 $f(x,y)=y^2>0,(y\neq 0)$이다. 따라서, $(0,0)$을 포함하는 모든 디스크는 f가 양수 값을 갖는 점들을 포함할 뿐만 아니라 f가 음수 값을 갖는 점들을 포함한다. 그러므로 $f(0,0)=0$은 극대도 극소도 아니다. ■

〈예제 5.13〉에서 극점에서 극대도 아니고 극소도 아님을 알 수 있다. $z=y^2-x^2$의 그래프를 그려 보면 x축 방향으로는 $f(0,0)=0$이 최대이고, y축 방향으로는 $f(0,0)=0$이 최소인 말안장(saddle) 같은 모양을 하고 있다. 따라서, $(0,0)$을 **안장점(saddle point)**이라고 부른다.

극점에서 극대 또는 극소를 갖는지를 알아보기 위하여 쉽게 확인할 수 있는 방법이 있는데 그것이 다음의 이차도함수 검정법이다.

정리 7 이차도함수 검정법(second derivative test)

f의 이계편도함수가 (a,b)를 중심으로 가지는 디스크에서 연속이라고 하고, $f_x(a,b)=0$이고 $f_y(a,b)=0$(즉, (a,b)가 f의 극점)이라고 하자. D를

$$D=D(a,b)=f_{xx}(a,b)f_{yy}(a,b)-[f_{xy}(a,b)]^2$$

이라고 할 때,

(a) $D>0$이고 $f_{xx}(a,b)>0$이면, $f(a,b)$는 극소이다.

(b) $D>0$이고 $f_{xx}(a,b)<0$이면, $f(a,b)$는 극대이다.

(c) $D<0$이면, $f(a,b)$는 극대, 극소도 아닌 안장점이다.

위의 검정법에서 $D=0$인 경우는 없는데 $D=0$일 때는 점 (a,b)에서 극대, 극소, 안장점 중 하나가 될 수 있다. 또한 위의 공식에서 D를 기억하기 위하여 D를 다음과 같은 판별식으로 기억하여도 된다.

$$D=\begin{vmatrix} f_{xx} & f_{xy} \\ f_{yx} & f_{yy} \end{vmatrix}=f_{xx}f_{yy}-(f_{xy})^2$$

예제 5.14

함수 $f(x,y)=x^4+y^4-4xy+1$의 극대, 극소와 안장점을 구하여라.

풀이 +

$f_x=4x^3-4y$이고, $f_y=4y^3-4x$이므로 $x^3-y=0$과 $y^3-x=0$에서 $y=x^3$를 $y^3-x=0$에 대입하여 정리하면

$$0=x^9-x=x(x^8-1)=x(x^4-1)(x^4+1)=x(x^2-1)(x^2+1)(x^4+1)$$

이 되므로 방정식은 세 개의 실근 $x=0,1,-1$을 갖는다. 따라서, 극점은 $(0,0)$, $(1,1)$, $(-1,-1)$이다. 이차도함수검정법을 이용하면, $f_{xx}=12x^2$, $f_{xy}=-4$, $f_{yy}=12y^2$이므로

$$D(x,y)=f_{xx}f_{yy}-(f_{xy})^2=144x^2y^2-16$$

이다. $D(0,0)=-16<0$이므로 원점 $(0,0)$은 안장점이다. $D(1,1)=128>0$이고 $f_{xx}(1,1)=12>0$이므로 $(1,1)$에서 극소이고 극솟값은 $f(1,1)=-1$이다. $D(-1,-1)=128>0$이고 $f_{xx}(-1,-1)=12>0$이므로, $(-1,-1)$에서, 극소이고 극솟값은 $f(-1,-1)=-1$이다. ■

5.3.2 최대와 최소

하나의 변수를 가지는 함수 f에서 최대최소의 정리에서 f가 폐구간 $[a,b]$에서 연속이면 f는 최댓값과 최솟값을 갖는다. 따라서 최댓값과 최솟값을 구하기 위하여서는 극대 · 극소뿐만 아니라 구간의 양 끝의 값 a와 b에서 함숫값을 구하여야 한다.

이변수 함수에 대해서도 비슷한 상황이다. 폐구간이 양 끝점을 포함하듯이, R^2의 **닫힌집합**(closed set)은 그 폐집합의 모든 **주변점**(boundary point)을 포함하는 집합이다. 여기서 점 (a,b)를 어떤 집합 D의 주변점이란 그 점 (a,b)를 중심으로 하는 디스크(disk)를 그렸을 때 그 디스크 안에 D의 점과 D의 밖의 점도 모두 포함하는 점이다. 예를 들면, 디스크

$$D=\{(x,y):x^2+y^2\le 1\}$$

는 주변점(원 $x^2+y^2=1$위의 모든 점)을 포함하므로, 원 $x^2+y^2=1$위의 모든 점과 원 안의 모든 점을 포함하는 폐집합이다.

R^2의 **유계집합**(bounded set)은 어떤 디스크 안에 포함되는 집합이다. 즉, 크기가 유한인 집합이다. 그러면 닫혀 있고 유계인 집합에 대하여 다음과 같은 정리를 할 수 있다.

정리 8 이변수 함수의 최대 · 최소의 정리

함수 f가 닫혀 있고 유계인 집합 $D \in R^2$에서 연속이면, f는 D 안의 어떤 점 (x_1, y_1)과 (x_2, y_2)에서 최댓값 $f(x_1, y_1)$과 최솟값 $f(x_2, y_2)$을 갖는다.

최댓값과 최솟값을 찾는 방법은 다음과 같다.

닫혀 있고 유계인 집합 $D \in R^2$에서 연속인 함수 f의 최대 · 최소 찾는 방법

(a) D에서 함수 f의 극점에서 함숫값을 구한다.

(b) D의 주변에서 f의 극댓값과 극솟값을 구한다.

(c) 단계 (a)와 (b)에서 구한 값 중에서 제일 큰 것이 최댓값이고, 제일 작은 값이 최솟값이다.

예제 5.15

사각형 $D = \{(x, y) | 0 \leq x \leqq 3,\ 0 \leqq y \leqq 2\}$에서 함수 $f(x, y) = x^2 - 2xy + 2y$의 최댓값과 최솟값을 구하여라.

풀이 +

함수 f는 다항식이므로 닫혀 있고 유계인 집합 D에서 연속이므로 최댓값과 최솟값을 갖는다. 먼저 극점을 구하면 $f_x = 2x - 2y = 0$, $f_y = -2x + 2 = 0$에서 극점은 $(1, 1)$이고 함숫값은 $f(1, 1) = 1$이다. D의 주변은 〈그림 5.2〉처럼 네 개의 선분 L_1, L_2, L_3, L_4으로 이루어져 있으며, 이 주변에서 함숫값을 보자.

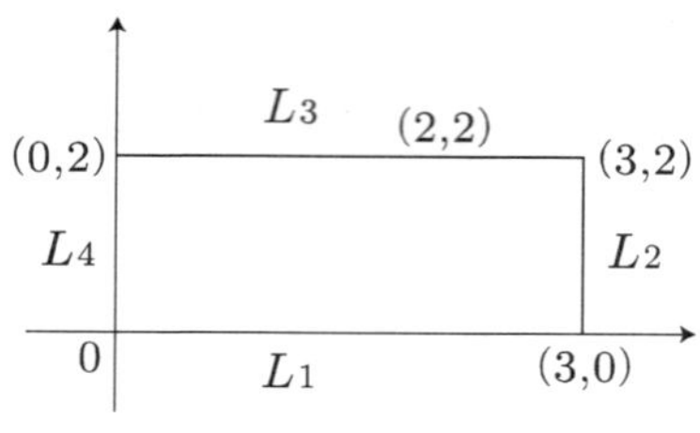

〈그림 5.2〉 D의 주변

L_1상에서 $y = 0$이고 $f(x, 0) = x^2$, $0 \leqq x \leqq 3$이므로 f는 x의 증가함수이다. 따라서, 최솟값은 $f(0, 0) = 0$이고 최댓값은 $f(3, 0) = 9$이다. L_2상에서 $x = 3$이고 $f(3, y) = 9 - 4y$, $0 \leqq y \leqq 2$이므로 f는 y의 감소함수이다. 따라서, 최댓값은 $f(3, 0) = 9$이고 최솟값은 $f(3, 2) = 1$이다. L_3상에서 $y = 2$이고 $f(x, 2) = x^2 - 4x + 4$, $0 \leqq x \leqq 3$이다. $f(x, 2) = (x-2)^2$이므로 $x = 2$에서 최소를 갖는다. 즉 최솟값은

$f(2,2)=0$이다. 또한, 최댓값은 $x=0$에서 즉, $f(0,2)=4$이다. 마지막으로, L_4상에서 $x=0$이고 $f(0,y)=2y,\ 0 \leqq y \leqq 2$이므로 최댓값은 $f(0,2)=4$이고 최솟값은 $f(0,0)=0$이다. 따라서 주변에서 f의 최솟값은 0이고 최댓값은 9이다.
마지막으로 극값 $f(1,1)=1$과 비교하면 D에서 함수 f의 최댓값은 $f(3,0)=9$이고, 최솟값은 $f(0,0)=f(2,2)=0$이다.

예제 5.16

원 $x^2+y^2 \leq 1$에서 함수 $f(x,y)=x^2+2y^2$의 최대값과 최소값을 구하여라.

풀이 +

먼저 내부의 극점을 구해 보자. $f_x=2x, f_y=4y$이므로 $(0,0)$에서 임계점이고, 이차도함수 판정법에 의해

$$D=f_{xx}(0,0)\,f_{yy}(0,0)-f_{xy}^2(0,0)>0,\ f_{xx}(0,0)>0$$

이므로 $(0,0)$에서 극소값 $f(0,0)=0$을 갖는다.
한편, 경계선에서의 극값을 구해보자. 경계 $x^2=1-y^2(-1 \leq y \leq 1)$에서 함수 f는

$$f(x,y)=x^2+2y^2=y^2+1 \qquad (-1 \leq y \leq 1)$$

으로 나타나므로 $y=\pm 1$일 때 즉, $(0,1)$, $(0,-1)$에서 최대값 $f(0,1)=f(0,-1)=2$를 갖고 $y=0$일 때 즉, $(0,1)$, $(0,-1)$에서 최소값 $f(1,0)=f(-1,0)=1$을 갖는다. 따라서 내부와 경계에서의 극값을 비교해 보면 최대값은 2이고 최소값은 0이다. ■

5.4 라그랑즈 승수법

5.3절의 예제 5.16에서 $x^2+y^2 \leq 1$라는 제약조건(constrained condition)에서 $f(x,y)=x^2+2y^2$의 최대값과 최소값을 구하였다. 이 절에서는 $g(x,y)=k$ 형태를 제약조건(또는 부가조건)으로 하여 일반함수 $f(x,y)$의 최대화 또는 최소화에 대한 **라그랑즈 승수법(Lagrange multiplier method)**을 소개한다.

이변수함수에 대한 라그랑즈 승수법은 기하학적으로 설명하는 것이 쉽다. 그래서 $g(x,y)=k$의 제약조건을 만족하는 $f(x,y)$의 극값을 구하는 것부터 시작해 보자. 점 (x,y)를 등위곡선 $g(x,y)=k$ 상에 있는 점으로 제한할 때 $f(x,y)$의 극값을 찾는다. 〈그림 5.3〉은 f의 여러 개의 등위곡선을 그린 것이다. 즉, 이들은 $c=6,7,8,9,10$에 대한 방정식 $f(x,y)=c$를 만족하는 점들을 나타낸다.

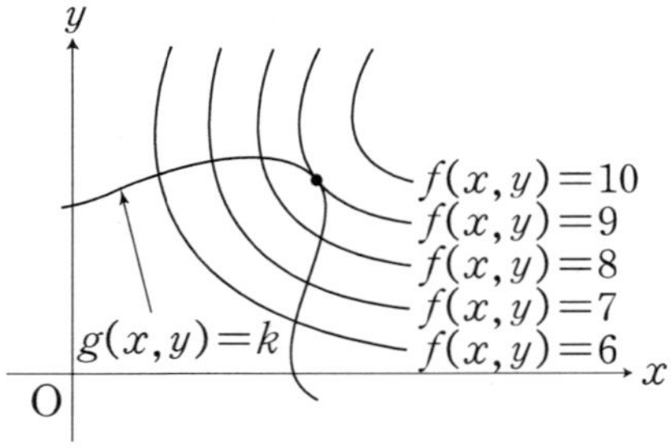

〈그림 5.3〉 등위선과 제약조건

정의역에서 $f(x,y)$의 최댓값은 10 이상이어야 하지만, 제약조건 $g(x,y)=k$를 조건으로 하여 $f(x,y)$를 최댓값을 구하는 것은 $g(x,y)=k$를 가로지르는 등위곡선 $f(x,y)=c$에서 c의 최댓값을 구하는 것이다. 따라서 제약조건 $g(x,y)=k$하에서 $f(x,y)$의 최댓값은 9이다. 또한, 이러한 곡선들이 서로 접할 때, 즉 그들이 공통접선을 가질 때 최댓값을 가짐을 〈그림 5.2〉에서 볼 수 있다. 따라서 어떤 스칼라 λ에 대해 $\nabla f(x_0,y_0)=\lambda\nabla g(x_0,y_0)$이다. 이때 스칼라 λ를 라그랑즈 승수(Lagrange multiplier)라고 한다. 라그랑즈 승수를 이용한 랑그랑즈 승수법은 다음과 같다.

라그랑즈 승수법(Lagrange multiplier method)

함수 f와 g를 열린 집합 U에서 미분가능한 함수라고 하고, 곡면 $g(x,y)=k$ 상에서 $\nabla g(x,y)\neq 0$이라고 가정하면, 제약조건 $g(x,y)=k$를 조건으로 하여 $f(x,y)$의 최댓값과 최솟값을 구하기 위하여

(a) 다음 두 식을 만족하는 모든 x, y, λ의 값을 구한다.

$$\nabla f(x,y)=\lambda\nabla g(x,y)$$
$$g(x,y)=k$$

(b) 단계 (a)에서 구한 모든 점 (x,y)에서 f의 값을 계산한다. 이 값들 중 가장 큰 것이 f의 최댓값이고 가장 작은 것이 f의 최솟값이다.

라그랑즈 승수법을 이용하여 예제 5.16을 다시 풀어보자

예제 5.16 (again)

원 $x^2+y^2 \le 1$에서 함수 $f(x,y)=x^2+2y^2$의 최대값과 최소값을 구하여라.

풀이 +

내부의 극점은 앞의 풀이에서 극소값 $f(0,0)=0$을 가짐을 알 수 있다. 경계선에서의 극값을 구할 때 라그랑즈 승수법을 사용하면, 방정식 $\nabla f=\lambda \nabla g$, $g(x,y)=1$을 풀면 된다. 즉 다음 방정식을 풀면 된다.

$$f_x=\lambda g_x \quad f_y=\lambda g_y \quad g(x,y)=1$$

이는

$$2x=2x\lambda \quad 4y=2y\lambda \quad x^2+y^2=1.$$

이다. 먼저 $2x=2x\lambda$로부터 $x=0$ 또는 $\lambda=1$을 얻는다. 만약 $x=0$이면 $4y=2y\lambda$에서 $y=\pm 1$을 얻게 된다. 만약 $\lambda=1$이면 $y=0$이므로, $x^2+y^2=1$로부터 $x=\pm 1$을 얻게 된다. 따라서 f는 점 $(0,1),(0,-1),(1,0),(-1,0)$에서 극값을 갖는다. 이러한 네 점에서 f의 값을 계산하면 다음을 얻는다.

$$f(0,1)=2 \quad f(0,-1)=2 \quad f(1,0)=1 \quad f(-1,0)=1$$

따라서 원 $x^2+y^2=1$ 위에서 f의 최댓값은 $f(0,\pm 1)=2$이고 최솟값은 $f(\pm 1,0)=1$이다. ■

예제 5.17

원 $x^2+y^2 \le 1$에서 함수 $f(x,y)=x^2+3y^2+y$의 최대값과 최소값을 구하여라.

풀이 +

유계인 닫힌집합 $x^2+y^2 \le 1$ 위에서 정의된 연속함수 $f(x,y)=x^2+3y^2+y$는 최대최소값정리에 의해 반드시 최대값과 최소값을 갖는다.

(1) 내부점에서의 극값을 구하자. $\nabla f(x,y)=(2x,6y+1)$이므로 임계점은 $\left(0,-\frac{1}{6}\right)$이다.

$$D=f_{xx}\left(0,-\frac{1}{6}\right)f_{yy}\left(0,-\frac{1}{6}\right)-f_{xy}^2\left(0,-\frac{1}{6}\right)=12-0>0\text{이고}$$

$$f_{xx}\left(0,-\frac{1}{6}\right)=2>0$$

이므로 $f_{xx}\left(0,-\frac{1}{6}\right)=3\cdot\frac{1}{36}-\frac{1}{6}=-\frac{1}{12}$은 극소값이다.

(2) 경계 $x^2+y^2=1$ 위에서의 극값을 찾자. $g(x,y)=x^2+y^2-1$이라고 하면, $\nabla g(x,y)=(2x,2y)\neq(0,0)$인 점, 즉 $(x,y)\neq(0,0)$에서 f가 극값을 갖는다고 하면 적당한 실수 λ에 대하여

$$\nabla f(x,y)=\lambda\nabla g(x,y),\qquad g(x,y)=0$$

이므로

$$(2x,6y+1)=\lambda(2x,2y),\;\; x^2+y^2-1=0$$

이다. 이 연립방정식을 풀면,

$$(x,y)=\left(\frac{\sqrt{15}}{4},-\frac{1}{4}\right),\left(-\frac{\sqrt{15}}{4},-\frac{1}{4}\right),(0,1),(0,-1)$$

이고 f의 함수값들을 구해 보면

$$f\left(\frac{\sqrt{15}}{4},-\frac{1}{4}\right)=f\left(-\frac{\sqrt{15}}{4},-\frac{1}{4}\right)=\frac{15}{16}+\frac{3}{16}-\frac{1}{4}=\frac{7}{8},$$
$$f(0,1)=4,\;\; f(0,-1)=2$$

따라서 (1),(2)로부터 최대값은 4, 최소값은 $-\frac{1}{12}$이다. ■

CHAPTER 05

연습문제

01 다음 함수의 편도함수를 구하여라.

(1) $f(x,y)=y^5-3xy$

(2) $f(x,y)=3x-2y^4$

(3) $z=xe^{3y}$

(4) $f(x,y)=e^{-y}\cos\pi x$

(5) $f(x,y)=\dfrac{x}{y}$

(6) $f(x,y)=\dfrac{x-y}{x+y}$

(7) $f(x,y)=\sqrt{x}\ \ln y$

(8) $z=(2x+3y)^{10}$

(9) $z=\tan xy$

(10) $f(x,y)=\dfrac{x}{(x+y)^2}$

(11) $f(x,y)=\dfrac{ax+by}{cx+dy}$

(12) $w=\dfrac{e^v}{u+v^2}$

(13) $f(x,y)=x^y$

(14) $f(x,y,z)=xz-5x^2y^3z^4$

(15) $f(x,y,z)=x\sin(y-z)$

(16) $w=\ln(x+2y+3z)$

(17) $w=ze^{xyz}$

(18) $u=x^{y/z}$

(19) $h(x,y,z,t)=x^2y\cos(z/t)$

(20) $\phi(x,y,z,t)=\dfrac{\alpha x+\beta y^2}{\gamma z+\delta t^2}$

(21) $u=\sqrt{x_1^2+x_2^2+\ldots+x_n^2}$

(22) $u=\sin(x_1+2x_2+\ldots+nx_n)$

02 다음 함수의 주어진 점에서 편미분계수를 구하여라.

(1) $f(x,y)=x^3+x^2y^3-2y^2$, $f_x(2,1), f_y(2,1)$

(2) $f(x,y)=\arctan(y/x)$; $f_x(2,0)$, $f_y(2,0)$

(3) $f(x,y,z)=\dfrac{z}{x+y+z}$; $f_z(2,1,-1)$

(4) $f(x,y,z)=\sqrt{\sin^2 x+\sin^2 y+\sin^2 z}$; $f_y(0,\dfrac{\pi}{4},0)$

03 다음과 같이 x와 y의 음함수로 주어지는 방정식에서 $\dfrac{\partial z}{\partial x}$와 $\dfrac{\partial z}{\partial y}$를 구하여라.

(1) $x^2+2y^2+3z^2=1$

(2) $x^2-y^2+z^2-2z=4$

(3) $e^z=xyz$

(4) $yz+x\ln y=z^2$

04 다음 함수의 모든 이계 편도함수를 구하여라.

(1) $f(x,y)=x^3y^5+2x^4y$

(2) $f(x,y)=\sin^2(mx+ny)$

(3) $w=\sqrt{u^2+v^2}$

(4) $v=\dfrac{xy}{x-y}$

05 다음 함수의 주어진 편도함수를 구하여라.

(1) $f(x,y)=3xy^4+x^3y^2$; f_{xxy}, f_{yyy}

(2) $f(x,y)=x^4y^2-x^3y$; f_{xxx}, f_{xyx}

(3) $f(x,y,z)=\cos(4x+3y+2z)$; f_{xyz}, f_{yzz}

(4) $f(x,y)=\sin(2x+5y)$; f_{yxy}

(5) $u=e^{r\theta}\sin\theta$; $\dfrac{\partial^3 u}{\partial r^2\partial\theta}$

(6) $g(r,s,t)=e^r\sin(st)$; g_{rst}

(7) $f(x,y,z)=e^{xyz^2}$; f_{xyz}

(8) $w=\dfrac{x}{y+2z}$; $\dfrac{\partial^3 w}{\partial z\partial y\partial x}$, $\dfrac{\partial^3 w}{\partial x^2\partial y}$

(9) $z=u\sqrt{v-w}$; $\dfrac{\partial^3 z}{\partial u\partial v\partial w}$

(10) $f(x,y,z)=\sin(3x+yz)$; f_{xxyz}

06 연쇄법칙을 이용하여 $\frac{dw}{dt}$ 혹은 $\frac{\partial z}{\partial s}, \frac{\partial z}{\partial t}$를 구하여라.

(1) $w = x^2y + xy^2$, $x = 2 + t^4$, $y = 1 - t^3$일 때, $\frac{dw}{dt}$를 구하여라.

(2) $x = \sin t, y = e^t$일 때, $z = x^2y + 3xy^4$에 대한 $\frac{dz}{dt}$를 구하여라.

(3) $z = e^x \sin y$이고 $x = st^2$, $y = s^2t$일 때, $\frac{\partial z}{\partial s}, \frac{\partial z}{\partial t}$를 구하여라.

(4) $z = x^2y^3$, $x = u\cos v$, $y = u\sin v$일 때, $\frac{\partial z}{\partial u}, \frac{\partial z}{\partial v}$를 구하여라.

(5) $w = xe^{y/z}, x = t^2, y = 1 - t, z = 1 + 2t$일 때, $\frac{dw}{dt}$를 구하여라.

07 다음 함수의 극댓값과 극솟값, 안장점을 구하여라.

(1) $f(x, y) = x^2 + xy + y^2 + y$

(2) $f(x, y) = xy - 2x - 2y - x^2 - y^2$

(3) $f(x, y) = (x - y)(1 - xy)$

(4) $f(x, y) = xe^{-2x^2 - 2y^2}$

(5) $f(x, y) = y^3 + 3x^2y - 6x^2 - 6y^2 + 2$

08 제약조건 아래에서 함수의 최대, 최소값을 구하여라.

(1) $f(x, y) = xy$, $\quad 3x + y = 6$

(2) $f(x, y) = x^2 - y^2$, $\quad x - 2y = -3$

➥ 연습문제 풀이

01 (1) $f_x(x,y)=-3y,\ f_y(x,y)=5y^4-3x$

(2) $f_x(x,y)=3,\ f_y(x,y)=-8y^3$

(3) $\dfrac{\partial z}{\partial x}=e^{3y},\ \dfrac{\partial z}{\partial y}=3xe^{3y}$

(4) $f_x(x,y)=-\pi e^{-y}\sin\pi x,\ f_y(x,y)=-e^{-y}\cos\pi x$

(5) $f_x(x,y)=\dfrac{1}{y},\ f_y(x,y)=-\dfrac{x}{y^2}$

(6) $f_x(x,y)=\dfrac{2y}{(x+y)^2},\ f_y(x,y)=\dfrac{-2x}{(x+y)^2}$

(7) $f_x(x,y)=\dfrac{\ln y}{2\sqrt{x}},\ f_y(x,y)=\dfrac{\sqrt{x}}{y}$

(8) $\dfrac{\partial z}{\partial x}=20(2x+3y)^9,\ \dfrac{\partial z}{\partial y}=30(2x+3y)^9$

(9) $\dfrac{\partial z}{\partial x}=y\sec^2(xy),\ \dfrac{\partial z}{\partial y}=x\sec^2(xy)$

(10) $f_x(x,y)=\dfrac{y-x}{(x+y)^3},\ f_y(x,y)=\dfrac{-2x}{(x+y)^3}$

(11) $f_x(x,y)=\dfrac{(ad-bc)y}{(cx+dy)^2},\ f_y(x,y)=\dfrac{(bc-ad)x}{(cx+dy)^2}$

(12) $\dfrac{\partial w}{\partial u}=\dfrac{-e^v}{(u+v^2)^2},\ \dfrac{\partial w}{\partial v}=\dfrac{(u+v^2-2v)e^v}{(u+v^2)^2}$

(13) $f_x(x,y)=yx^{y-1},\ f_y(x,y)=x^y\ln x$

(14) $f_x(x,y,z)=z-10xy^3z^4,\ f_y(x,y,z)=-15x^2y^2z^4,\ f_z(x,y,z)=x-20x^2y^3z^3$

(15) $f_x(x,y,z)=\sin(y-z),\ f_y(x,y,z)=x\cos(y-z),\ f_z(x,y,z)=-x\cos(y-z)$

(16) $\dfrac{\partial w}{\partial x}=\dfrac{1}{x+2y+3z},\ \dfrac{\partial w}{\partial y}=\dfrac{2}{x+2y+3z},\ \dfrac{\partial w}{\partial z}=\dfrac{3}{x+2y+3z}$

(17) $\dfrac{\partial w}{\partial x}=yz^2e^{xyz},\ \dfrac{\partial w}{\partial y}=xz^2e^{xyz},\ \dfrac{\partial w}{\partial z}=(1+xyz)e^{xyz}$

(18) $\dfrac{\partial u}{\partial x}=\dfrac{y}{z}x^{y/z-1},\ \dfrac{\partial u}{\partial y}=\dfrac{1}{z}x^{y/z}\ln x,\ \dfrac{\partial u}{\partial y}=-\dfrac{y}{z^2}x^{y/z}\ln x$

(19) $h_x(x,y,z,t)=2xy\cos(z/t),\ h_y(x,y,z,t)=x^2\cos(z/t),$

$h_z(x,y,z,t)=\dfrac{-x^2y}{t}\sin(z/t),\ h_t(x,y,z,t)=+\dfrac{x^2yz}{t^2}\sin(z/t)$

(20) $\phi_x(x,y,z,t)=\dfrac{\alpha}{\gamma z+\delta t^2},\ \phi_y(x,y,z,t)=\dfrac{2\beta y}{\gamma z+\delta t^2},$

$\phi_z(x,y,z,t)=-\dfrac{\gamma(\alpha x+\beta y^2)}{(\gamma z+\delta t^2)^2},\ \phi_t(x,y,z,t)=-\dfrac{2\delta t(\alpha x+\beta y^2)}{(\gamma z+\delta t^2)^2}$

(21) $\dfrac{\partial u}{\partial x_1}=\dfrac{x_1}{\sqrt{x_1^2+x_2^2+\dots+x_n^2}},\ \dfrac{\partial u}{\partial x_2}=\dfrac{x_2}{\sqrt{x_1^2+x_2^2+\dots+x_n^2}},\ \cdots,\ \dfrac{\partial u}{\partial x_n}=\dfrac{x_n}{\sqrt{x_1^2+x_2^2+\dots+x_n^2}}$

(22) $\dfrac{\partial u}{\partial x_1}=\cos(x_1+2x_2+\dots+nx_n),\ \dfrac{\partial u}{\partial x_2}=2\cos(x_1+2x_2+\dots+nx_n),\ \cdots,$

$$\frac{\partial u}{\partial x_n}=n\cos(x_1+2x_2+...+nx_n)$$

02 (1) $f_x(x,y)=3x^2+2xy^3$이므로 $f_x(2,1)=3\cdot 2^2+2\cdot 2\cdot 1^3=16$이고, $f_y(x,y)=3x^2y^2-4y$이므로 $f_y(2,1)=3\cdot 2^2\cdot 1^2+4\cdot 1=8$이다.

(2) $f_x(x,y)=\dfrac{-\frac{y}{x^2}}{1+\left(\frac{y}{x}\right)^2}$이므로 $f_x(2,0)=\dfrac{-\frac{0}{2^2}}{1+\left(\frac{0}{2}\right)^2}=0$이고,

$f_y(x,y)=\dfrac{\frac{1}{x}}{1+\left(\frac{y}{x}\right)^2}$이므로 $f_y(2,0)=\dfrac{\frac{1}{2}}{1+\left(\frac{0}{2}\right)^2}=\dfrac{1}{2}$이다.

(3) $f_z(x,y,z)=\dfrac{x+y}{(x+y+z)^2}$이므로 $f_z(2,1,-1)=\dfrac{2+1}{(2+1+(-1))^2}=\dfrac{3}{4}$

(4) $f_y(x,y,z)=\dfrac{\sin y\cos y}{\sqrt{\sin^2x+\sin^2y+\sin^2z}}$이므로 $f_y(0,\pi/4,0)=\dfrac{\sin\frac{\pi}{4}\cos\frac{\pi}{4}}{\sqrt{\sin^2 0+\sin^2\frac{\pi}{4}+\sin^2 0}}=\dfrac{\sqrt{2}}{2}$.

03 (1) $\dfrac{\partial z}{\partial x}$를 구하기 위해서는 y를 상수로 보고 양변을 x에 대하여 미분한다. 즉 $2x+6z\dfrac{\partial z}{\partial x}=0$이므로 $\dfrac{\partial z}{\partial x}=-\dfrac{x}{3z}$이다. 마찬가지로 x를 상수로 보고 양변을 y에 대하여 미분하면 $4y+6z\dfrac{\partial z}{\partial y}=0$이므로 $\dfrac{\partial z}{\partial y}=-\dfrac{2y}{3z}$이다.

(2) $\dfrac{\partial z}{\partial x}$를 구하기 위해서는 y를 상수로 보고 양변을 x에 대하여 미분한다. 즉 $2x+2z\dfrac{\partial z}{\partial x}-2\dfrac{\partial z}{\partial x}=0$이므로 $\dfrac{\partial z}{\partial x}=\dfrac{x}{1-z}$이다. 마찬가지로 x를 상수로 보고 양변을 y에 대하여 미분하면 $-2y+2z\dfrac{\partial z}{\partial y}-2\dfrac{\partial z}{\partial y}=0$이므로 $\dfrac{\partial z}{\partial y}=\dfrac{y}{z-1}$이다.

(3) $\dfrac{\partial z}{\partial x}$를 구하기 위해서는 y를 상수로 보고 양변을 x에 대하여 미분한다. 즉 $e^z\dfrac{\partial z}{\partial x}=yz+xy\dfrac{\partial z}{\partial x}$이므로 $\dfrac{\partial z}{\partial x}=\dfrac{yz}{e^z-xy}$이다. 마찬가지로 x를 상수로 보고 양변을 y에 대하여 미분하면 $e^z\dfrac{\partial z}{\partial y}=xz+xy\dfrac{\partial z}{\partial x}$이므로 $\dfrac{\partial z}{\partial y}=\dfrac{xz}{e^z-xy}$이다.

(4) $\dfrac{\partial z}{\partial x}$를 구하기 위해서는 y를 상수로 보고 양변을 x에 대하여 미분한다. 즉 $y\dfrac{\partial z}{\partial x}+\ln y=2z\dfrac{\partial z}{\partial x}$이므로 $\dfrac{\partial z}{\partial x}=\dfrac{\ln y}{2z-y}$이다. 마찬가지로 x를 상수로 보고 양변을 y에 대하여 미분하면 $z+y\dfrac{\partial z}{\partial y}+\dfrac{x}{y}=2z\dfrac{\partial z}{\partial y}$이므로 $\dfrac{\partial z}{\partial y}=\dfrac{yz+x}{y(2z-y)}$이다.

04 (1) $f_x=3x^2y^5+8x^3y$, $f_y=5x^3y^4+2x^4$이고, $f_{xx}=6xy^5+24x^2y$, $f_{xy}=15x^2y^4+8x^3$,

$f_{yx}=15x^2y^4+8x^3$, $f_{yy}=20x^3y^3$

(2) $f_x=2m\sin(mx+ny)\cos(mx+ny)=m\sin2(mx+ny)$,

$f_y=2n\sin(mx+ny)\cos(mx+ny)=n\sin2(mx+ny)$이므로

$f_{xx}=2m^2\cos2(mx+ny)$, $f_{xy}=2mn\cos2(mx+ny)$, $f_{yx}=2mn\cos2(mx+ny)$,

$f_{yy}=2n^2\cos2(mx+ny)$이다.

(3) $\frac{\partial w}{\partial u}=\frac{u}{\sqrt{u^2+v^2}}$, $\frac{\partial w}{\partial v}=\frac{v}{\sqrt{u^2+v^2}}$이고 $\frac{\partial^2 w}{\partial u^2}=\frac{v^2}{\sqrt{(u^2+v^2)^3}}$, $\frac{\partial^2 w}{\partial v\partial u}=\frac{-uv}{\sqrt{(u^2+v^2)^3}}$,

$\frac{\partial^2 w}{\partial u\partial v}=\frac{-uv}{\sqrt{(u^2+v^2)^3}}$, $\frac{\partial^2 w}{\partial v^2}=\frac{u^2}{\sqrt{(u^2+v^2)^3}}$이다.

(4) $\frac{\partial v}{\partial x}=\frac{-y^2}{(x-y)^2}$, $\frac{\partial v}{\partial y}=\frac{x^2}{(x-y)^2}$이고 $\frac{\partial^2 v}{\partial x^2}=\frac{2y^2}{(x-y)^3}$, $\frac{\partial^2 v}{\partial y\partial x}=\frac{-2xy}{(x-y)^3}$, $\frac{\partial^2 v}{\partial x\partial y}=\frac{-2xy}{(x-y)^3}$,

$\frac{\partial^2 v}{\partial x^2}=\frac{2x^2}{(x-y)^3}$이다.

05 (1) $f_x=3y^4+3x^2y^2$, $f_{xx}=6xy^2$, $f_{xxy}=12xy$이고 $f_y=12xy^3+2x^3y$, $f_{yy}=36xy^2+2x^3$, $f_{yyy}=72xy$

(2) $f_x=4x^3y^2-3x^2y$, $f_{xx}=12x^2y^2-6xy$, $f_{xxx}=24xy^2-6y$이고 $f_{xy}=8x^3y-3x^2$, $f_{xyx}=24x^2y-6x$

(3) $f_x=-4\sin(4x+3y+2z)$, $f_{xy}=-12\cos(4x+3y+2z)$, $f_{xyz}=24\sin(4x+3y+2z)$이고

$f_y=-3\sin(4x+3y+2z)$, $f_{yz}=-6\cos(4x+3y+2z)$, $f_{yzz}=12\sin(4x+3y+2z)$

(4) $f_y=5\cos(2x+5y)$, $f_{yx}=-10\sin(2x+5y)$, $f_{yxy}=-50\cos(2x+5y)$

(5) $\frac{\partial u}{\partial\theta}=e^{r\theta}(r\sin\theta+\cos\theta)$, $\frac{\partial^2 u}{\partial r\partial\theta}=e^{r\theta}(r\theta\sin\theta+\theta\cos\theta+\sin\theta)$, $\frac{\partial^3 u}{\partial r^2\partial\theta}=e^{r\theta}(r\theta^2\sin\theta+\theta^2\cos\theta+2\theta\sin\theta)$

(6) $g_r=e^r\sin(st)$, $g_{rs}=te^r\cos(st)$, $g_{rst}=e^r(\cos(st)-st\sin(st))$

(7) $f_x=yz^2e^{xyz^2}$, $f_{xy}=(z^2+xyz^4)e^{xyz^2}$, $f_{xyz}=(2z+6xyz^3+2x^2y^2z^5)e^{xyz^2}$

(8) $\frac{\partial w}{\partial x}=\frac{1}{y+2z}$, $\frac{\partial^2 w}{\partial y\partial x}=-\frac{1}{(y+2z)^2}$, $\frac{\partial^3 w}{\partial z\partial y\partial x}=\frac{4}{(y+2z)^3}$이고 $\frac{\partial w}{\partial y}=-\frac{x}{(y+2z)^2}$,

$\frac{\partial^2 w}{\partial x\partial y}=-\frac{1}{(y+2z)^2}$, $\frac{\partial^3 w}{\partial x^2\partial y}=0$

(9) $\frac{\partial z}{\partial w}=-\frac{1}{2}\frac{u}{\sqrt{v-w}}$, $\frac{\partial^2 z}{\partial v\partial w}=\frac{1}{4}\frac{u}{\sqrt{(v-w)^3}}$, $\frac{\partial^3 z}{\partial u\partial v\partial w}=\frac{1}{4}\frac{1}{\sqrt{(v-w)^3}}$

(10) $f(x,y,z)=\sin(3x+yz)$, $f_{xx}=-9\sin(3x+yz)$; f_{xxyz}

$f_x=3\cos(3x+yz)$, $f_{xxy}=-9z\cos(3x+yz)$, $f_{xxyz}=-9\cos(3x+yz)+9yz\sin(3x+yz)$

06 (1) $\frac{dx}{dt}=4t^3$, $\frac{dy}{dt}=-3t^2$이고 $\frac{\partial z}{\partial x}=2xy+y^2$, $\frac{\partial w}{\partial y}=x^2+2xy$이므로

$\frac{dw}{dt}=\frac{\partial f}{\partial x}\frac{dx}{dt}+\frac{\partial f}{\partial y}\frac{dy}{dt}=(2xy+y^2)4t^3-3(x^2+2xy)t^2$이다.

(2) $\frac{dx}{dt}=\cos t$, $\frac{dy}{dt}=e^t$, $\frac{dz}{dx}=2xy+3y^4$, $\frac{dz}{dy}=x^2+12xy^3$이므로

$\frac{dz}{dt}=\frac{\partial f}{\partial x}\frac{dx}{dt}+\frac{\partial f}{\partial y}\frac{dy}{dt}=(2\sin t+3e^{3t})e^t\cos t+(\sin^2t+12\sin te^{3t})e^t$이다.

(3) $\frac{\partial z}{\partial s}=\frac{\partial z}{\partial x}\frac{\partial x}{\partial s}+\frac{\partial z}{\partial y}\frac{\partial y}{\partial s}=t^2e^{st^2}\sin(s^2t)+2ste^{st^2}\cos(s^2t)$

$$\frac{\partial z}{\partial t}=\frac{\partial z}{\partial x}\frac{\partial x}{\partial t}+\frac{\partial z}{\partial y}\frac{\partial y}{\partial t}=2ste^{st^2}\sin(s^2t)+s^2e^{st^2}\cos(s^2t)$$

(4) $\frac{\partial f}{\partial x}=2xy^3$, $\frac{\partial f}{\partial y}=3x^2y^2$ 이고, $\frac{\partial x}{\partial u}=\cos v$, $\frac{\partial y}{\partial u}=\sin v$이므로

$\frac{\partial f}{\partial u}=\frac{\partial f}{\partial x}\frac{\partial x}{\partial u}+\frac{\partial f}{\partial y}\frac{\partial y}{\partial u}=2xy^3\cos v+3x^2y^2\sin v$이다. 또한 $\frac{\partial x}{\partial v}=-u\sin v$, $\frac{\partial y}{\partial v}=u\cos v$이므로

$\frac{\partial f}{\partial v}=\frac{\partial f}{\partial x}\frac{\partial x}{\partial v}+\frac{\partial f}{\partial y}\frac{\partial y}{\partial v}=2xy^3\cdot(-u\sin v)+3x^2y^2(u\cos v)$이다.

(5) $\frac{\partial w}{\partial x}=e^{y/z}$, $\frac{\partial w}{\partial y}=\frac{x}{z}e^{y/z}$, $\frac{\partial w}{\partial z}=-\frac{xy}{z^2}e^{y/z}$이고, $\frac{dx}{dt}=2t$, $\frac{dy}{dt}=-1$, $\frac{dz}{dt}=2$이므로

$\frac{dw}{dt}=\frac{\partial f}{\partial x}\frac{dx}{dt}+\frac{\partial f}{\partial y}\frac{dy}{dt}+\frac{\partial f}{\partial z}\frac{dz}{dt}=e^{y/z}2t-\frac{x}{z}e^{y/z}+\frac{-2xy}{z^2}e^{y/z}$이다.

07 (1) $f_x=2x+y=0$와 $f_y=x+2y+1=0$을 연립하여 풀면 $x=\frac{1}{3}$, $y=-\frac{2}{3}$이다. 또한, $f_{xx}(\frac{1}{3},-\frac{2}{3})=2$, $f_{yx}(\frac{1}{3},-\frac{2}{3})=1$, $f_{yy}(\frac{1}{3},-\frac{2}{3})=2$이므로 $D=2\cdot2-1^2=3>0$이고, $f_{xx}(\frac{1}{3},-\frac{2}{3})=2>0$이므로 $(\frac{1}{3},-\frac{2}{3})$에서 극소이고, 극솟값은 $f(\frac{1}{3},-\frac{2}{3})=-\frac{1}{3}$이다.

(2) $f_x=y-2-2x=0$와 $f_y=x-2-2y=0$을 연립하여 풀면 $x=-2$, $y=-2$이다. 또한, $f_{xx}(-2,-2)=-2$, $f_{yx}(-2,-2)=1$, $f_{yy}(-2,-2)=-2$이므로 $D=(-2)\cdot(-2)-1^2=3>0$이고, $f_{xx}(-2,-2)=-2<0$이므로 $(-2,-2)$에서 극대이고, 극댓값은 $f(-2,-2)=4$이다.

(3) $f_x=1-2xy+y^2=0$와 $f_y=-x^2-1+2xy=0$을 연립하여 풀면 $x=1$, $y=1$ 또는 $x=-1$, $y=-1$이다. $f_{xx}=-2y$, $f_{yx}=f_{xy}=-2x+2y$, $f_{yy}=2x$이고 $(1,1)$에서 $D=(-2)\cdot(2)-0=-4<0$이고 $(-1,-1)$에서 $D=(2)\cdot(-2)-0=-4<0$이므로 $(1,1)$과 $(-1,-1)$에서 안장점이다.

(4) $f_x=(1-4x^2)e^{-2x^2-2y^2}=0$와 $f_y=-4xye^{-2x^2-2y^2}=0$을 연립하여 풀면 $x=\frac{1}{2}$, $y=0$ 또는 $x=-\frac{1}{2}$, $y=0$이다. $f_{xx}=(16x^3-12x)e^{-2x^2-2y^2}=0$, $f_{xy}=-4y(1-4x^2)e^{-2x^2-2y^2}$, $f_{yy}=-4x(1-4y^2)e^{-2x^2-2y^2}$이고 $(\frac{1}{2},0)$에서 $D=(-4e^{-1/2})\cdot(-2e^{-1/2})-0=8e^{-1}>0$, $f_{xx}(\frac{1}{2},0)=-4e^{-1/2}<0$이고 $(-\frac{1}{2},0)$에서 $D=(4e^{-1/2})\cdot(2e^{-1/2})-0=8e^{-1}>0$, $f_{xx}(\frac{1}{2},0)=4e^{-1/2}>0$이므로 $(\frac{1}{2},0)$에서 극대를 $(-\frac{1}{2},0)$에서 극소를 갖고, 극댓값은 $\frac{1}{2}e^{-1/2}$, 극솟값은 $-\frac{1}{2}e^{-1/2}$이다.

(5) $f_x=6xy-12x=0$와 $f_y=3y^2+3x^2-12y=0$을 연립하여 풀면 $(x=0,\ y=0)$, $(x=0,\ y=4)$, $(x=2,\ y=2)$, $(x=-2,\ y=2)$이다. $f_{xx}=6y-12$, $f_{xy}=6x$, $f_{yy}=6y-12$이다. $(0,0)$에서 $D=(-12)\cdot(-12)-0=144>0$, $f_{xx}(0,0)=-12<0$이고 $(0,4)$에서 $D=(12)\cdot(12)-0=144>0$, $f_{xx}(0,4)=12>0$, $(2,2)$에서 $D=(0)\cdot(0)-12^2=-144<0$, $(-2,2)$에서 $D=(0)\cdot(0)-(-12)^2=-144<0$이므로 $(0,0)$에서 극대를 $(0,4)$에서 극소를 $(2,2)$과 $(-2,2)$에서 안장점을 갖고, 극댓값은 2, 극솟값은 −30이다.

08 (1) $f(1,3)=3$: 최대점

(2) $f(1,2)=-3$: 최소점

Chapter

06

부정적분

6.1 부정적분(Indefinite Integrals)

함수 $F(x)$의 도함수가 $f(x)$일 때, 즉 $\dfrac{dF(x)}{dx} = f(x)$, 함수 $F(x)$를 함수 $f(x)$의 역도함수(Antiderivatives)라고 한다. 그런데 상수함수의 도함수는 0이기 때문에 $f(x)$의 역도함수는 유일하지 않다. 따라서 이러한 역도함수 전체를 **부정적분**(Indefinite Integral)이라고 하고, 기호

$$\int f(x)dx = F(x) + C$$

로 나타낸다. 이때 기호 $\int$은 **적분기호**(integral sign), 함수 $f(x)$는 **피적분함수**(integrand), x를 **적분변수**(variable of integration), C는 **적분상수**(constant of integration)이라고 한다.

부정적분을 구할 때 공식을 활용하면 쉽게 구할 수 있다. 다음은 가장 기본적인 공식이다.

정리 1 적분공식 1

(1) $\int dx = \int 1dx = x + C$

(2) $\int x^n dx = \dfrac{x^{n+1}}{n+1} + C \ (n \neq -1)$

(3) $\int kf(x)dx = k\int f(x)dx \quad (k \neq 0)$

(4) $\int [f(x) \pm g(x)]dx = \int f(x)dx \pm \int g(x)dx$

예제 6.1

다음 부정적분을 구하여라.

(1) $\int x^6 dx$

(2) $\int \dfrac{1}{\sqrt{x}} dx$

(3) $\int 6x\, dx$

(4) $\int (x^2 + \sqrt[3]{x^2} - \dfrac{1}{x^2} - \dfrac{1}{3\sqrt[3]{x}})dx$

(5) $\int (3 - x + 3x^3)dx$

(6) $\int \sqrt{x}(2-x)^2 dx$

풀이 +

(1) $\int x^6 dx = \frac{1}{6+1}x^{6+1} + C = \frac{1}{7}x^7 + C$

(2) $\int \frac{1}{\sqrt{x}}dx = \int x^{-\frac{1}{2}}dx = \frac{1}{-\frac{1}{2}+1}x^{-\frac{1}{2}+1} + C = 2\sqrt{x} + C$

(3) $\int 6x\,dx = 6\int x\,dx = 6(\frac{x^2}{2}) + C = 3x^2 + C$

(4)
$$\begin{aligned}\int (x^2 + \sqrt[3]{x^2} - \frac{1}{x^2} - \frac{1}{3\sqrt[3]{x}})dx &= \int (x^2 + x^{2/3} - x^{-2} - \frac{1}{3}x^{-1/3})dx \\ &= \int x^2 dx + \int x^{2/3} dx - \int x^{-2} dx - \frac{1}{3}\int x^{-1/3}dx \\ &= \frac{x^3}{3} + \frac{3}{5}x^{5/3} - (-1)x^{-1} - \frac{1}{3}\frac{3}{2}x^{2/3} + C \\ &= \frac{x^3}{3} + \frac{3}{5}x^{5/3} + \frac{1}{x} - \frac{1}{2}x^{2/3} + C\end{aligned}$$

(5) $\int (3 - x + 3x^3)dx = \int 3\,dx - \int x\,dx + 3\int x^3\,dx = 3x - \frac{x^2}{2} + \frac{3x^4}{4} + C$

(6)
$$\begin{aligned}\int \sqrt{x}(2-x)^2 dx &= \int x^{1/2}(x^2 - 4x + 4)\,dx \\ &= \int (x^{5/2} - 4x^{3/2} + 4x^{1/2})\,dx \\ &= \frac{2}{7} \cdot x^{7/2} - 4 \cdot \frac{2}{5} \cdot x^{5/2} + 4 \cdot \frac{2}{3}x^{3/2} + C \\ &= \frac{2}{7}x^{7/2} - \frac{8}{5}x^{5/2} + \frac{8}{3}x^{3/2} + C\end{aligned}$$
■

부정적분을 찾는 것은 때때로 어려울 수 있으나, 그것이 맞는지를 확인하는 것은 매우 쉽다. 부정적분을 미분한 것이 피적분함수가 되면 부정적분을 맞게 구한 것이다.

예제 6.2

다음 부정적분이 맞는지를 확인하여라.

$$\int x\cos x\,dx = x\sin x + \cos x + C$$

풀이 +

우변 $x\sin x + \cos x + C$를 미분하면 $\frac{d}{dx}(x\sin x + \cos x + C) = x\cos x + \sin x - \sin x = x\cos x$이므로, 즉 피적분함수가 나오므로 부정적분이 맞다. ■

다음은 삼각함수의 적분법이다. 이는 우리가 암기하고 있는 6가지 삼각함수의 미분법으로부터 직접 얻을 수 있다.

정리 2 삼각함수의 적분법

(1) $\int \cos x\, dx = \sin x + C$

(2) $\int \sin x\, dx = -\cos x + C$

(3) $\int \sec^2 x\, dx = \tan x + C$

(4) $\int \csc^2 x\, dx = -\cot x + C$

(5) $\int \sec x \tan x\, dx = \sec x + C$

(6) $\int \csc x \cot x\, dx = -\csc x + C$

다음은 지수함수와 로그함수에 대한 부정적분을 구하는 방법이다.

정리 3 지수와 로그함수의 적분법

(1) $\int e^x\, dx = e^x + C$

(2) $\int a^x\, dx = \dfrac{a^x}{\ln a} + C \ (a > 0, a \neq 1)$

(3) $\int \dfrac{dx}{x} = \ln|x| + C$

이제부터 다양한 부정적분을 구하는 방법을 배워 보도록 하자. 먼저 함수 $f(ax+b)$ 형태의 부정적분을 구하는 방법은 공식처럼 활용하여도 되고 뒤에 배우는 치환적분 방법을 이용하여도 된다.

함수 $f(x)$의 부정적분을 $F(x)$라고 하면 $f(ax+b)$의 부정적분은 다음과 같다.

$$\int f(ax+b)\, dx = \frac{1}{a}F(ax+b) + C$$

예제 6.3

다음 부정적분을 구하여라.

(1) $\int (1+3x)^4 dx$　　(2) $\int \sqrt[5]{1-x}\, dx$

(3) $\int \sin(1+2x) dx$　　(4) $\int e^{3x+1} dx$

풀이 +

(1) $\int (1+3x)^4 dx = \frac{1}{3}\frac{1}{5}(1-3x)^5 = \frac{1}{15}(1+3x)^5 + C$

(2) $\int \sqrt[5]{1-x}\, dx = \int (1-x)^{\frac{1}{5}} dx = -\frac{5}{6}(1-x)^{\frac{6}{5}} + C$

(3) $\int \sin(1+2x)\, dx = \frac{1}{2}[-\cos(1+2x)] + C = -\frac{1}{2} cos(1+2x) + C$

(4) $\int e^{3x+1} dx = \frac{1}{3} e^{3x+1} + C$ ■

6.2 치환 적분법(Substitution Method)

F를 f의 부정적분이라고 하자. 연쇄법칙에 의하면, $F(g(x))$의 도함수는 $f(g(x)) \cdot g'(x)$이다. 따라서, $f(g(x)) \cdot g'(x)$의 부정적분 중의 하나가 $F(g(x))$이다. 다음은 치환 적분법을 설명한다.

f와 g'가 연속함수일 때, 다음 적분을 구해 보자

$$\int f(g(x))g'(x)dx$$

1. $t=g(x)$로 치환하면, $dt=(dt/dx)dx=g'(x)dx$이므로, 다음 식이 성립한다.

$$\int f(g(x))g'(x)dx = \int f(t)dt$$

2. t에 대하여 적분하면,

$$\int f(t)dt = F(t) + C$$

3. t를 $g(x)$로 대입하면,

$$F(t) + C = F(g(x)) + C$$

예제 6.4

다음 부정적분을 구하여라.

(1) $\int \frac{x}{\sqrt{3-4x^2}}dx$

(2) $\int \frac{3x-1}{\sqrt[3]{3x^2-2x+1}}dx$

(3) $\int \frac{4x^2}{(x^3-1)^3}dx$

(4) $\int \sin^2\frac{x}{2}\cos\frac{x}{2}\,dx$

(5) $\int e^{\tan y}\sec^2 y\,dy$

(6) $\int \frac{\cos z}{\sin^2 z}dz$

(7) $\int \tan t\sec^2 t dt$

풀이 +

(1) $t=3-4x^2$를 치환하면 $-\frac{1}{8}dt=xdx$이다. 따라서,

$$\int \frac{x}{\sqrt{3-4x^2}}dx=\int \frac{1}{\sqrt{t}}(\frac{-1}{8})dt=-\frac{1}{8}\int \frac{1}{\sqrt{t}}dt=-\frac{1}{8}2\sqrt{t}+C=-\frac{1}{4}\sqrt{3-4x^2}+C.$$

(2) $t=3x^2-2x+1$를 치환하면 $\frac{1}{2}dt=(3x-1)dx$이다. 따라서,

$$\int \frac{3x-1}{\sqrt[3]{3x^2-2x+1}}dx=\int \frac{1}{\sqrt[3]{t}}(\frac{1}{2})dt=\frac{1}{2}\int t^{-1/3}dt=\frac{1}{2}\frac{3}{2}t^{2/3}+C=\frac{3}{4}(1-2x+3x^2)^{2/3}+C.$$

(3) $t=x^3-1$를 치환하면 $\frac{1}{3}dt=x^2dx$이다. 따라서,

$$\int \frac{4x^2}{(x^3-1)^3}dx=4\int \frac{1}{t^3}(\frac{1}{3})dt=\frac{4}{3}\int t^{-3}dt=\frac{4}{3}(-\frac{1}{2})t^{-2}+C=-\frac{2}{3}\frac{1}{(x^3-1)^2}+C.$$

(4) $t=\sin\frac{x}{2}$를 치환하면 $2dt=\cos\frac{x}{2}dx$이다. 따라서,

$$\int \sin^2\frac{x}{2}\cos\frac{x}{2}dx=2\int t^2dt=\frac{2}{3}t^3+C=\frac{2}{3}\sin^3\frac{x}{2}+C.$$

(5) $t=\tan y$를 치환하면 $dt=\sec^2 ydy$이다. 따라서,

$$\int e^{\tan y}\sec^2 y\,dy=\int e^t dt=e^t+C=e^{\tan y}+C.$$

(6) $t=\sin z$를 치환하면 $dt=\cos zdz$이다. 따라서,

$$\int \frac{\cos z}{\sin^2 z}dz=\int \frac{1}{t^2}dt=-\frac{1}{t}+C=-\frac{1}{\sin z}+C.$$

(7) $y=\tan t$를 치환하면 $dy=\sec^2 tdt$이다. 따라서,

$$\int \tan t\sec^2 t\,dt=\int ydy=\frac{1}{2}y^2+C=\frac{\tan^2 t}{2}+C.$$

■

6.3 부분 적분법

함수의 곱의 미분 방법 $(fg)'(x) = f'(x)g(x) + f(x)g'(x)$에서 $f'(x)g(x) = (fg)'(x) - f(x)g'(x)$이므로 양변을 적분하면 부분적분공식

$$\int f'(x)g(x)dx = f(x)g(x) - \int f(x)g'(x)dx$$

를 얻는다. 부분적분법의 가장 기본적인 형태는 다음의 4가지이다.

(1) $\int xe^x dx$ (2) $\int x\cos x dx$

(3) $\int e^x \cos x dx$ (4) $\int \ln x dx$

위의 4가지 부정적분을 구해 보면서 부분 적분법을 익혀 보도록 하자. 먼저 (1)에서 $\int xe^x dx$에서 하나의 함수는 적분하기 쉬운 것을 f'으로 정하고, 다른 하나는 미분하면 간단해지는 것을 g로 잡는다. 즉, $g = x$로 잡아서 미분하면 $g' = 1$이 되므로 다음 적분 계산 시 간단해진다. 따라서, $g = x$, $f' = e^x$로 하면 $g' = 1$, $f = e^x$이 되므로 부분 적분법 공식에 의하여 다음과 같다.

$$\int xe^x dx = \int gf' dx = fg - \int fg' dx = xe^x - \int e^x dx = xe^x - e^x + C$$

(2)에서도 $\int x\cos x dx$를 적분하기 위해 $g = x$, 그리고 $f' = \cos x$로 놓는다. 그러면 $g' = 1 = dx$, $f = \sin x$이다. 따라서, $\int x\cos dx = x\sin x - \int \sin x dx = x\sin x + \cos x + C$ 이다.

(3)에서는 (1)과 (2)에서처럼 g를 미분하면 간단히 되게 하는 함수를 잡을 수 없다. 왜냐하면 지수함수나 삼각함수는 미분을 하여도 차수가 줄어드는 것이 아니라 계속 반복하여 나타나기 때문이다. 따라서, 이 경우는 부분 적분법을 두 번 반복하여야 한다. 먼저, $I = \int e^x \cos x dx$로 놓자. 그리고 $g = e^x$, $f' = \cos x$로 놓으면, $g' = e^x$, $f = \sin x$가 된다. 즉, $I = e^x \sin x - \int e^x \sin x dx$로 나타나고, 다시 뒤에 있는 $\int e^x \sin x dx$를 부분적분을 이용하여 적분하여야 한다. 그러므로 $g = e^x$, $f' = \sin x$로 놓는다. 그러면 $g' = e^x$, $f = -\cos x$이 되므로 $I = e^x \sin x - (-e^x \cos x + \int e^x \cos x dx) = e^x \sin x + e^x \cos x - I$이다. 따라서, $2I = e^x(\sin x + \cos x)$이

므로, $I= \frac{1}{2}e^x(\sin x + \cos x) + C$이다.

(4) $\int \ln x dx$를 적분하기 위해서는 부분적분을 이용하는데 $\ln x$를 미분하면 $1/x$로 간단해지므로 무조건 $g = \ln x$로 잡는다. 그리고 $f' = 1$로 놓는다. 그러면 $\int \ln x dx = \int 1 \cdot \ln x dx = \int f'g = fg - \int fg'$이므로, $\int 1 \cdot \ln x dx = x \cdot \ln x - \int x \cdot \frac{1}{x} dx = x \cdot \ln x - \int 1 dx = x\ln x - x + C$이다.

예제 6.5

다음 부정적분을 구하여라.

(1) $\int x^2 e^x dx$ (2) $\int x^4 \ln x dx$

(3) $\int x^2 \sin x dx$ (4) $\int \sin^{-1} x dx$

풀이 +

(1) $\int x^2 e^x dx$를 적분하기 위해 $u = x^2$ 그리고 $dv = e^x$로 놓는다. $du = 2xdx$이고 $v = e^x$이다.
$\int x^2 e^x dx = x^2 e^x - \int 2xe^x dx$이다. 부분 공식을 다시 한 번 사용한다. $u = x$, $dv = e^x dx$로 놓으면 $dv = dx$이고 $v = e^x$이다. 따라서, $\int x^2 e^x dx = x^2 e^x - 2(xe^x - \int e^x dx) = x^2 e^x - 2xe^x + 2e^x + C$이다.

(2) $\int x^4 \ln x dx$를 적분하기 위해 $u = \ln x$, 그리고 $dv = x^4 dx$로 놓는다. $du = \frac{1}{x} dx$이고 $v = \frac{x^5}{5}$이다.

$$\int x^4 \ln x dx = \frac{x^5}{5}\ln x - \frac{1}{5}\int x^4 dx = \frac{x^5}{5}\ln x - \frac{x^5}{25} + C$$

(3)
$$\begin{aligned}\int x^2 \sin x dx &= -x^2\cos x + \int 2x\cos x dx \\ &= -x^2\cos x + 2\left[x\sin x - \int \sin x dx\right] \\ &= -x^2\cos x + 2x\sin x + 2\cos x + C\end{aligned}$$

(4)
$$\begin{aligned}\int \sin^{-1}x dx &= x\sin^{-1}x - \int \frac{x}{\sqrt{1-x^2}}dx = x\sin^{-1}x + \frac{1}{2}\int (1-x^2)^{-\frac{1}{2}}(-2x)dx \\ &= x\sin^{-1}x + \sqrt{1-x^2} + C\end{aligned}$$

■

6.4 분수함수의 적분

분수함수는 $\frac{p(x)}{q(x)}$ 형태로 나타난 함수로서 보통 $p(x)$와 $q(x)$가 x에 관한 다항식인 경우를 말하는데 $p(x)$와 $q(x)$가 초월함수인 경우도 분수함수라고 한다. 먼저 $p(x)$와 $q(x)$가 다항식인 경우에 적분법을 배우자. $p(x)$와 $q(x)$가 다항식인 경우의 분수함수 $\frac{p(x)}{q(x)}$는 먼저 분자 $p(x)$의 차수가 분모 $q(x)$의 차수보다 작은가를 확인하여야 한다. $p(x)$의 차수가 더 큰 경우에는 다항식의 나눗셈을 통하여 분자의 차수를 분모의 차수보다 작게 하여야 한다. 예를 들면, 분수함수 $\frac{x^2}{x-1}$의 경우는

$$\frac{x^2}{x-1}=x+1+\frac{1}{x-1}$$

와 같이 나타낸다. 그 후 다음과 같이 방법들을 이용하여 적분한다.

정리 4 분수함수의 적분법

(a) 분모가 1차식인 경우
(b) 분모가 x^n인 경우
(c) 분모가 완전제곱식인 경우
(d) 분모가 1차식으로 완전히 인수분해되는 경우
(e) 분모가 1차식과 2차식의 완전제곱으로 인수분해되는 경우
(f) 분모가 1차식과 2차식으로 인수분해되는 경우

(a) 분모가 1차식인 경우는 다음과 같이 적분한다.

(1) $\int \frac{1}{x}dx = \ln|x| + C$

(2) $\int \frac{1}{2x+3}dx = \frac{1}{2}\ln|2x+3| + C$

예제 6.6

부정적분 $\int \frac{x^2}{x-1}dx$을 구하여라.

풀이 +

$$\int \frac{x^2}{x-1}dx = \int (x+1+\frac{1}{x-1})\,dx = \frac{1}{2}x^2+x+\ln|x+1|+C$$ ■

(b) 분모가 x^n인 경우 : (1) $\int \frac{1}{x^n}dx = \int x^{-n}dx = \frac{1}{-n+1}x^{-n+1}+C$(단, $n \neq 1$이다)

예제 6.7

부정적분 $\int \frac{x^3-x-4}{2x^2}dx$을 구하여라.

풀이 +

$$\int \frac{x^3-x-4}{2x^2}dx = \frac{1}{2}\int (x-\frac{1}{x}-\frac{4}{x^2})\,dx = \frac{1}{2}(\frac{x^2}{2}-\ln|x|+\frac{4}{x})+C$$ ■

(c) 분모가 완전제곱식인 경우

(1) $\int \frac{1}{(5x-1)^2}dx = \int (5x-1)^{-2}dx = -1\frac{1}{5}(5x-1)^{-1}+C = -\frac{1}{5}\frac{1}{5x-1}+C$

(2) $\int \frac{3}{(x-1)^4}dx = \int 3(x-1)^{-4}dx = 3(\frac{1}{-3})(x-1)^{-3}+C = -\frac{1}{(x-1)^3}+C$

예제 6.8

부정적분 $\int \frac{2x^2-4x+3}{(x-1)^2}dx$을 구하여라.

풀이 +

$$\int \frac{2x^2-4x+3}{(x-1)^2}dx = \int \frac{2(x^2-2x+1)+1}{(x-1)^2}dx$$

$$= \int 2+\frac{1}{(x-1)^2}dx = \int 2dx+\frac{dx}{(x-1)^2} = 2x-\frac{1}{x-1}+C$$ ■

아래 세 가지 경우는 부분분수를 이용하여 적분한다.

(d) 분모가 1차식으로 완전히 인수분해되는 경우
(e) 분모가 1차식과 2차식의 완전제곱으로 인수분해되는 경우
(f) 분모가 1차식과 2차식으로 인수분해되는 경우

6.4.1 부분분수

부분분수(partial fractions)는 $p(x)$의 차수가 분모 $q(x)$의 차수보다 작은 경우 분수식 $\frac{p(x)}{q(x)}$에서 $q(x)$를 인수분해하여(이때 모든 다항식으로 여러 개의 1차식과 2차식의 곱으로 표현 가능하다) 분모가 1차식 또는 2차식인 여러 개의 분수식으로 나뉘는 것을 말한다.

분수식을 부분분수로 나타내는 방법은 다음과 같다.

정리 5 부분분수로 분해하는 방법

(d) 분모가 1차식으로 완전히 인수분해되는 경우

$$\frac{x^2-x+4}{x(x-1)(x-2)}=\frac{a}{x}+\frac{b}{x-1}+\frac{c}{x-2}$$

(e) 분모가 1차식과 2차식의 완전제곱으로 인수분해되는 경우

$$\frac{5x^2+20x+6}{x(x^2+2x+1)}=\frac{a}{x}+\frac{b}{x+1}+\frac{c}{(x+1)^2}$$

(f) 분모가 1차식과 2차식으로 인수분해되는 경우

$$\frac{2x^3-4x-8}{x(x-1)(x^2+4)}=\frac{a}{x}+\frac{b}{x-1}+\frac{cx+d}{x^2+4}$$

위와 같이 나타낸 후, 항등식의 성질을 이용하여 계수 a,b,c를 구한다.

예제 6.9

다음 부분분수에서 미정계수 a, b, c를 구하여라.

(1) $$\frac{x^2-x+4}{x(x-1)(x-2)}=\frac{a}{x}+\frac{b}{x-1}+\frac{c}{x-2}$$

(2) $$\frac{5x^2+20x+6}{x(x+1)^2}=\frac{a}{x}+\frac{b}{x+1}+\frac{c}{(x+1)^2}$$

(3) $$\frac{2x^3-4x-8}{x(x-1)(x^2+4)}=\frac{a}{x}+\frac{b}{x-1}+\frac{cx+d}{x^2+4}$$

풀이 +

(1) 오른쪽 식을 통분하면 분자가 다음과 같이 나타난다.

$$a(x-1)(x-2)+bx(x-2)+cx(x-1)=(a+b+c)x^2-(3a+2b+c)x+2a$$

따라서, 양변의 분자를 비교하면, 다음과 같다.

$$x^2-x+4=(a+b+c)x^2-(3a+2b+c)x+2a$$

항등식의 성질에 의하여,

x^2의 계수: $1=a+b+c$, x의 계수: $1=3a+2b+c$, 상수항: $4=2a$

세 식을 연립하여 풀면 $a=2$, $b=-4$, $c=3$이다. 따라서, 다음과 같다.

$$\frac{x^2-x+4}{x(x-1)(x-2)}=\frac{2}{x}+\frac{-4}{x-1}+\frac{3}{x-2}$$

(2) 오른쪽 식을 통분하고 분자를 정리하면

$$a(x+1)^2+bx(x+1)+cx=(a+b)x^2+(2a+b+c)x+a$$

이다. 따라서, 양변의 분자를 비교하면

$$5x^2+20x+6=(a+b)x^2+(2a+b+c)x+a$$

이다. 항등식의 성질에 의하여,

x^2의 계수: $5=a+b$, x의 계수: $20=2a+b+c$, 상수항: $6=a$

세 식을 연립하여 풀면 $a=6$, $b=-1$, $c=9$이다. 따라서,

$$\frac{5x^2+20x+6}{x(x+1)^2}=\frac{6}{x}-\frac{1}{x+1}+\frac{9}{(x+1)^2}$$

(3) 오른쪽 식을 통분하고 분자를 정리하면,

$$a(x-1)(x^2+4)+bx(x^2+4)+(cx+d)x(x-1)$$

$$=(a+b+c)x^3+(d-a-b)x^2+(4a+4b-d)x-4a$$

따라서, 양변의 분자를 비교하면,

$$2x^3-4x-8=(a+b+c)x^3+(d-a-b)x^2+(4a+4b-d)x-4a$$

이다. 항등식의 성질에 의하여,

x^3의 계수: $2=a+b+c$, x^2의 계수: $0=d-a-b$, x의 계수: $-4=4a+4b-d$, 상수항: $-8=-4a$
세 식을 연립하여 풀면 $a=2,\ b=-2,\ c=2,\ d=4$이다. 따라서, 다음과 같다.

$$\frac{2x^3-4x-8}{x(x-1)(x^2+4)}=\frac{2}{x}-\frac{2}{x-1}+\frac{2x+4}{x^2+4}$$ ■

이제 부분분수를 이용한 적분법에서 (d)와 (e)의 부정적분을 구해 보자.

예제 6.10

다음 부정적분을 구하여라.

(1) $\displaystyle\int \frac{x^2-x+4}{x^3-3x^2+2x}dx$ (2) $\displaystyle\int \frac{5x^2+20x+6}{x^3+2x^2+x}dx$

풀이 +

(1) $\dfrac{x^2-x+4}{x^3-3x^2+2x}=\dfrac{x^2-x+4}{x(x-1)(x-2)}$이고 〈예제 6.9〉의 (1)에서

$$\frac{x^2-x+4}{x(x-1)(x-2)}=\frac{2}{x}+\frac{-4}{x-1}+\frac{3}{x-2}$$

이므로 $\displaystyle\int \frac{x^2-x+4}{x^3-3x^2+2x}dx=\int\left(\frac{2}{x}-\frac{4}{x-1}+\frac{3}{x-2}\right)dx=2\ln|x|-4\ln|x-1|+3\ln|x-2|+C$

(2) $\dfrac{5x^2+20x+6}{x^3+2x^2+x}=\dfrac{5x^2+20x+6}{x(x+1)^2}$이고 〈예제 6.9〉의 (2)에서

$$\frac{5x^2+20x+6}{x(x+1)^2}=\frac{6}{x}-\frac{1}{x-1}+\frac{9}{(x+1)^2}.$$

이므로 $\displaystyle\int \frac{5x^2+20x+6}{x^3+2x^2+x}dx=\int\left(\frac{6}{x}-\frac{1}{x-1}+\frac{9}{(x+1)^2}\right)dx=6\ln|x|-\ln|x-1|-\frac{9}{x+1}+C$ ■

마지막으로 남은 것은 분모가 2차식으로 인수분해가 된 경우이다. 분모가 2차식인 경우는 두 가지 다른 방법으로 적분을 하여야 한다. 2가지는 다음과 같다.

정리 6 분모가 2차식인 경우

(a) $\int \frac{2x-1}{x^2-x+1}dx$: $\frac{f'(x)}{f(x)}$꼴의 적분

(b) $\int \frac{1}{x^2+1}dx$: 삼각함수의 역함수의 적분

(a)의 형태는 분모를 미분한 도함수가 분자에 나타나므로 $\frac{f'(x)}{f(x)}$꼴이라고 하고, (b)는 arcsin함수와 arctan의 도함수의 형태이므로 삼각함수의 역함수의 적분이라고 한다. 삼각함수의 역함수을 이용한 적분은 삼각치환으로 구한다. 이 두 가지는 각각 6.4.2항과 6.4.3항에서 학습한다.

6.4.2 $\frac{f'(x)}{f(x)}$꼴의 적분

$f(x)>0$이라는 가정 하에 $\frac{f'(x)}{f(x)}$는 잘 알다시피 $\ln f(x)$의 도함수이다. 따라서, $\frac{f'(x)}{f(x)}$의 부정적분은 $\ln f(x)+C$이다. 즉, 다음과 같다.

$$\int \frac{f'(x)}{f(x)}dx = \ln f(x) + C$$

이것을 보일 때는 치환적분법을 사용하기도 한다. $t=f(x)$로 치환하면 $dt=f'(x)dx$이므로

$$\int \frac{f'(x)}{f(x)}dx = \int \frac{1}{t}dt = \ln t + C$$

이고, 다시 $t=f(x)$를 대입하면, $\int \frac{f'(x)}{f(x)}dx = \ln f(x)+C$를 얻을 수 있다. 그러나 굳이 치환적분을 하지 말고 가능하면 직접 "$\frac{f'(x)}{f(x)}$의 부정적분은 $\ln f(x)+C$이다"라고 기억하는 것이 좋다. 그러나 처음 배우는 사람을 위하여 치환적분법을 사용하여 계산을 할 것이다.

예제 6.11

다음 부정적분을 구하여라.

(1) $\displaystyle\int \frac{2x-1}{x^2-x+1}dx$　　　(2) $\displaystyle\int \frac{2x}{x^2+1}dx$

(3) $\displaystyle\int \frac{x+1}{x^2+2x+4}dx$

풀이 +

(1) x^2-x+1를 미분하면 $2x-1$이므로 $\dfrac{f'(x)}{f(x)}$ 꼴이므로 $\displaystyle\int \frac{2x-1}{x^2-x+1}dx=\ln(x^2-x+1)+C$이다.

(2) $\displaystyle\int \frac{2x}{x^2+1}dx=\ln(x^2+1)+C$

(3) $\displaystyle\int \frac{x+1}{x^2+2x+4}dx=\frac{1}{2}\ln(x^2+2x+4)+C$ ■

$\dfrac{f'(x)}{f(x)}$꼴은 다항식의 분수형태에서만 사용하는 것이 아니라 지수함수 삼각함수에서도 나타난다. 적분방법은 같다.

예제 6.12

다음 부정적분을 구하여라.

(1) $\displaystyle\int \frac{e^x}{e^x-1}dx$　　　(2) $\displaystyle\int \frac{e^x}{1-2e^x}dx$　　　(3) $\displaystyle\int \frac{3^x\ln 3}{3^x-3}dx$

(4) $\displaystyle\int \tan x\,dx$　　　(5) $\displaystyle\int \cot x\,dx$　　　(6) $\displaystyle\int \frac{2\cos x}{5+2\sin x}dx$

풀이 +

(1) $\displaystyle\int \frac{e^x}{e^x-1}dx=\ln|e^x-1|+C$

(2) $\displaystyle\int \frac{e^x}{1-2e^x}dx=-\frac{1}{2}\int \frac{-2e^x}{1-2e^x}dx=-\frac{1}{2}\ln|1-2e^x|+C$

(3) $\displaystyle\int \frac{3^x\ln 3}{3^x-3}dx=\ln|3^x-3|+C$

(4) $\displaystyle\int \tan x\,dx=\int \frac{\sin x}{\cos x}dx=-\int \frac{-\sin x}{\cos x}dx=-\ln|\cos x|+C$

(5) $\int \cot x\,dx = \int \frac{\cos x}{\sin x}dx = \ln|\sin x| + C$

(6) $\int \frac{2\cos x}{5+2\sin x}dx = \frac{1}{2}ln(5+2\sin x)+C$ ■

6.4.3 삼각치환

우리는 앞 장에서 삼감함수의 역함수의 도함수를 구하는 6개의 방법에 대하여 배웠다. 그중 가장 적분에 많이 이용되는 것이 $y = \arcsin x$, $y = \arctan x$와 $y = \mathrm{arcsec}\, x$이다. 이를 다시 복습하여 보면

$$y = \arcsin x \text{의 도함수는 } y' = \frac{1}{\sqrt{x^2-1}}$$

$$y = \arctan x \text{의 도함수는 } y' = \frac{1}{x^2+1}$$

$$y = \mathrm{arcsec}\, x \text{의 도함수는 } y' = \frac{1}{x\sqrt{x^2-1}}$$

이다. 따라서 다음과 같이 부정적분이 성립함을 알 수 있다.

$$\int \frac{dx}{\sqrt{1-x^2}} = \sin^{-1}x + C = \arcsin x + C$$

$$\int \frac{dx}{1+x^2} = \tan^{-1}x + C = \arctan x + C$$

$$\int \frac{dx}{x\sqrt{x^2-1}} = \sec^{-1}x + C = \mathrm{arcsec}|x| + C$$

위의 적분의 증명은 다음에서 배우는 삼각치환법에 의하여 보일 수 있다. 그러나 가능하면 직접 기억을 해 두는 것이 좋다.

삼각치환은 2차식이 다음과 같이 a^2-x^2, a^2+x^2과 x^2-a^2로 주어졌을 때 사용한다. 이때 치환하는 것은 다음과 같다.

정리 7 삼각치환

(1) $a^2 - x^2$꼴에서는 $x = a\sin\theta$

(2) $a^2 + x^2$꼴에서는 $x = a\tan\theta$

(3) $x^2 - a^2$꼴에서는 $x = a\sec\theta$

로 각각 치환한다.

예제 6.13

삼각치환을 이용하여 다음 부정적분을 구하여라.

(1) $\int \frac{1}{\sqrt{a^2 - x^2}} dx$　　(2) $\int \frac{1}{a^2 + x^2} dx$

(3) $\int \frac{1}{x\sqrt{x^2 - a^2}} dx$

풀이 +

(1) $x = a\sin\theta$로 치환하면 $a^2 - x^2 = a^2 - a^2\sin^2\theta = a^2(1-\sin^2\theta) = a^2\cos^2\theta$이고 $dx = a\cos\theta d\theta$이므로

$\int \frac{1}{\sqrt{a^2-x^2}} dx = \int \frac{a\cos\theta}{\sqrt{a^2\cos^2\theta}} d\theta = \int d\theta = \theta + C$이고 $x = a\sin\theta$에서 $\theta = \arcsin(\frac{x}{a})$이므로

$\int \frac{1}{\sqrt{a^2-x^2}} dx = \theta + C = \arcsin(\frac{x}{a}) + C$이다.

(2) $x = a\tan\theta$로 치환하면 $a^2 + x^2 = a^2 + a^2\tan^2\theta = a^2(1+\tan^2\theta) = a^2\sec^2\theta$이고, $dx = a\sec^2\theta d\theta$이므로

$\int \frac{1}{a^2+x^2} dx = \int \frac{a\sec^2\theta}{a^2\sec^2\theta} d\theta = \int \frac{1}{a} d\theta = \frac{1}{a}\theta + C$이고 $x = a\tan\theta$에서 $\theta = \arctan(\frac{x}{a})$이므로

$\int \frac{1}{a^2+x^2} dx = \frac{1}{a}\theta + C = \frac{1}{a}\arctan(\frac{x}{a}) + C$이다.

(3) $x = a\sec\theta$로 치환하면 $x^2 - a^2 = a^2\sec^2\theta - a^2 = a^2(\sec^2\theta - 1) = a^2\tan^2\theta$이고, $dx = a\sec\theta\tan\theta d\theta$이므로

$\int \frac{1}{x\sqrt{x^2-a^2}} dx = \int \frac{a\sec\theta\tan\theta}{a\sec\theta\sqrt{a^2\tan^2\theta}} d\theta = \int \frac{1}{a} d\theta = \frac{1}{a}\theta + C$이고 $x = a\sec\theta$에서

$\theta = \mathrm{arcsec}(\frac{x}{a})$이므로 $\int \frac{1}{x\sqrt{x^2-a^2}} dx = \frac{1}{a}\mathrm{arcsec}(\frac{x}{a}) + C$이다. ■

예제 6.14

부정적분 $\int \frac{1}{\sqrt{4-25x^2}}dx$을 구하시오.

풀이 +

$\int \frac{1}{\sqrt{4-25x^2}}dx = \int \frac{1}{5\sqrt{\frac{4}{25}-x^2}}dx$이므로 〈예제 6.11〉의 (1)에서

$\int \frac{1}{\sqrt{4-25x^2}}dx = \int \frac{1}{5\sqrt{\frac{4}{25}-x^2}}dx = \frac{1}{5}\arcsin\sin\frac{5x}{2} + C.$ ■

이제 앞의 6.4.1에서 이야기한 부분분수에서 분자가 2차식으로 인수분해되는 경우의 마지막 형태 (f)의 부정적분을 구해 보자.

〈예제 6.9〉의 (3)에서 $\frac{2x^3-4x-8}{x(x-1)(x^2+4)} = \frac{2}{x} - \frac{2}{x-1} + \frac{2x+4}{x^2+4}$임을 보였다. 분수식 $\frac{2x+4}{x^2+4}$은 $\frac{f'(x)}{f(x)}$의 형태가 되지 않으므로 조금 변형하면 $\frac{2x+4}{x^2+4} = \frac{2x}{x^2+4} + \frac{4}{x^2+4}$가 되며 $\frac{2x}{x^2+4}$는 $\frac{f'(x)}{f(x)}$꼴이 되며, $\frac{4}{x^2+4}$는 삼각치환으로 얻을 수 있는 〈예제 6.11〉의 (2)형태이다. 따라서, 다음과 같다.

$$\int \frac{2x^3-4x-8}{(x^2-x)(x^2+4)}dx = \int \frac{2}{x} - \frac{2}{x-1} + \frac{2x+4}{x^2+4}dx$$

$$= 2\ln|x| - 2\ln|x-1| + \ln|x^2+4| + 2\tan^{-1}\frac{x}{2} + C$$

예제 6.15

부정적분 $\int \frac{x^3}{\sqrt{9-x^2}}dx$을 구하시오.

풀이 +

$x = 3\sin\theta$로 치환하면, $dx = 3\cos\theta d\theta$, $9-x^2 = 9\cos^2\theta$이므로,

$\int \frac{x^3}{\sqrt{9-x^2}}dx = \int \frac{27\sin^3\theta \cdot 3\cos\theta}{3\cos\theta}d\theta = 27\int \sin^3\theta d\theta = 27\int (1-\cos^2\theta)\sin\theta d\theta =$

$$-27\cos\theta+9\cos^3\theta+C=-27\frac{\sqrt{9-x^2}}{3}+9\left(\frac{\sqrt{9-x^2}}{3}\right)^3+C=-9\sqrt{9-x^2}+\frac{\sqrt{(9-x^2)^3}}{3}+C$$ ■

다음 예제는 비슷한 모양으로 이루어진 부정적분이지만 구하는 방법이 다 다르므로 어떤 적분법을 사용할 것인지를 먼저 생각해 보고 부정적분을 구해 보자.

예제 6.16

다음 부정적분을 구하시오.

(1) $\int \frac{1}{9-x^2}dx$ (2) $\int \frac{x}{9-x^2}dx$

(3) $\int \frac{1}{\sqrt{9-x^2}}dx$ (4) $\int \frac{x}{\sqrt{9-x^2}}dx$

풀이 +

(1) 분모가 $(3-x)(3+x)$로 인수분해하여 부분분수를 이용한다. 즉, $\frac{1}{9-x^2}=\frac{1}{6}\left(\frac{1}{3-x}+\frac{1}{3+x}\right)$이므로,

$$\int \frac{1}{9-x^2}dx=\frac{1}{6}\left(\frac{1}{3-x}+\frac{1}{3+x}\right)=\frac{1}{6}(-\ln|3-x|+\ln|3+x|)+C$$

(2) $\frac{f'(x)}{f(x)}$ 꼴이므로, $\int \frac{x}{9-x^2}dx=-\frac{1}{2}\int \frac{(-2x)}{9-x^2}dx=-\frac{1}{2}\ln|9-x^2|+C$

(3) $\int \frac{1}{\sqrt{9-x^2}}dx$는 삼각치환을 이용하면 앞의 〈예제 6.11〉의 (1)에서 $\int \frac{1}{\sqrt{9-x^2}}dx=\sin^{-1}\frac{x}{3}+C$

(4) $t=9-x^2$으로 치환하면, $dt=-2x\,dx$이므로,

$$\int \frac{x}{\sqrt{9-x^2}}dx=-\frac{1}{2}\int \frac{1}{\sqrt{t}}=-\frac{1}{2}\cdot 2\sqrt{t}+C=-\sqrt{9-x^2}+C$$ ■

지금까지 부정적분의 모든 방법을 배웠다. 위의 규칙적인 방법 외에 적분 방법은 전부 치환적분을 이용하면 지금까지 앞에서 배웠던 모형으로 변형이 가능하다.

예제 6.17

부정적분 $\int \frac{e^x - 1}{e^x + 1} dx$을 구하시오.

풀이 +

$t = e^x + 1$로 치환하면 ($t = e^x$로도 치환이 가능함), $e^x = t - 1$로, 또 $dt = e^x dx = (t-1)\,dx$에서

$\frac{1}{t-1}dt = dx$로 바꾸면, $\int \frac{e^x - 1}{e^x + 1}dx = \int \frac{t-2}{t} \cdot \frac{1}{t-1}dt = \int \frac{t-2}{t(t-1)}dt$가 되고,

$\frac{a}{t} + \frac{b}{t-1} = \frac{t-2}{t(t-1)} \quad a = 2, b = -1$ 즉,

$$\begin{aligned}\int \frac{t-2}{t(t-1)}dt &= \int \frac{2}{t} - \frac{1}{t-1}dt \text{로 변형할 수 있다.}\\ &= 2\ln|t| - \ln|t-1| + C\\ &= 2\ln(e^x + 1) - \ln e^x + C\\ &= 2\ln(e^x + 1) - x + C\end{aligned}$$

이다. ■

CHAPTER 06

연습문제

01 다음 부정적분을 구하여라.

(1) $\int (\frac{1}{x^2} - 3x^2 - \frac{1}{x} + 2\sqrt{x} - \frac{1}{\sqrt{x}})dx$

(2) $\int 9\sin 3\theta \, d\theta$

(3) $\int (e^{3x} + 6e^{-2x})dx$

(4) $\int (\frac{1}{x} - \frac{5}{x^2+1})dx$

(5) $\int \frac{x+1}{x^2+1}dx$

02 다음 부정적분을 구하여라.

(1) $\int \sin^2 x \, dx$ $\quad (\sin^2\theta = \frac{1-\cos 2\theta}{2})$

(2) $\int \cos^2 x \, dx$ $\quad (\cos^2\theta = \frac{1+\cos 2\theta}{2})$

(3) $\int \tan^2 x \, dx$ $\quad (1+\tan^2\theta = \sec^2\theta)$

(4) $\int \sin^2 \frac{x}{4} dx$

(5) $\int \cos^2 4z \, dz$

03 다음 부정적분을 구하여라.

(1) $\int \frac{dx}{\sqrt{x}(1+2\sqrt{x})}$

(2) $\int \frac{\cos\sqrt{x}}{\sqrt{x}}dx$

(3) $\int \frac{dx}{x^2+4x+13}$

(4) $\int \frac{dy}{\sqrt{6y-y^2}}$

(5) $\int \frac{dt}{\sqrt{1-t^2}}$

(6) $\int \frac{e^x}{9+e^{2x}}dx$

(7) $\int \frac{e^{x}-e^{-x}}{e^{x}+e^{-x}}dx$ (8) $\int x^{2}e^{-x^{3}}dx$

(9) $\int \frac{dy}{y\sqrt{1+\ln y}}$ (10) $\int \theta \sqrt[4]{1-\theta^{2}}\,d\theta$

(11) $\int \frac{1}{\sqrt{x}(1+\sqrt{x})^{2}}dx$ (12) $\int x^{1/2}\sin(x^{3/2}+1)dx$

(13) $\int \frac{\sin(2t+1)}{\cos^{2}(2t+1)}dt$ (14) $\int \frac{1}{\theta^{2}}sin\frac{1}{\theta}cos\frac{1}{\theta}d\theta$

(15) $\int (\sin 2\theta)e^{\sin^{2}\theta}d\theta$ (16) $\int \frac{1}{\sqrt{x}\,e^{-\sqrt{x}}}\sec^{2}(e^{\sqrt{x}}+1)dx$

(17) $\int \frac{1}{x^{2}}e^{1/x}\sec(1+e^{1/x})\tan(1+e^{1/x})dx$

(18) $\int \frac{dx}{x\ln x}$

(19) $\int \frac{5}{9+4r^{2}}dr$ (20) $\int \frac{e^{\sin^{-1}x}dx}{\sqrt{1-x^{2}}}$

(21) $\int \frac{(\sin^{-1}x)^{2}dx}{\sqrt{1-x^{2}}}$ (22) $\int \frac{dy}{(\tan^{-1}y)(1+y^{2})}$

(23) $\int 2(\cos x)^{-1/2}\sin x dx$ (24) $\int (2\theta+1+2\cos(2\theta+1))d\theta$

(25) $\int \sqrt{t}\,sin(2t^{3/2})dt$ (26) $\int e^{x}\sec^{2}(e^{x}-7)dx$

(27) $\int \sec^{2}(x)e^{\tan x}dx$ (28) $\int \frac{(\ln x)^{-3}}{x}dx$

(29) $\int \frac{3\,dr}{\sqrt{1-4(r-1)^{2}}}$ (30) $\int \frac{dx}{2+(x-1)^{2}}$

(31) $\int \frac{dx}{(2x-1)\sqrt{(2x-1)^{2}-4}}$ (32) $\int \frac{16x dx}{\sqrt{8x^{2}+1}}$

(33) $\int e^{\tan u}\sec^{2}u\,du$ (34) $\int \frac{2^{\sqrt{w}}dw}{2\sqrt{w}}$

(35) $\int \frac{2s\,ds}{\sqrt{1-s^{4}}}$ (36) $\int \frac{6dx}{x\sqrt{25x^{2}-1}}$

(37) $\int \frac{1}{x}\frac{1}{\ln x}dx$ (38) $\int \frac{xdx}{x^{4}+1}$

(39) $\int x^{3}(1+x^{4})^{-1/4}dx$

04 부분적분법을 이용하여 적분을 구하여라.

(1) $\int x\sin\frac{x}{2}dx$

(2) $\int x\ln x dx$

(3) $\int x^3 e^x dx$

(4) $\int \theta^2 \sin 2\theta d\theta$

(5) $\int e^{2x}\cos 3x\, dx$

05 가분수함수를 변형하여 차수를 줄이고 치환하여 적분하여라.

(1) $\int \frac{x^3 - x^2 - 2}{x(x-1)}dx$

(2) $\int \frac{x}{x+1}dx$

(3) $\int \frac{4t^3 - t^2 + 16t}{t^2+4}dt$

(4) $\int \frac{1-x}{\sqrt{1-x^2}}dx$

(5) $\int \frac{x^2+1}{x-1}dx$

(6) $\int \frac{x}{1-x}dx$

06 피적분함수를 부분분수의 합으로 나타내고 적분을 구하여라.

(1) $\int \frac{1}{1-x^2}dx$

(2) $\int \frac{1}{x^2+2x}dx$

(3) $\int \frac{x+4}{x^2+5x-6}dx$

(4) $\int \frac{1}{t^3+t^2-2t}dt$

(5) $\int \frac{3}{x^2-1}dx$

(6) $\int \frac{4}{2x^2+x-1}dx$

(7) $\int \frac{1}{x^2-5x+6}dx$

(8) $\int \frac{x+1}{(x-1)(x-2)}dx$

07 다음 부정적분을 구하여라.

(1) $\int \frac{\sin x}{1+3\cos x}dx$

(2) $\int \frac{2\cos x\, dx}{5+2\sin x}$

(3) $\int \sec x\, dx$

(4) $\int \cot x\, dx$

(5) $\int \frac{\sin 2x}{1+\sin^2 x}dx$

(6) $\int \tan x dx$

(7) $\int \frac{dt}{\sin^2 2t}$

(8) $\int \sec^2\frac{s}{10}ds$

➥ 연습문제 풀이

01 (1) $\int(\frac{1}{x^2}-3x^2-\frac{1}{x}+2\sqrt{x}-\frac{1}{\sqrt{x}})dx$

$=\int(x^{-2}-3x^2-\frac{1}{x}+2x^{\frac{1}{2}}-x^{-\frac{1}{2}})dx$

$=-x^{-1}-x^3-\ln|x|+\frac{4}{3}x^{\frac{3}{2}}-2x^{\frac{1}{2}}+C$

$=-\frac{1}{x}-x^3-\ln|x|+\frac{4}{3}x\sqrt{x}-2\sqrt{x}+C$

(2) $\int 9\sin3\theta\,d\theta$

$=9\times(-\frac{1}{3}\cos3\theta)+C$

$=-3\cos3\theta+C$

(3) $\int(e^{3x}+6e^{-2x})dx$

$=\frac{1}{3}e^{3x}+6\times(-\frac{1}{2}e^{-2x})+C$

$=\frac{1}{3}e^{3x}-3e^{-2x}+C$

(4) $\int(\frac{1}{x}-\frac{5}{x^2+1})dx$

$=\ln|x|-5\tan^{-1}x+C$

(5) $\int\frac{x+1}{x^2+1}dx=\int\frac{x}{x^2+1}dx+\int\frac{1}{x^2+1}dx$

$=\frac{1}{2}ln(x^2+1)+\tan^{-1}x+C$

02 (1) $\int\sin^2x\,dx$

$=\int\frac{1-\cos2x}{2}dx$

$=\frac{1}{2}x-\frac{1}{4}\sin2x+C$

(2) $\int\cos^2x\,dx$

$=\int\frac{1+\cos2x}{2}dx$

$=\frac{1}{2}x+\frac{1}{4}\sin2x+C$

(3) $\int\tan^2x\,dx$

$=\int(\sec^2x-1)dx$

$=\tan x-x+C$

(4) $\int\sin^2\frac{x}{4}dx$

$=\int\frac{1-\cos\frac{x}{2}}{2}dx$

$=\frac{1}{2}x-\sin\frac{x}{2}+C$

(5) $\int\cos^2 4z\,dz$

$=\int\frac{1+\cos8z}{2}dz$

$=\frac{1}{2}x+\frac{1}{16}\sin8z+C$

03 (1) $\int \frac{dx}{\sqrt{x}(1+2\sqrt{x})}$

$1+2\sqrt{x}=t \qquad \frac{1}{\sqrt{x}}dx=dt$

$\int \frac{1}{t}dt=\ln|t|+C$

$=\ln(1+2\sqrt{x})+C$

(2) $\int \frac{\cos\sqrt{x}}{\sqrt{x}}dx$

$\sqrt{x}=t \qquad \frac{1}{2\sqrt{x}}dx=dt$

$\int 2\cos t\,dt=2\sin t+C$

$=2\sin\sqrt{x}+C$

(3) $\int \frac{dx}{x^2+4x+13}$

$=\int \frac{dx}{(x+2)^2+9}=\frac{1}{9}\int \frac{dx}{(\frac{x+2}{3})^2+1}$

$\frac{x+2}{3}=t \qquad \frac{1}{3}dx=dt$

$\frac{1}{3}\int \frac{dx}{t^2+1}dt=\frac{1}{3}\tan^{-1}t+C$

$=\frac{1}{3}\tan^{-1}(\frac{x+2}{3})+C$

(4) $\int \frac{dy}{\sqrt{6y-y^2}}$

$=\int \frac{dy}{\sqrt{9-(y-3)^2}}=\frac{1}{3}\int \frac{dy}{\sqrt{1-(\frac{y-3}{3})^2}}$

$\frac{y-3}{3}=t \qquad \frac{1}{3}dy=dt$

$\int \frac{dt}{\sqrt{1-t^2}}=\sin^{-1}t+C$

$=\sin^{-1}(\frac{y-3}{3})+C$

(5) $\int \frac{dt}{\sqrt{1-t^2}}=\sin^{-1}t+C$

(6) $\int \frac{e^x}{9+e^{2x}}dx=\frac{1}{9}\int \frac{e^x}{1+(\frac{e^x}{3})^2}dx$

$\frac{e^x}{3}=t \qquad \frac{e^x}{3}dx=dt$

$\frac{1}{3}\int \frac{1}{1+t^2}dt=\frac{1}{3}\tan^{-1}t+C$

$=\frac{1}{3}\tan^{-1}\frac{e^x}{3}+C$

(7) $\int \frac{e^x-e^{-x}}{e^x+e^{-x}}dx$

$e^x+e^{-x}=t \qquad (e^x-e^{-x})dx=dt$

$\int \frac{1}{t}dt=\ln|t|+C$

$=\ln(e^x+e^{-x})+C$

(8) $\int x^2e^{-x^3}dx$

$x^3=t \qquad 3x^2dx=dt$

$\int \frac{1}{3}e^{-t}dt=-\frac{1}{3}e^{-t}+C$

$=-\frac{1}{3}e^{-x^3}+C$

(9) $\int \frac{dy}{y\sqrt{1+\ln y}}$

$\sqrt{1+\ln y}=t \qquad \frac{1}{2y\sqrt{1+\ln y}}dy=dt$

$\int 2dt=2t+C$

$=2\sqrt{1+\ln y}+C$

(10) $\int \theta\sqrt[4]{1-\theta^2}\,d\theta$

$1-\theta^2=t \qquad -2\theta\,d\theta=dt$

$\int -\frac{1}{2}t^{1/4}dt=-\frac{1}{2}\times\frac{4}{5}t^{5/4}+C$

$=-\frac{2}{5}t^{5/4}+C=-\frac{2}{5}(1-\theta^2)^{\frac{5}{4}}+C$

(11) $\int \frac{1}{\sqrt{x}(1+\sqrt{x})^2}dx$

$1+\sqrt{x}=t \qquad \frac{1}{2\sqrt{x}}dx=dt$

$\int \frac{2}{t^2}dt=-\frac{2}{t}+C$

$=-\frac{2}{1+\sqrt{x}}+C$

(12) $\int x^{1/2}\sin(x^{3/2}+1)dx$

$x^{3/2}+1=t \qquad \frac{3}{2}x^{1/2}dx=dt$

$\int \frac{2}{3}\sin t\,dt=-\frac{2}{3}\cos t+C$

$=-\frac{2}{3}\cos(x^{3/2}+1)+C$

(13) $\int \frac{\sin(2t+1)}{\cos^2(2t+1)}dt$

$\cos(2t+1)=a \qquad -2\sin(2t+1)dt=da$

$\int -\frac{1}{2a^2}da=\frac{1}{2a}+C$

$=\frac{1}{2\cos(2t+1)}+C$

(14) $\int \frac{1}{\theta^2}\sin\frac{1}{\theta}\cos\frac{1}{\theta}d\theta$

$\sin\frac{1}{\theta}=t \qquad -\frac{1}{\theta^2}\cos\frac{1}{\theta}d\theta=dt$

$\int -t\,dt=-\frac{1}{2}t^2+C$

$=-\frac{1}{2}sin^2\frac{1}{\theta}+C$

(15) $\int(\sin2\theta)e^{\sin^2\theta}d\theta$

$\sin^2\theta=t \qquad 2\sin\theta\cos\theta\,d\theta=dt$

$\int e^t d\theta=e^t+C$

$=e^{\sin^2\theta}+C$

(16) $\int \frac{1}{\sqrt{x}e^{-\sqrt{x}}}\sec^2(e^{\sqrt{x}}+1)dx$

$e^{\sqrt{x}}+1=t \qquad \frac{1}{2\sqrt{x}}e^{\sqrt{x}}dx=dt$

$\int 2\sec^2t dt=2\tan t+C$

$=2\tan(e^{\sqrt{x}}+1)+C$

(17) $\int \frac{1}{x^2}e^{1/x}\sec(1+e^{1/x})\tan(1+e^{1/x})dx$

$1+e^{1/x}=t \qquad -\frac{1}{x^2}e^{1/x}dx=dt$

$\int -\sec t\tan t\,dt=-\sec t+C$

$=-\sec(1+e^{1/x})+C$

(18) $\int \frac{dx}{x\ln x}$

$\ln x=t \qquad \frac{1}{x}dx=dt$

$\int \frac{1}{t}dt=\ln|t|+C$

$=\ln|\ln x|+C$

(19) $\int \frac{5}{9+4r^2}dr=\frac{5}{9}\int \frac{1}{1+(\frac{2}{3}r)^2}dr$

$\frac{2}{3}r=t \qquad \frac{2}{3}dr=dt$

$\frac{5}{9}\times\frac{3}{2}\int\frac{1}{1+t^2}dt=\frac{5}{6}\tan^{-1}t+C$

$=\frac{5}{6}\tan^{-1}(\frac{2}{3}r)+C$

(20) $\int \frac{e^{\sin^{-1}x}dx}{\sqrt{1-x^2}}$

$\sin^{-1}x=t \qquad \frac{1}{\sqrt{1-x^2}}dx=dt$

$\int e^t dt=e^t+C$

$=e^{\sin^{-1}x}+C$

(21) $\int \frac{(\sin^{-1}x)^2dx}{\sqrt{1-x^2}}$

$\sin^{-1}x=t \qquad \frac{1}{\sqrt{1-x^2}}dx=dt$

$\int t^2dt=\frac{1}{3}t^3+C$

$=\frac{1}{3}(\sin^{-1}x)^3+C$

(22) $\int \frac{dy}{(\tan^{-1}y)(1+y^2)}$

$\tan^{-1}y=t \qquad \frac{1}{1+y^2}dy=dt$

$\int \frac{1}{t}dt=\ln|t|+C$

$=\ln|\tan^{-1}y|+C$

(23) $\int 2(\cos x)^{-1/2}\sin x\,dx$

$\cos x=t \qquad -\sin x dx=dt$

$\int -2t^{-1/2}dt=-4t^{1/2}+C$

$=-4(\cos x)^{1/2}+C$

(24) $\int(2\theta+1+2\cos(2\theta+1))d\theta$

$2\theta+1=t \qquad 2d\theta=dt$

$\int \frac{1}{2}(t+2\cos t)dt=\frac{1}{2}(\frac{1}{2}t^2+2\sin t)+C$

$=\frac{1}{4}t^2+\sin t+C$

$=\frac{1}{4}(2\theta+1)^2+\sin(2\theta+1)+C$

(25) $\int \sqrt{t}\,sin(2t^{3/2})dt$

$2t^{3/2}=a \qquad 3t^{1/2}dt=da$

$\int\frac{1}{3}\sin a\,da=-\frac{1}{3}\cos a+C$

$=-\frac{1}{3}\cos(2t^{3/2})+C$

(26) $\int e^x\sec^2(e^x-7)dx$

$e^x-7=t \qquad e^x dx=dt$

$\int \sec^2t\,dt=\tan t+C$

$=\tan(e^x-7)+C$

(27) $\int \sec^2(x)e^{\tan x}dx$

$\tan x = t \qquad \sec^2 x dx = dt$

$\int e^t dt = e^t + C$

$= e^{\tan x} + C$

(28) $\int \frac{(\ln x)^{-3}}{x}dx$

$\ln x = t \qquad \frac{1}{x}dx = dt$

$\int t^{-3}dt = -\frac{1}{2}t^{-2} + C$

$= -\frac{1}{2}(\ln x)^{-2} + C$

(29) $\int \frac{3\,dr}{\sqrt{1-4(r-1)^2}}$

$2(r-1) = t \qquad 2dr = dt$

$\frac{3}{2}\int \frac{1}{\sqrt{1-t^2}}dt = \frac{3}{2}\sin^{-1}t + C$

$= \frac{3}{2}\sin^{-1}(2r-2) + C$

(30) $\int \frac{dx}{2+(x-1)^2} = \frac{1}{2}\int \frac{dx}{1+(\frac{x-1}{\sqrt{2}})^2}$

$\frac{x-1}{\sqrt{2}} = t \qquad \frac{1}{\sqrt{2}}dx = dt$

$\frac{\sqrt{2}}{2}\int \frac{dt}{1+t^2} = \frac{1}{\sqrt{2}}\tan^{-1}t + C$

$= \frac{1}{\sqrt{2}}\tan^{-1}(\frac{x-1}{\sqrt{2}}) + C$

(31) $\int \frac{dx}{(2x-1)\sqrt{(2x-1)^2-4}}$

$= \int \frac{dx}{2(2x-1)\sqrt{(\frac{2x-1}{2})^2-1}}$

$\frac{2x-1}{2} = t \qquad dx = dt$

$\int \frac{dt}{4t\sqrt{t^2-1}} = \frac{1}{4}\sec^{-1}t + C$

$= \frac{1}{4}\sec^{-1}(\frac{2x-1}{2}) + C$

(32) $\int \frac{16x\,dx}{\sqrt{8x^2+1}}$

$\sqrt{8x^2+1} = t \qquad \frac{16x}{2\sqrt{8x^2+1}}dx = dt$

$\int 2dt = 2t + C$

$= 2\sqrt{8x^2+1} + C$

(33) $\int e^{\tan u}\sec^2 u\,du$

$\tan u = t \qquad \sec^2 u\,du = dt$

$\int e^t dt = e^t + C$

$= e^{\tan u} + C$

(34) $\int \frac{2^{\sqrt{w}}dw}{2\sqrt{w}}$

$\sqrt{w}dw = t \qquad \frac{1}{2\sqrt{w}}dw = dt$

$\int 2^t dt = \frac{1}{\ln 2}2^t + C$

$= \frac{1}{\ln 2}2^{\sqrt{w}} + C$

(35) $\int \frac{2s\,ds}{\sqrt{1-s^4}}$

$s^2 = t \qquad 2s\,ds = dt$

$\int \frac{dt}{\sqrt{1-t^2}} = \sin^{-1}t + C$

$= \sin^{-1}(s^2) + C$

(36) $\int \frac{6\,dx}{x\sqrt{25x^2-1}}$

$5x = t \qquad 5dx = dt$

$\int \frac{6}{5}\times\frac{5}{t\sqrt{t^2-1}}dt = 6\sec^{-1}t + C$

$= 6\sec^{-1}(5x) + C$

(37) $\int \frac{1}{x}\frac{1}{\ln x}dx$

$\ln x = t \qquad \frac{1}{x}dx = dt$

$\int \frac{1}{t}dt = \ln|t| + C$

$= \ln|\ln t| + C$

(38) $\int \frac{xdx}{x^4+1}$

$x^2 = t \qquad 2x\,dx = dt$

$\frac{1}{2}\int \frac{dt}{t^2+1} = \frac{1}{2}\tan^{-1}t + C$

$= \frac{1}{2}\tan^{-1}(x^2) + C$

(39) $\int x^3(1+x^4)^{-1/4}dx$

$1+x^4=t \qquad 4x^3dx=dt$

$\frac{1}{4}\int t^{-1/4}dt=\frac{1}{4}\times\frac{4}{3}t^{3/4}+C$

$=\frac{1}{3}(1+x^4)^{3/4}+C$

04 (1) $\int x\sin\frac{x}{2}dx=x\cdot(-2\cos\frac{x}{2})-\int 1\cdot(-2\cos\frac{x}{2})dx$

$=-2x\cos\frac{x}{2}+4\sin\frac{x}{2}+C$

(2) $\int x\ln x dx=\frac{1}{2}x^2\cdot\ln x-\int\frac{1}{2}x^2\cdot\frac{1}{x}dx$

$=\frac{1}{2}x^2\ln x-\frac{1}{4}x^2+C$

(3) $\int x^3e^xdx=x^3\cdot e^x-\int 3x^2\cdot e^xdx$

$=x^3e^x-(3x^2\cdot e^x-\int 6x\cdot e^xdx)$

$=x^3e^x-3x^2e^x+6x\cdot e^x-\int 6e^xdx$

$=x^3e^x-3x^2e^x+6xe^x-6e^x+C$

(4) $\int\theta^2\sin2\theta d\theta=\theta^2\cdot(-\frac{1}{2}\cos2\theta)-\int 2\theta\cdot(-\frac{1}{2}\cos2\theta)d\theta$

$=-\frac{1}{2}\theta^2\cos2\theta+\theta\cdot(\frac{1}{2}\sin2\theta)-\int\frac{1}{2}\sin2\theta d\theta$

$=-\frac{1}{2}\theta^2\cos2\theta+\frac{1}{2}\theta\sin2\theta+\frac{1}{4}\cos2\theta+C$

(5) $\int e^{2x}\cos3x\,dx=(\frac{1}{2}e^{2x})\cdot\cos3x-\int(\frac{1}{2}e^{2x})\cdot(-3\sin3x)dx$

$=\frac{1}{2}e^{2x}\cos3x+\frac{3}{2}((\frac{1}{2}e^{2x})\cdot\sin3x-\int(\frac{1}{2}e^{2x})\cdot(3\cos3x)dx)$

$=\frac{1}{2}e^{2x}\cos3x+\frac{3}{4}e^{2x}\sin3x-\frac{9}{4}\int e^{2x}\cos3xdx$

$\frac{13}{4}\int e^{2x}\cos3x\,dx=\frac{1}{2}e^{2x}\cos3x+\frac{3}{4}e^{2x}\sin3x$

$\int e^{2x}\cos3x\,dx=\frac{1}{13}e^{2x}(2\cos3x+3\sin3x)$

05 (1) $\int\frac{x^3-x^2-2}{x(x-1)}dx=\int\frac{x^2(x-1)-2}{x(x-1)}dx$

$=\int x-2(\frac{1}{x-1}-\frac{1}{x})dx$

$=\frac{1}{2}x^2-2\ln|x-1|+2\ln|x|+C$

(2) $\int\frac{x}{x+1}dx=\int\frac{x+1-1}{x+1}dx$

$=\int 1-\frac{1}{x+1}dx$

$=x-\ln|x+1|+C$

(3) $\int \frac{4t^3-t^2+16t}{t^2+4}dt=\int \frac{4t(t^2+4)-(t^2+4-4)}{t^2+4}dt$

$=\int 4t-1+\frac{4}{t^2+4}dt$

$=2t^2-t+2\tan^{-1}(\frac{t}{2})+C$

(4) $\int \frac{1-x}{\sqrt{1-x^2}}dx=\int \frac{1}{\sqrt{1-x^2}}-\frac{x}{\sqrt{1-x^2}}dx$

$=\sin^{-1}x+\sqrt{1-x^2}+C$

(5) $\int \frac{x^2+1}{x-1}dx=\int \frac{(x-1)^2+2(x-1+1)}{x-1}dx$

$=\int x-1+2+\frac{2}{x-1}dx$

$=\frac{1}{2}x^2+x+2\ln|x-1|+C$

(6) $\int \frac{x}{1-x}dx=\int -\frac{x-1+1}{x-1}dx$

$=\int -1-\frac{1}{x-1}dx$

$=-x-\ln|x-1|+C$

06 (1) $\int \frac{1}{1-x^2}dx=\int -\frac{1}{(x-1)(x+1)}dx$

$=-\int \frac{1}{2}\left(\frac{1}{x-1}-\frac{1}{x+1}\right)dx$

$=-\frac{1}{2}(\ln|x-1|-\ln|x+1|)+C$

(2) $\int \frac{1}{x^2+2x}dx=\int \frac{1}{x(x+2)}dx$

$=\int \frac{1}{2}(\frac{1}{x}-\frac{1}{x+2})dx$

$=\frac{1}{2}(\ln|x|-\ln|x+2|)+C$

(3) $\int \frac{x+4}{x^2+5x-6}dx=\int \frac{x+4}{(x+6)(x-1)}dx$

$\frac{a}{x-3}+\frac{b}{x-2}=\frac{x+4}{(x-3)(x-2)}$

$a=\frac{2}{7},\ b=\frac{5}{7}$

$\int \frac{2}{7(x-3)}+\frac{5}{7(x-2)}dx$

$=\frac{2}{7}ln|x-3|+\frac{5}{7}ln|x-2|+C$

(4) $\int \frac{1}{t^3+t^2-2t}dt=\int \frac{1}{t(t+2)(t-1)}dt$

$\frac{a}{t}+\frac{b}{t-1}+\frac{c}{t+2}=\frac{1}{t(t-1)(t+2)}$

$a=-\frac{1}{2},\ b=\frac{1}{3},\ c=\frac{1}{6}$

$\int -\frac{1}{2t}+\frac{1}{3(t-1)}+\frac{1}{6(t+2)}dt$

$=-\frac{1}{2}\ln|t|+\frac{1}{3}\ln|t-1|+\frac{1}{6}\ln|t+2|+C$

(5) $\int \frac{3}{x^2-1}dx = 3\int \frac{1}{(x-1)(x+1)}dx$

$= \frac{3}{2}\int (\frac{1}{x-1} - \frac{1}{x+1})dx$

$= \frac{3}{2}(\ln|x-1| - \ln|x+1|) + C$

(6) $\int \frac{4}{2x^2+x-1}dx = \int \frac{4}{(2x-1)(x+1)}dx$

$\frac{a}{2x-1} + \frac{b}{x+1} = \frac{4}{(2x-1)(x+1)}$

$a = \frac{8}{3},\ b = -\frac{4}{3}$

$\int \frac{8}{3} \cdot \frac{1}{2x-1} - \frac{4}{3} \cdot \frac{1}{x+1}dx$

$= \frac{8}{3} \cdot \frac{1}{2}\ln|2x-1| - \frac{4}{3}\ln|x+1| + C$

$= \frac{4}{3}(\ln|2x-1| - \ln|x+1|) + C$

(7) $\int \frac{1}{x^2-5x+6}dx = \int \frac{1}{(x-2)(x-3)}dx$

$= \int \frac{1}{x-3} - \frac{1}{x-2}dx$

$= \ln|x-3| - \ln|x-2| + C$

(8) $\int \frac{x+1}{(x-1)(x-2)}dx$

$\frac{a}{x-1} + \frac{b}{x-2} = \frac{x+1}{(x-1)(x-2)}$

$a = -2,\ b = 3$

$\int \frac{-2}{x-1} + \frac{3}{x-2}dx$

$= -2\ln|x-1| + 3\ln|x-2| + C$

07 (1) $\int \frac{\sin x}{1+3\cos x}dx = -\frac{1}{3}\ln|1+3\cos x| + C$

(2) $\int \frac{2\cos x\, dx}{5+2\sin x} = \ln(5+2\sin x) + C$

(3) $\int \sec x\, dx = \int \frac{\tan x \sec x + \sec^2 x}{\sec x + \tan x}dx$

$= \ln|\sec x + \tan x| + C$

(4) $\int \cot x\, dx = \int \frac{1}{\tan x}dx$

$= \int \frac{\cos x}{\sin x}dx$

$= \ln|\sin x| + C$

(5) $\int \frac{\sin 2x}{1+\sin^2 x}dx = \ln(1+\sin^2 x) + C$

(6) $\int \tan x\, dx = \int \frac{\sin x}{\cos x}dx = -\ln|\cos x| + C$

(7) $\int \frac{dt}{\sin^2 2t} = \int \csc^2 2t\, dt = -\frac{1}{2}\cot 2t + C$

(8) $\int \sec^2 \frac{s}{10}ds = 10\tan\frac{s}{10} + C$

Chapter

07

정적분

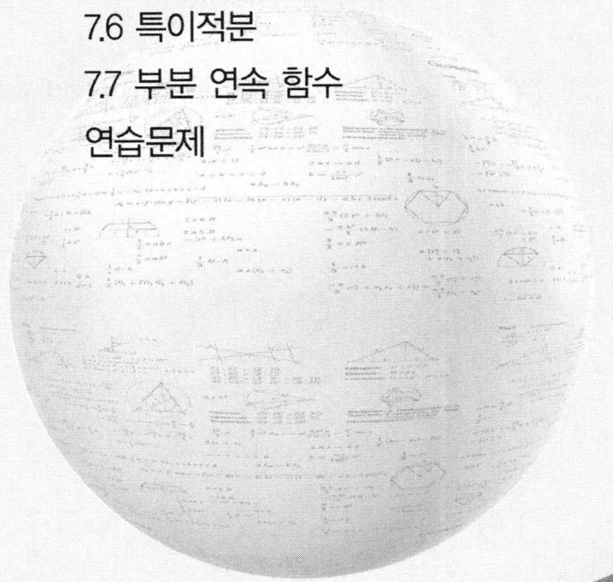

7.1 정적분의 정의

함수 f를 폐구간 $[a,b]$에서 유계인(bounded)인 함수라고 하자. 구간 $[a,b]$를 **부분구간**(subintervals)으로 나누어 보자. a와 b 사이에

$$a < x_1 < x_2 < \cdots < x_{n-1} < b$$

를 만족하는 $n-1$개의 점 $\{x_1, x_2, x_3, \cdots, x_{n-1}\}$를 선택하고,

$$a = x_0 < x_1 < x_2 < \cdots < x_{n-1} < x_n = b$$

이 되도록 x_0를 a, x_n를 b라고 하면, 집합 $P = \{x_1, x_2, x_3, \cdots, x_{n-1}\}$를 구간 $[a,b]$의 **분할**(partition)이라고 한다. $k=1,\cdots,n$에 대하여, P의 k번째 구간은 $[x_{k-1}, x_k]$이고 k번째 구간의 폭은 $\Delta x_k = x_k - x_{k-1}$이다. 만일 n개의 모든 부분구간의 폭이 같다고 하면 공통 구간폭 Δx은 $(b-a)/n$이 된다. k번째 구간 $[x_{k-1}, x_k]$에서 어떤 하나의 점 c_k를 선택하여 함숫값 $f(c_k)$을 구하고, 이를 구간의 폭과 곱한 후 이를 전부 더한 값을

$$S_P = \sum_{k=1}^{n} f(c_k) \Delta x$$

라고 할 때, S_P를 함수 f의 구간 $[a,b]$에서 **리만합**(Riemann sum)이라고 한다. 리만합은 〈그림 7.1〉처럼 사각형들의 넓이의 합이 된다.

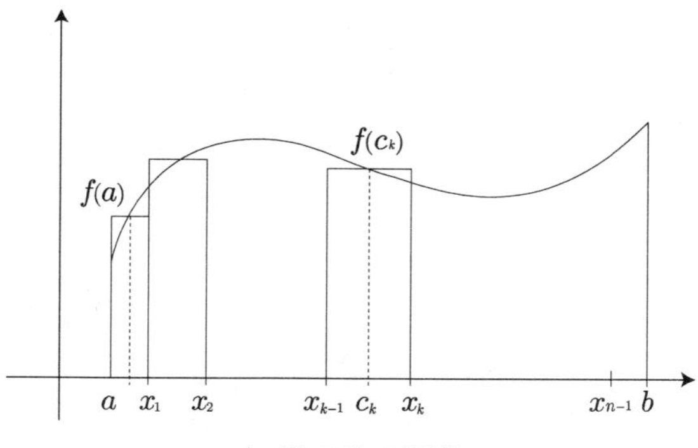

〈그림 7.1〉 리만합

만일 분할 방법과 점 c_k의 선택에 관계없이 $n \to \infty$ 일 때, S_P의 극한

$$\lim_{n\to\infty} S_P = \lim_{n\to\infty} \sum_{k=1}^{n} f(c_k)\Delta x$$

이 수렴할 때 함수 f는 구간 $[a,b]$에서 **적분가능**(integrable) 또는 **리만적분가능**(Riemann integrable)하다고 하고 그 극한을 함수 f의 구간 $[a,b]$에서 **정적분**(definite integral) 또는 **리만적분**(Riemann integral)이라고 하며 다음과 같이 나타낸다.

$$\int_a^b f(x)dx = \lim_{n\to\infty} \sum_{k=1}^{n} f(c_k)\Delta x$$

한편, $f(x)$를 **피적분 함수**(integrand)라고 하고, a와 b를 **적분의 아래끝**(Lower limit of integration), **위끝**(Upper limit)이라고 한다. 함수 f의 구간 $[a,b]$에서 정적분 $\int_a^b f(x)dx$은 $f(x)>0$일 때 〈그림 7.2〉와 같이 $y=f(x)$와 x축, $x=a$, $x=b$로 둘러싸인 곡선의 넓이를 나타낸다.

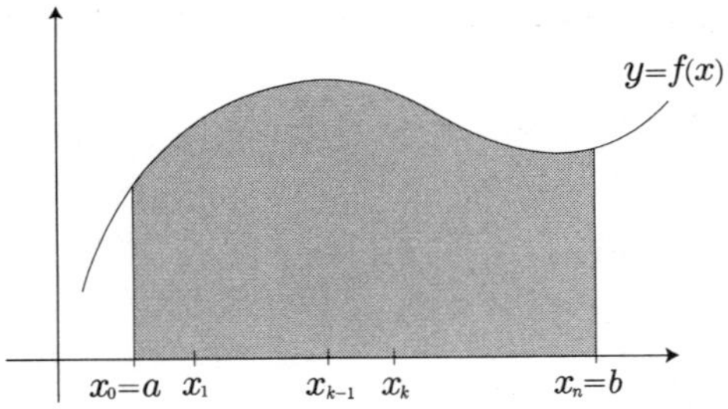

〈그림 7.2〉 곡선으로 둘러싸인 넓이

다음의 정적분의 정의로부터 쉽게 알 수 있는 기본 성질이다.

정리 1 정적분의 성질 1

(1) $\int_a^a f(x)dx = 0$

(2) $\int_a^b f(x)dx = -\int_b^a f(x)dx$

(3) $\int_a^c f(x)dx + \int_c^b f(x)dx = \int_a^b f(x)dx$

예제 7.1

정적분의 정의를 이용하여 $\int_0^1 x^2\,dx$를 구하여라.

풀이 +

정적분의 정의 $\int_a^b f(x)dx = \lim_{n\to\infty}\sum_{k=1}^{n} f(c_k)\Delta x$에서 $f(x)=x^2$, $a=0$, $b=1$, $\Delta x = \frac{b-a}{n} = \frac{1}{n}$으로 하면,

$x_0=0$, $x_1=\frac{1}{n}$, $x_2=\frac{2}{n}$, $\cdots$, $x_i=\frac{i}{n}$, $\cdots$, $x_n=\frac{n}{n}=1$이고

$\int_0^1 x^2\,dx \equiv \lim_{n\to\infty}\sum_{k=1}^{n} f(x_k)\Delta x = \lim_{n\to\infty}\sum_{k=i}^{n}\left(\frac{k}{n}\right)^2\frac{1}{n} = \lim_{n\to\infty}\frac{1}{n^3}\sum_{k=i}^{n}k^2 = \lim_{n\to\infty}\frac{n(n+1)(2n+1)}{6n^3} = \frac{1}{3}$이다. ■

위의 〈예제 7.1〉에서 보았듯이 정적분을 정의에 의하여 구하는 것은 매우 어렵다. 이를 해결해 주는 것이 바로 미적분의 기본정리이다.

정리 2 미적분의 기본정리(Fundamental theorem of calculus)

(a) 함수 f가 $[a,b]$에서 연속이고,

$$F(x) = \int_a^x f(t)dt,\ a \le x \le b$$

로 정의하면, $F(x)$는 (a,b)에서 미분가능하고

$$F'(x) = \frac{d}{dx}\int_a^x f(t)dt = f(x)\text{이다.}$$

(b) 함수 f가 구간 $[a,b]$에서 연속이고, 함수 $F(x)$를 $f(x)$의 부정적분 중의 하나라고 하면

$$\int_a^b f(x)dx = F(b) - F(a)\text{이다.}$$

〈증명〉

(a) 구간 (a,b)의 점 x에 대하여 $F(x+h)-F(x) = \int_x^{x+h} f(t)dt$이므로,

$$\frac{F(x+h)-F(x)}{h}=\frac{1}{h}\int_{x}^{x+h} f(t)dt$$

이다. 먼저 $h>0$를 생각하면 구간 $[x,x+h]$에서 $f(x)$가 연속이므로 최대최소의 정리에 의하여 최댓값 M과 최솟값 m을 가지고 최댓값을 갖는 x의 값을 u라고 하고, 최솟값을 갖는 x의 값을 v라고 하면, $f(u)=M$, $f(v)=m$이라고 하자. 〈그림 7.3〉처럼 면적을 비교하여 보자.

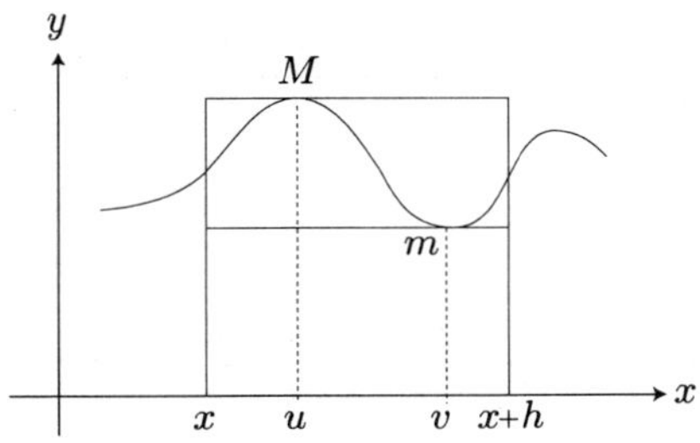

〈그림 7.3〉 넓이의 비교

곡선으로 둘러싸인 부분은 밑변의 길이를 h로 하고 높이가 M인 사각형의 넓이보다 작고, 밑변의 길이를 h로 하고 높이가 m인 사각형의 넓이보다 크므로

$$mh \le \int_{x}^{x+h} f(x)dx \le Mh$$

이다. 이는,

$$f(v)h \le \int_{x}^{x+h} f(x)dx \le f(u)h$$

이다. $h>0$로 각 부등식을 나누면

$$f(v) \le \frac{1}{h}\int_{x}^{x+h} f(x)dx \le f(u)$$

이고, 이는

$$f(v) \le \frac{F(x+h)-F(x)}{h} \le f(u)$$

이므로 각 변에 극한을 취하면

$$\lim_{h\to0} f(v) \le \lim_{h\to0} \frac{F(x+h)-F(x)}{h} \le \lim_{h\to0} f(u)$$

이고

$$\lim_{h\to0} f(u) = f(x),\ \lim_{h\to0} f(v) = f(x)$$

이므로

$$\lim_{h\to0} \frac{F(x+h)-F(x)}{h} = f(x)$$

이다. 따라서,

$$F'(x) = \lim_{h\to0} \frac{F(x+h)-F(x)}{h} = f(x)$$

가 된다.

(b) (a)에서 $\int_a^x f(t)dt$가 $f(x)$의 부정적분 중의 하나이므로

$$\int_a^x f(t)dt = F(x) + C$$

이고, $x=a$를 대입하면 $\int_a^a f(t)dt = 0$ 이므로 $F(a)+C=0$, 즉 $C=-F(a)$이다. 따라서,

$$\int_a^x f(t)dt = F(x) - F(a)$$

이고, 더 나아가

$$\int_a^b f(t)dt = F(b) - F(a)$$

이다. ■

예제 7.2

(1) $\dfrac{d}{dx}\displaystyle\int_0^x \sqrt{2+\sin^2 t}\, dt$

(2) $\dfrac{d}{dx}\displaystyle\int_x^b e^{u^2} du$

(3) $F(x)=\displaystyle\int_1^{x^2-3} \dfrac{1}{3+t}dt$, $F'(x)$를 구하여라.

(4) $F(x)=\displaystyle\int_0^{\sin x} \sqrt{1-t^3}\, dt$, $\dfrac{dF}{dx}$를 구하여라.

풀이 +

(1) $\dfrac{d}{dx}\displaystyle\int_0^x \sqrt{2+\sin^2 t}\, dt= \sqrt{2+\sin^2 x}$

(2) $\dfrac{d}{dx}\displaystyle\int_x^b e^{u^2} du=-e^{x^2}$

(3) $F'(x)=\dfrac{1}{x^2}\cdot 2x=\dfrac{2}{x}$

(4) $\dfrac{dF}{dx}=\cos x\sqrt{1-\sin^3 x}$ ■

7.2 정적분의 계산 방법

다음 정적분에 관한 기본 공식이다.

정리 3 정적분의 공식 1: k는 상수

(1) $\displaystyle\int_a^b kdx=k(b-a)$

(2) $\displaystyle\int_a^b kf(x)dx=k\int_a^b f(x)dx$

(3) $\displaystyle\int_a^b [f(x)+g(x)]dx=\int_a^b f(x)dx+\int_a^b g(x)dx$

(4) $\displaystyle\int_a^b [f(x)-g(x)]dx=\int_a^b f(x)dx-\int_a^b g(x)dx$

예제 7.3

다음 정적분을 구하여라.

(1) $\int_0^2 (3x^2 + 2x)dx$

(2) $\int_1^2 \frac{x^2 + 4x - 2}{x^2} dx$

풀이 +

(1) $\int_0^2 (3x^2 + 2x)dx = [x^3 + x^2]_0^2 = (8+4)-(0+0) = 12.$

(2) $\int_1^2 \frac{x^2+4x-2}{x^2}dx = \int_1^2 (1+\frac{4}{x}-\frac{2}{x^2})dx = \left[x + 4\ln x + \frac{2}{x}\right]_1^2$

$= [(2+4\ln 2+1)-(1+0+2)] = 4\ln 2.$ ■

삼각함수의 정적분은 부정적분에서 구했던 것처럼 6가지가 기본이다.

예제 7.4

다음 정적분을 구하여라.

(1) $\int_0^{\frac{\pi}{2}} \cos x dx$

(2) $\int_0^{\pi} \sin x dx$

(3) $\int_0^{\frac{\pi}{4}} \sec^2 x\, dx$

(4) $\int_{\frac{\pi}{4}}^{\frac{3\pi}{4}} \csc^2 x\, dx$

(5) $\int_0^{\frac{\pi}{3}} \sec x \tan x dx$

(6) $\int_{\frac{\pi}{6}}^{\frac{\pi}{3}} \csc x \cot x\, dx$

풀이 +

(1) $\int_0^{\frac{\pi}{2}} \cos x dx = [\sin x]_0^{\frac{\pi}{2}} = 1$

(2) $\int_0^{\pi} \sin x dx = [-\cos x]_0^{\pi} = -(-1-1) = 2$

(3) $\int_0^{\frac{\pi}{4}} \sec^2 x\, dx = [\tan x]_0^{\frac{\pi}{4}} = 1$

(4) $\int_{\frac{\pi}{4}}^{\frac{3\pi}{4}} \csc^2 x\, dx = \left| -\cot x \right|_{\frac{\pi}{4}}^{\frac{3\pi}{4}} = -(-1-1) = 2$

(5) $\int_{0}^{\frac{\pi}{3}} \sec x \tan x dx = [\sec x]_0^{\frac{\pi}{3}} = 2-1=1$

(6) $\int_{\frac{\pi}{6}}^{\frac{\pi}{3}} \csc x \cot x\, dx = [-\csc x]_{\frac{\pi}{6}}^{\frac{\pi}{3}} = -(\frac{2}{\sqrt{3}}-2) = 2-\frac{2}{\sqrt{3}}$ ■

다음은 지수와 로그함수에 관련된 정적분을 구하는 방법의 예이다.

예제 7.5

다음 정적분을 구하여라.

(1) $\int_0^1 e^x\, dx$

(2) $\int_0^2 3^x\, dx$

(3) $\int_1^e \frac{dx}{x}$

풀이 +

(1) $\int_0^1 e^x\, dx = [e^x]_0^1 = e-1$

(2) $\int_0^2 3^x\, dx = \left[\frac{3^x}{\ln 3}\right]_0^2 = \frac{8}{\ln 3}$

(3) $\int_1^e \frac{dx}{x} = [\ln|x|]_1^e = 1$ ■

함수 $f(ax+b)$ 형태의 정적분은 다음과 같다.

함수 $f(x)$의 부정적분을 $F(x)$라고 하면 $f(ax+b)$의 정적분은 다음과 같다.

$$\int_c^d f(ax+b)\, dx = \left[\frac{1}{a}F(ax+b)\right]_c^d$$

예제 7.6

다음 정적분을 구하여라.

(1) $\displaystyle\int_5^8 \frac{\sqrt{2}}{\sqrt{9-x}}dx$

(2) $\displaystyle\int_0^1 12(3x-2)^3 dx$

(3) $\displaystyle\int_{-\pi/4}^{\pi/4} 2\cos 2x\, dx$

풀이 +

(1) $\displaystyle\int_5^8 \frac{\sqrt{2}}{\sqrt{9-x}}dx = \int_5^8 \sqrt{2}(9-x)^{-1/2}dy = [-2\sqrt{2}\sqrt{9-x}]_5^8 =-2\sqrt{2}(1-2) = 2\sqrt{2}$

(2) $\displaystyle\int_0^1 12(3x-2)^3 dx = \frac{12}{4\cdot 3}[(3x-2)^4]_0^1 = (1-16) =-15$

(3) $\displaystyle\int_{-\pi/4}^{\pi/4} 2\cos 2x\, dx = \frac{2}{2}[\sin 2x]_{-\pi/4}^{\pi/4} = (1+1) = 2$ ■

7.3 정적분의 치환 적분법(Substitution Method)

정적분의 치환 적분은 6.2절에서 부정적분의 치환 적분과 약간의 차이만 고려하면 된다.

f와 g'가 연속함수일 때, 다음 정적분을 구해 보자.

$$\int_a^b f(g(x))g'(x)dx$$

1. $t=g(x)$로 치환하면, $dt=(dt/dx)dx=g'(x)dx$이고 적분 구간도 바꾸어 주어야 한다. 즉 $x: a\to b$이면 $t: g(a)\to g(b)$이므로, 다음 식이 성립한다.

$$\int_a^b f(g(x))g'(x)dx = \int_{g(a)}^{g(b)} f(t)dt$$

2. t에 대하여 적분하면, $\displaystyle\int_{g(a)}^{g(b)} f(t)dt = [F(t)]_{g(a)}^{g(b)} = F(g(b)) - F(g(a))$이다.

예제 7.7

치환 적분을 이용하여 다음 정적분을 구하여라.

(1) $\displaystyle\int_0^1 \frac{x}{(2-x^2)^3}dx$

(2) $\displaystyle\int_0^1 xe^{x^2}dx$

(3) $\displaystyle\int_{\pi/3}^{\pi/2} \tan\frac{\theta}{2}\sec^2\frac{\theta}{2}\,d\theta$

풀이 +

(1) $t=2-x^2$으로 치환하면 $dt=-2xdx$이어서 $\frac{1}{-2}dt=xdx$이고 적분 구간은 $x:0\to1$에서 $t:2\to1$이 되므로

$$\int_0^1 \frac{x}{(2-x^2)^3}dx=-\frac{1}{2}\int_2^1\frac{1}{(t)^3}dt=\frac{1}{2}\int_1^2 t^{-3}dt=\frac{1}{2}\frac{1}{-2}t^{-2}]_1^2=-\frac{1}{4}(\frac{1}{4}-1)=\frac{3}{16}$$

이다.

(2) $t=x^2$으로 치환하면 $dt=2xdx$이어서 $\frac{1}{2}dt=xdx$이고, 적분 구간은 $x:0\to1$에서 $t:0\to1$이 되므로

$$\int_0^1 xe^{x^2}dx=\frac{1}{2}\int_0^1 e^t dt=\frac{1}{2}[e^t]_0^1=\frac{1}{2}(e-1)$$

이다.

(3) $t=\tan\frac{\theta}{2}$으로 치환하면 $dt=\frac{1}{2}\sec^2\theta d\theta$에서 $2dt=\sec^2\theta d\theta$이고, 적분 구간은 $x:\frac{\pi}{3}\to\frac{\pi}{2}$에서 $t:\frac{\sqrt{3}}{3}\to1$이 되므로 $\displaystyle\int_{\pi/3}^{\pi/2}\tan\frac{\theta}{2}\sec^2\frac{\theta}{2}\,d\theta=2\int_{\sqrt{3}/3}^1 t\,dt=\frac{2}{2}[t^2]_{\sqrt{3}/3}^1=1-\frac{1}{3}=\frac{2}{3}$
이다. ■

7.4 부분 적분법

정적분의 부분 적분법도 6.3절의 부정적분을 구하는 방법을 그대로 이용하면 되고, 단지 부정적분의 구간을 넣어 주기만 한다. 즉,

$$\int f'(x)g(x)dx=f(x)g(x)-\int f(x)g'(x)dx$$

에서

$$\int_a^b f'(x)g(x)dx = \Big[f(x)g(x)\Big]_a^b - \int_a^b f(x)g'(x)dx$$

이다.

예제 7.8

부분 적분을 이용하여 다음 정적분을 구하여라.

(1) $\int_0^1 xe^x dx$

(2) $\int_0^{e-1} \ln(x+1)dx$

풀이 +

(1) $f=x$, $g'=e^x$라고 하면, $f'=1$, $g=e^x$이므로 부분 적분법에 의하여

$$\int_0^1 xe^x dx = \Big[xe^x\Big]_0^1 - \int_0^1 e^x dx = e - \Big[e^x\Big]_0^1 = e-(e-1)=1$$

이다.

(2) $f=\ln(x+1)$, $g'=1$라고 하면, $f'=\frac{1}{x+1}$, $g=x+1$(참고로, $g'=1$에서 $g=x$로 하여도 되지만, 기술적으로 $g=x+1$로 하는 것이 계산이 매우 간단해진다.)이므로 부분 적분법에 의하여

$$\int_0^{e-1} \ln(x+1)dx = [(x+1)\ln(x+1)]_0^{e-1} - \int_0^{e-1} \frac{1}{x+1} \cdot (x+1)dx = e-[x]_0^{e-1} = e-(e-1-0)=1$$

이다. ■

7.5 분수함수의 정적분

분수함수의 정적분은 6.4절의 부정적분을 구하는 과정을 그대로 따라가면서 구하면 된다.

예제 7.9

분수함수의 적분법을 이용하여 다음 정적분을 구하여라.

(1) $\displaystyle\int_{-1}^{1}\frac{dx}{x^2-4}$

(2) $\displaystyle\int_{-\pi/2}^{\pi/2}\frac{4\cos\theta}{3+2\sin\theta}d\theta$

(3) $\displaystyle\int_{0}^{1/2}\frac{1}{\sqrt{1-x^2}}dx$

(4) $\displaystyle\int_{0}^{3}\frac{3}{9+x^2}dx$

풀이 +

(1) 부분분수를 이용하면,

$$\frac{1}{x^2-4}=\frac{1}{4}\left(\frac{1}{x-2}-\frac{1}{x+2}\right)$$

이므로,

$$\int_{-1}^{1}\frac{dx}{x^2-4}=\frac{1}{4}\left[\ln\frac{|x-2|}{x+2}\right]_{-1}^{1}=\frac{1}{4}\left(\ln\frac{1}{3}-\ln 3\right)=-\frac{1}{2}\ln 3$$

이다.

(2) $t=3+2\sin\theta$로 치환 적분을 하여도 되나, $3+2\sin\theta$을 미분하면 $2\cos\theta$이므로 바로 $\dfrac{f'(x)}{f(x)}$꼴로 적분하여도 된다. 따라서,

$$\int_{-\pi/2}^{\pi/2}\frac{4\cos\theta}{3+2\sin\theta}d\theta=\int_{-\pi/2}^{\pi/2}2\frac{2\cos\theta}{3+2\sin\theta}d\theta=2\left[\ln(3+2\sin\theta)\right]_{-\pi/2}^{\pi/2}=2(\ln 5-\ln 1)=2\ln 5$$

이다.

(3) $\displaystyle\int_{0}^{1/2}\frac{dx}{\sqrt{1-x^2}}=[\sin^{-1}x]_0^{1/2}=\frac{\pi}{6}$

(4) $\int_0^3 \frac{3}{9+x^2}dx = 3\frac{1}{3}\left[\tan^{-1}\frac{t}{3}\right]_0^3 = \tan^{-1}1 - \tan^{-1}0 = \frac{\pi}{4} - 0 = \frac{\pi}{4}$ ■

7.6 특이적분(Improper Integral)

7.6.1 특이적분의 계산

특이적분은 다음의 예와 같이 적분구간에 무한대가 있는 경우와 적분구간에서 함수가 불연속인 경우를 말한다. 예를 들면, $\int_1^\infty \frac{1}{x^2}dx$, $\int_{-\infty}^1 e^x dx$, $\int_{-\infty}^\infty \frac{1}{1+x^2}dx$ 또는 $\int_0^1 \frac{1}{x^2}dx$, $\int_1^2 \frac{1}{x-1}dx$이다.

정의 1

적분구간이 무한대인 경우의 적분을 **특이적분**(improper integral)이라고 한다.

1. 만일 $f(x)$가 구간 $[a, \infty)$에서 연속이면,

$$\int_a^\infty f(x)dx = \lim_{b\to\infty}\int_a^b f(x)dx \text{이다.}$$

2. 만일 $f(x)$가 구간 $(-\infty, b]$에서 연속이면,

$$\int_{-\infty}^b f(x)dx = \lim_{a\to-\infty}\int_a^b f(x)dx \text{이다.}$$

3. 만일 $f(x)$가 구간 $(-\infty, \infty)$에서 연속이면,

$$\int_{-\infty}^\infty f(x)dx = \int_{-\infty}^c f(x)dx + \int_c^\infty f(x)dx \text{이다.}$$

단, c는 실수이다.

만일 극한이 수렴하면 특이적분은 수렴하고, 그 극한값은 특이적분값이다. 만일 극한이 수렴하지 않으면 특이적분은 발산한다.

예제 7.10

다음 정적분을 구하여라.

(1) $\displaystyle\int_1^\infty \frac{1}{x^2}dx$ (2) $\displaystyle\int_1^\infty \frac{1}{x}dx$ (3) $\displaystyle\int_1^\infty \frac{1}{\sqrt{x}}dx$

풀이 +

(1) 특이적분의 정의에 의하여 〈그림 7.4〉처럼 $x=1$부터 $x=b$까지 곡선 아래의 넓이를 구한 후 $b\to\infty$로의 극한을 구하면 된다.

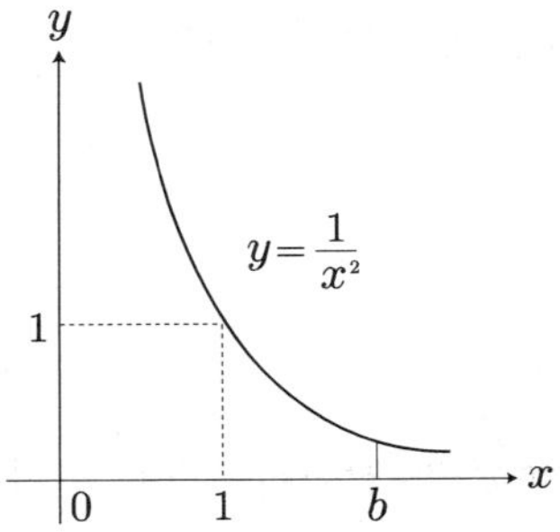

〈그림 7.4〉 $y=\dfrac{1}{x^2}$의 그래프

만약 극한이 유한이면 무한한 곡선 아래의 넓이를 구할 수 있는 것이다. 먼저, 1부터 b까지 넓이는

$$\int_1^b \frac{1}{x^2}dx = \left[-\frac{1}{x}\right]_1^b = 1-\frac{1}{b}$$

이므로

$$\int_1^\infty \frac{1}{x^2}dx = \lim_{b\to\infty}\int_1^b \frac{1}{x^2}dx = \lim_{b\to\infty}(1-\frac{1}{b}) = 1$$

이다. 따라서, 특이적분은 수렴하고, 넓이는 1이다.

(2) $\displaystyle\int_1^b \frac{1}{x}dx = b[\ln x]_1^b = \ln b$이므로

$$\int_1^\infty \frac{1}{x}dx = \lim_{b\to\infty}\int_1^b \frac{1}{x}dx = \lim_{b\to\infty}(\ln b) = \infty$$

이다. 따라서, 특이적분은 발산하고, 넓이는 ∞이다.

(3) $\displaystyle\int_1^b \frac{1}{x^{1/2}}dx = \int_1^b x^{-1/2}dx = 2[\sqrt{x}\,]_1^b = 2(\sqrt{b}-1)$이므로

$$\int_1^\infty \frac{1}{\sqrt{x}}dx = \lim_{b\to\infty}\int_1^b \frac{1}{\sqrt{x}}dx = \lim_{b\to\infty}2(\sqrt{b}-1) = \infty$$

이다. 따라서, 특이적분은 발산하고 넓이는 ∞이다. ■

〈예제 7.10〉에서 우리는 여러 가지 형태의 정적분 $\int_1^\infty \frac{1}{x^p}dx$을 계산해 보았다. 보다시피 $\int_1^\infty \frac{1}{x^p}dx$은 p값에 따라서 특이적분이 수렴하는 경우도 있고 발산하는 경우도 있음을 알 수 있다. 또한 정적분 $\int_1^\infty \frac{1}{x^p}dx$은 $p=1$일 때, 즉 $y=\frac{1}{x}$일 때 특이적분이 수렴과 발산의 경계가 된다.

예제 7.11

다음 정적분 $\int_1^\infty \frac{1}{x^p}dx$이 수렴하는지, 발산하는지를 조사하여라.

풀이 +

$p=1$일 때가 경계가 되므로, 먼저 $p>1$일 때를 보자.

$$\int_1^b \frac{dx}{x^p} = \frac{x^{-p+1}}{-p+1}\Big]_1^b = \frac{1}{1-p}(b^{-p+1}-1) = \frac{1}{1-p}\left(\frac{1}{b^{p-1}}-1\right)$$

이므로

$$\int_1^\infty \frac{dx}{x^p} = \lim_{b\to\infty}\int_1^b \frac{dx}{x^p} = \lim_{b\to\infty}\frac{1}{1-p}\left(\frac{1}{b^{p-1}}-1\right)$$

이고 $p>1$일 때 극한은 존재하고

$$\int_1^\infty \frac{dx}{x^p} = \lim_{b\to\infty}\frac{1}{1-p}\left(\frac{1}{b^{p-1}}-1\right) = \frac{1}{p-1}$$

이다. $p<1$일 때도 $\int_1^b \frac{dx}{x^p} = \frac{1}{1-p}\left(\frac{1}{b^{p-1}}-1\right)$이지만 극한은 다음과 같이 발산한다.

$$\int_1^\infty \frac{dx}{x^p} = \lim_{b\to\infty}\frac{1}{1-p}\left(\frac{1}{b^{p-1}}-1\right) = \infty$$

$p=1$일 때 앞의 〈예제 7.10〉의 (2)처럼 발산한다. 즉

$$\int_1^\infty \frac{1}{x}dx = \lim_{b\to\infty}\int_1^b \frac{1}{x}dx = \lim_{b\to\infty}(\ln b) = \infty$$

이다. 이를 정리하면

$$\int_1^\infty \frac{1}{x^p}dx = \begin{cases} \dfrac{1}{p-1}, & p>1 \\ \infty, & p \leqq 1 \end{cases}$$

이다. ■

예제 7.12

$x=1$부터 $x=\infty$까지 곡선 $y=(\ln x)/x^2$ 아래의 넓이는 유한한가를 보고, 유한이면 그 값을 구하여라.

풀이 +

$y=\dfrac{\ln x}{x^2}$의 그래프는 〈그림 7.5〉와 같다(연습문제 5.4 참조).

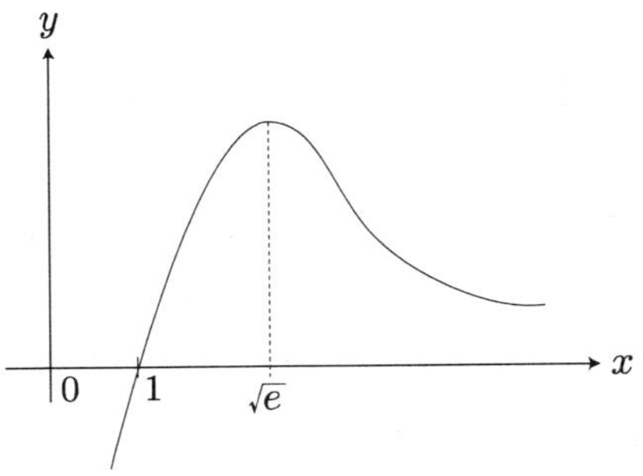

〈그림 7.5〉 $y=\dfrac{\ln x}{x^2}$의 그래프 ■

특이적분의 정의에 의하여 $x=1$부터 $x=b$까지 곡선 아래의 넓이를 구하고 $b\to\infty$로의 극한을 구하면 된다. 만약 극한이 유한이면 무한한 곡선 아래의 넓이를 구할 수 있다. 먼저, 1부터 b까지의 넓이는 $\displaystyle\int_1^b \frac{\ln x}{x^2}dx$이고 부분적분법을 이용하여 $u=\ln x, dv=dx/x^2$로 하면, $du=dx/x, v=-1/x$이므로,

$$\int_1^b \frac{\ln x}{x^2}dx = \left[(\ln x)(-\frac{1}{x})\right]_1^b - \int_1^b (-\frac{1}{x})(\frac{1}{x})dx$$
$$= -\frac{\ln b}{b} - \left[\frac{1}{x}\right]_1^b$$
$$= -\frac{\ln b}{b} - \frac{1}{b} + 1$$

이다. $b \to \infty$ 로 하면, 넓이의 극한은 $\lim_{b \to \infty} \frac{\ln b}{b} = 0$을 이용하면

$$\int_1^\infty \frac{\ln x}{x^2}dx = \lim_{b \to \infty} \int_1^b \frac{\ln x}{x^2}dx$$
$$= \lim_{b \to \infty}\left[-\frac{\ln b}{b} - \frac{1}{b} + 1\right] = 1$$

이다. 따라서, 특이적분은 수렴하므로 넓이는 1이며 유한하다.

예제 7.13

특이적분 $\int_{-\infty}^{\infty} \frac{1}{1+x^2}dx$을 구하여라.

풀이 +

정의에 의하면

$$\int_{-\infty}^{\infty} \frac{dx}{1+x^2} = \int_{-\infty}^{0} \frac{dx}{1+x^2} + \int_0^\infty \frac{dx}{1+x^2}$$

이므로 위의 방정식의 우변에 있는 특이적분을 계산한다.

$$\int_{-\infty}^{0} \frac{dx}{1+x^2} = \lim_{a \to -\infty} \int_a^0 \frac{dx}{1+x^2}$$
$$= \lim_{a \to -\infty} \tan^{-1}x\Big]_a^0$$
$$= \lim_{a \to -\infty} (\tan^{-1}0 - \tan^{-1}a) = 0 - (-\frac{\pi}{2}) = \frac{\pi}{2}$$

또한,

$$\int_0^\infty \frac{dx}{1+x^2} = \lim_{b \to \infty} \int_0^b \frac{dx}{1+x^2}$$
$$= \lim_{b \to \infty} \tan^{-1}x\Big]_0^b$$
$$= \lim_{b \to \infty}(\tan^{-1}b - \tan^{-1}0) = \frac{\pi}{2} - 0 = \frac{\pi}{2}$$

따라서,

$$\int_{-\infty}^{\infty}\frac{dx}{1+x^2}=\frac{\pi}{2}+\frac{\pi}{2}=\pi$$

이다. ■

위의 예제에서 보듯이 적분구간에 무한대가 있는 경우를 정의를 이용하면 먼저 유한구간 $[a,b]$까지 적분을 구하고 나서 극한을 취하였다. 그러나 이것은 많이 번거로운 작업이다. 따라서 특이적분에 어느 정도 적응이 된 경우에는 직접 적분을 구하고 ∞에 대한 함숫값을 극한으로 생각하고 계산한다. 다음 예제를 보면서 익혀 보자.

예제 7.14

다음 특이적분을 구하여라.

(1) $\displaystyle\int_0^{\infty}e^{-x}dx$ (2) $\displaystyle\int_0^{\infty}xe^{-x}dx$

(3) $\displaystyle\int_0^{\infty}x^2e^{-x}dx$ (4) $\displaystyle\int_0^{\infty}x^ne^{-x}dx$

풀이 +

(1) e^{-x}의 부정적분이 $-e^{-x}$이므로 바로 적분을 하면 $\displaystyle\int_0^{\infty}e^{-x}dx=\Big|-e^{-x}\Big|_0^{\infty}$이다. 여기서 $x=\infty$일 $-e^{-x}$의 값을 구할 때 극한을 이용하여, 즉 $\lim\limits_{b\to\infty}(-e^{-b})=0$임을 이용하면

$$\int_0^{\infty}e^{-x}dx=\Big|-e^{-x}\Big|_0^{\infty}=0-(-1)=1$$

이다.

(2) 부정적분 $\int xe^{-x}dx$는 부분 적분법을 이용하므로, $f=x, g'=e^{-x}$라 하면, $f'=1, g=-e^{-x}$이므로

$$\int_0^{\infty}xe^{-x}dx=\Big|-xe^{-x}\Big|_0^{\infty}-\int_0^{\infty}(-e^{-x})dx$$

이다. 따라서 (1)에서처럼 $\lim\limits_{b-\infty}(-e^{-b})=0$이고 $\lim\limits_{b\to\infty}(-be^{-b})=0$이므로

$$\int_0^{\infty}xe^{-x}dx=\Big|-xe^{-x}\Big|_0^{\infty}-\int_0^{\infty}(-e^{-x})dx=0+\Big|-e^{-x}\Big|_0^{\infty}=1$$

이다.

(3) 부정적분 $\int x^2e^{-x}dx$의 계산은 부분 적분을 2회 사용하여야 한다. 먼저 $f=x^2, g'=e^{-x}$라고 하면, $f'=2x, g=-e^{-x}$이므로

$$\int_0^\infty x^2e^{-x}dx=\left|-x^2e^{-x}\right|_0^\infty-\int_0^\infty 2x(-e^{-x})dx$$

이다. 따라서, 먼저 $\lim_{b\to\infty}(-b^2e^{-b})=0$이므로

$$\int_0^\infty x^2e^{-x}dx=2\int_0^\infty xe^{-x}dx$$

이고, (2)에서 $\int_0^\infty xe^{-x}dx$이므로

$$\int_0^\infty x^2e^{-x}dx=2\int_0^\infty xe^{-x}dx=2$$

이다.

(4) 먼저 정적분 $\int_0^\infty x^3e^{-x}dx=3\cdot2\cdot1=6$(연습문제 7.5)임을 기억하면 (2), (3)으로부터 쉽게 $\int_0^\infty x^ne^{-x}dx=n!$임을 유추할 수 있을 것이다. 이는 실제로 부분 적분을 n회 사용하여야 하므로 수학적귀납법으로 증명하는 것이 정확하지만 여기서는 중간 과정을 유추하는 방법을 사용하였다. 먼저 $f=x^n, g'=e^{-x}$라고 하면, $f'=nx^{n-1}, g=-e^{-x}$이므로

$$\int_0^\infty x^ne^{-x}dx=\left|-x^ne^{-x}\right|_0^\infty-\int_0^\infty nx^{n-1}(-e^{-x})dx,$$

먼저 $\lim_{b\to\infty}(-b^ne^{-b})=0$(로피탈 정리로부터)이므로

$$\int_0^\infty x^ne^{-x}dx=n\int_0^\infty x^{n-1}(-e^{-x})dx$$

이다. 따라서, 부분 적분법을 또 사용하면 $f=x^{n-1}, g'=e^{-x}$라고 하면, $f'=(n-1)x^{n-2}, g=-e^{-x}$에서

$$\int_0^\infty x^{n-1}e^{-x}dx=\left|-x^{n-1}e^{-x}\right|_0^\infty-\int_0^\infty (n-1)x^{n-2}(-e^{-x})dx$$

$\lim_{b\to\infty}(-b^{n-1}e^{-b})=0$(로피탈 정리로부터)이므로

$$\int_0^\infty x^{n-1}e^{-x}dx=(n-1)\int_0^\infty x^{n-2}(-e^{-x})dx$$

이다. 따라서,

$$\int_0^\infty x^n e^{-x}dx=n\int_0^\infty x^{n-1}(-e^{-x})dx=n(n-1)\int_0^\infty x^{n-2}(-e^{-x})dx$$

이다. 만일 부분 적분을 한 번 더 사용한다면

$$\begin{aligned}\int_0^\infty x^n e^{-x}dx&=n\int_0^\infty x^{n-1}(-e^{-x})dx\\&=n(n-1)\int_0^\infty x^{n-2}(-e^{-x})dx\\&=n(n-1)(n-2)\int_0^\infty x^{n-3}(-e^{-x})dx\end{aligned}$$

이다.

자, 이제 마지막 유추를 하면 된다. 즉,

$$\begin{aligned}\int_0^\infty x^n e^{-x}dx&=n\int_0^\infty x^{n-1e^{-x}}dx\\&=n(n-1)\int_0^\infty x^{n-2}e^{-x}dx\\&=n(n-1)(n-2)\int_0^\infty x^{n-3}e^{-x}dx\\&\vdots\\&=n!\int_0^\infty x^0e^{-x}dx\end{aligned}$$

이다.

또한, $\int_0^\infty x^0e^{-x}dx=\int_0^\infty e^{-x}dx=1$이므로

$$\int_0^\infty x^n e^{-x}dx=n!$$

이다. ■

다음으로는 적분구간의 한 점에서 함수가 발산하는 경우의 특이적분을 구하는 방법을 알아보자.

정의 2

적분구간의 한 점에서 발산하는 함수의 적분을 **특이적분**이라고 한다.

(a) 함수 $f(x)$가 $(a,b]$에서 연속이고, $x=a$에서 발산할 때,

$$\int_a^b f(x)dx = \lim_{c\to a+0}\int_c^b f(x)dx.$$

(b) 함수 $f(x)$가 $[a,b)$에서 연속이고, $x=b$에서 발산할 때,

$$\int_a^b f(x)dx = \lim_{c\to b-0}\int_a^c f(x)dx.$$

(c) 함수 $f(x)$가 $[a,c)\bigcup(c,b]$에서 연속이고, $x=c$에서 발산할 때,

$$\int_a^b f(x)dx = \int_a^c f(x)dx + \int_c^b f(x)dx.$$

만일 극한이 수렴하면 특이적분은 수렴하고, 극한이 수렴하지 않으면 특이적분은 발산한다.

예제 7.15

다음 정적분을 구하여라.

(1) $\int_0^1 \frac{1}{x^2}dx$ (2) $\int_0^1 \frac{1}{x}dx$ (3) $\int_a^1 \frac{1}{\sqrt{x}}dx$

풀이 +

(1) 특이적분의 정의에 의하여 〈그림 7.6〉처럼 $x=a$부터 $x=1$까지 곡선 아래의 넓이를 구한 후 $a\to+0$로의 극한을 구하면 된다.
만약 극한이 유한이면 곡선 아래의 넓이를 구할 수 있다. 먼저, a부터 1까지 넓이는

$$\int_a^1 \frac{1}{x^2}dx = \left[-\frac{1}{x}\right]_a^1 = \frac{1}{a}-1$$

이므로

$$\int_0^1 \frac{1}{x^2}dx = \lim_{a\to+0}\int_a^1 \frac{1}{x^2}dx = \lim_{a\to+0}\left(\frac{1}{a}-1\right) = \infty$$

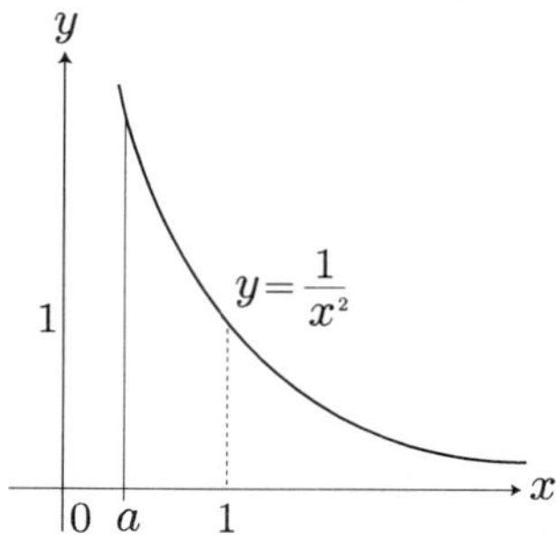

〈그림 7.6〉 $y=\frac{1}{x^2}$의 그래프

이다. 따라서, 특이적분은 발산하고, 넓이는 ∞이다.

(2) $\int_a^1 \frac{1}{x}dx = \Big[\ln x\Big]_a^1 = -\ln a$이므로

$$\int_0^1 \frac{1}{x}dx = \lim_{a\to+0}\int_a^1 \frac{1}{x}dx = \lim_{a\to 0+}(-\ln a) = \infty$$

이다. 따라서, 특이적분은 발산하고, 넓이는 ∞이다.

(3) $\int_a^1 \frac{1}{x^{1/2}}dx = \int_a^1 x^{-1/2}dx = 2\Big[\sqrt{x}\Big]_a^1 = 2(1-\sqrt{a})$이므로

$$\int_0^1 \frac{1}{\sqrt{x}}dx = \lim_{a\to+0}\int_a^1 \frac{1}{\sqrt{x}}dx = \lim_{a\to+0}2(1-\sqrt{a}) = 2$$

이다. 따라서, 특이적분은 수렴하고, 넓이는 2이다. ■

정적분 $\int_1^\infty \frac{1}{x^p}dx$와 마찬가지로 $\int_0^1 \frac{1}{x^p}dx$은 p값에 따라서 특이적분이 수렴하는 경우도 있고, 발산하는 경우도 있음을 알 수 있다.

예제 7.16

다음 정적분 $\int_0^1 \frac{1}{x^p}dx$이 수렴하는지 발산하는지를 조사하여라.

풀이 +

$p=1$일 때가 경계가 되므로 먼저 $p>1$일 때를 보자.

$$\int_a^1 \frac{dx}{x^p} = \frac{x^{-p+1}}{-p+1}\Bigg]_a^1 = \frac{1}{1-p}(1-a^{-p+1}) = \frac{1}{1-p}\left(1-\frac{1}{a^{p-1}}\right)$$

이므로

$$\int_a^1 \frac{dx}{x^p} = \lim_{a\to+0}\int_a^1 \frac{dx}{x^p} = \lim_{a\to+0}\frac{1}{1-p}\left(1-\frac{1}{a^{p-1}}\right)$$

이고 $p>1$일 때 극한은 발산한다. 즉,

$$\int_a^1 \frac{dx}{x^p} = \lim_{a\to+0}\frac{-1}{p-1}\left(1-\frac{1}{a^{p-1}}\right) = \infty.$$

$p<1$일 때 $\int_a^1 \frac{dx}{x^p}=\frac{1}{1-p}(1-b^{1-p})$이므로 극한은 수렴한다. 즉,

$$\int_a^1 \frac{dx}{x^p}=\lim_{a\to+0}\frac{1}{1-p}(1-b^{1-p})=\frac{1}{1-p}$$

이다. $p=1$일 때 앞의 〈예제 7.16〉의 (2)처럼 발산한다. 즉,

$$\int_0^1 \frac{1}{x}dx=\lim_{a\to+0}\int_a^1 \frac{1}{x}dx=\lim_{a\to 0+}(-\ln a)=\infty$$

이다. 이를 정리하면 다음과 같다.

$$\int_0^1 \frac{1}{x^p}dx=\begin{cases}\dfrac{1}{1-p}, & p<1\\ \infty, & p\geqq 1\end{cases}$$ ■

우리는 〈예제 7.10〉과 〈예제 7.16〉에서 정적분 $\int_1^\infty \frac{1}{x^p}dx$과 $\int_0^1 \frac{1}{x^p}dx$이 p값에 따라서 특이적분이 수렴과 발산하는 경우를 보았다. 이 정적분은 아래 〈그림 7.7〉을 보면 $p=1$일 때, 즉 $y=\frac{1}{x}$일 때 특이적분이 수렴과 발산의 경계가 됨을 알 수 있다.

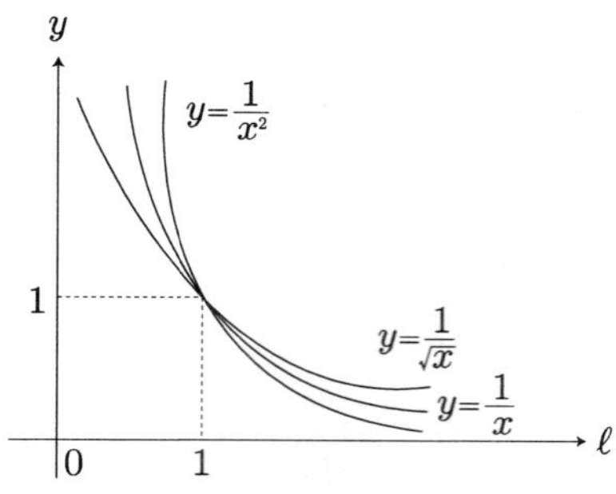

〈그림 7.7〉 $y=\frac{1}{x^p}$의 그래프

예제 7.17

다음 특이적분을 구하여라.

(1) $\displaystyle\int_1^2 \frac{1}{x-1}dx$　　　　(2) $\displaystyle\int_0^1 \frac{1}{1-x}dx$

풀이 +

(1) 직관적으로 $y=\dfrac{1}{x-1}$은 $y=\dfrac{1}{x}$를 x축 방향으로 평행이동시킨 것임을 알 수 있다. 위의 〈예제 7.16〉에서 특이적분은 발산한다. 또는 $t=x-1$로 치환하면 $\displaystyle\int_1^2 \frac{1}{x-1}dx=\int_0^1 \frac{1}{t}dt$이므로 발산함을 알 수 있다.

(2) $y=\dfrac{1}{1-x}$ 또한 $y=\dfrac{1}{x}$를 대칭이동한 것이므로 발산함을 알 수 있다. 구체적인 풀이 과정은 다음과 같다.

피적분함수 $f(x)=1/(1-x)$는 $[0,1)$에서 연속이다. 그러나 $x\to 1-0$일 때 발산한다.
정적분을 계산하면

$$\begin{aligned}\lim_{b\to 1-0}\int_0^b \frac{1}{1-x}dx &= \lim_{b\to 1-0}[-\ln|1-x|]_0^b \\ &= \lim_{b\to 1-0}[-\ln(1-b)+0]=\infty\end{aligned}$$

극한은 무한이고 적분은 발산한다. ■

다음의 적분구간 내의 한 점에서 함수가 발산하는 경우에 정적분을 구해 보자.

예제 7.18

특이적분 $\displaystyle\int_0^3 \frac{dx}{(x-1)^{2/3}}$을 구하여라.

풀이 +

피적분함수는 적분구간 내의 $x=1$에서 수직점근선을 가지고 $[0,1)$와 $(1,3]$에서 연속이다. 그래서 정의에 의해

$$\int_0^3 \frac{dx}{(x-1)^{2/3}}=\int_0^1 \frac{dx}{(x-1)^{2/3}}+\int_1^3 \frac{dx}{(x-1)^{2/3}}$$

이 된다.

다음으로 위의 우변에 있는 특이적분을 각각 계산한다.

$$\begin{aligned}\int_0^1 \frac{dx}{(x-1)^{2/3}} &= \lim_{b\to 1^-}\int_0^b \frac{dx}{(x-1)^{2/3}}\\ &= \lim_{b\to 1^-} 3(x-1)^{1/3}\Big]_0^b\\ &= \lim_{b\to 1^-}[3(b-1)^{1/3}+3] = 3\\ \int_1^3 \frac{dx}{(x-1)^{2/3}} &= \lim_{c\to 1^+}\int_c^3 \frac{dx}{(x-1)^{2/3}}\\ &= \lim_{c\to 1^+} 3(x-1)^{1/3}\Big]_c^3\\ &= [3(3-1)^{1/3}-3(c-1)^{1/3}] = 3\sqrt[3]{2}\end{aligned}$$

따라서,

$$\int_0^3 \frac{dx}{(x-1)^{2/3}} = \int_0^1 \frac{dx}{(x-1)^{2/3}} + \int_1^3 \frac{dx}{(x-1)^{2/3}} = 3+3\sqrt[3]{2}$$

이다. ■

7.6.2 특이적분의 수렴 여부

특이적분을 직접 계산할 수 없을 때가 있다. 그럴 때는 먼저 특이적분이 수렴하는지, 발산하는지를 판단해야 한다. 발산하면 더 이상은 필요가 없다. 그러나 수렴한다면 그 값을 수치방법(numerical methods)을 사용하여 근사적으로 계산한다. 수렴 여부를 판단하는 대표적인 방법이 직접비교법이다.

정리 3 직접비교법

함수 f와 g가 구간 $[a, \infty)$에서 연속이고, 모든 $x \geq a$에 대하여 $0 \leq f(x) \leq g(x)$이면,

(a) $\int_a^\infty g(x)dx$이 수렴하면 $\int_a^\infty f(x)dx$도 수렴한다.

(b) $\int_a^\infty f(x)dx$이 발산하면 $\int_a^\infty g(x)dx$도 발산한다.

예제 7.19

직접비교법을 이용하여 특이적분의 수렴 여부를 판단하여라.

(1) $\int_1^\infty \frac{\sin^2 x}{x^2}dx$ (2) $\int_1^\infty \frac{1}{\sqrt{x^2-0.2}}dx$

풀이 +

(1) 구간 $[1,\infty)$에서 $0 \le \dfrac{\sin^2 x}{x^2} \le \dfrac{1}{x^2}$이고 $\displaystyle\int_1^\infty \frac{1}{x^2}dx$이 수렴하므로 $\displaystyle\int_1^\infty \frac{\sin^2 x}{x^2}dx$도 수렴한다.

(2) 구간 $[1,\infty)$에서 $\dfrac{1}{\sqrt{x^2-0.2}} \ge \dfrac{1}{x}$이고, $\displaystyle\int_1^\infty \frac{1}{x}dx$이 발산하므로 $\displaystyle\int_1^\infty \frac{1}{\sqrt{x^2-0.2}}dx$도 발산한다.

■

7.5 부분 연속 함수

우리는 대부분의 함수가 연속인 경우에 관심이 많지만, 통계 및 공학 등 많은 응용 분야에서는 많은 함수들이 부분 연속이다.

정의 3

함수 $f(x)$가 구간 I에서 오직 유한 개의 불연속점을 가지고, 모든 내부점(interior point)에서 유한이고, 좌극한 $\lim_{x\to c-0} f(x)$과 우극한 $\lim_{x\to c+0} f(x)$을 가지고, 구간의 끝점에서는 적절한 한쪽 극한을 가지고 유한일 때 함수 $f(x)$를 구간 I에서 **부분 연속**(piecewise continuous) 함수라고 한다.

모든 부분 연속 함수는 적분 가능하다. 불연속점들은 구간 I를 개구간과 반개구간으로 나누고 여기에서 함수 $f(x)$는 연속이다. 따라서 부분 연속 함수의 정적분은 불연속점에 의하여 나누어지는 부분구간들에 대하여 적분을 하여 더하면 된다.

예제 7.20

함수

$$f(x)=\begin{cases}1-x, & -1\le x<0\\ x^2, & 0\le x<2\\ -1, & 2\le x\le 3\end{cases}$$

에 대하여 정적분 $\displaystyle\int_{-1}^{3} f(x)\,dx$을 구하여라.

풀이 +

함수 $f(x)$의 그래프는 〈그림 7.8〉과 같다.

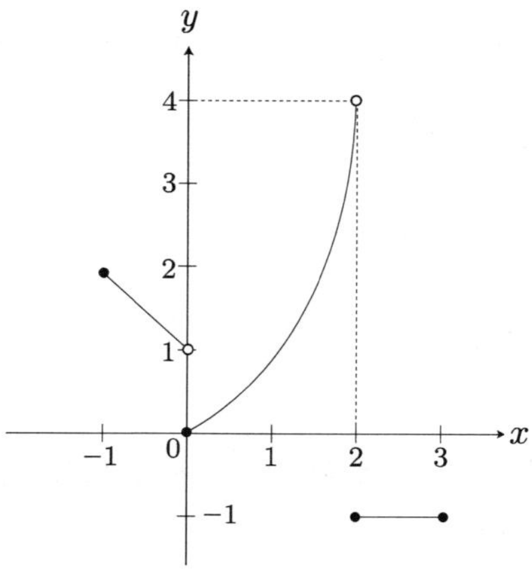

〈그림 7.8〉 $y=f(x)$의 그래프

구간 $[-1,3]$의 $x=0$, $x=2$에서 불연속이므로 부분구간으로 나누어 적분한다.

$$\begin{aligned}\int_{-1}^{3} f(x)\,dx &= \int_{-1}^{0}(1-x)\,dx+\int_{0}^{2}x^2\,dx+\int_{2}^{3}(-1)dx\\ &=\left[x-\frac{x^2}{2}\right]_{-1}^{0}+\left[\frac{x^3}{3}\right]_{0}^{2}+\left[-x\ \right]_{2}^{3}\\ &=\frac{3}{2}+\frac{8}{3}-1=\frac{19}{6}\end{aligned}$$

■

CHAPTER 07

연습문제

01 미분적분의 기본정리를 이용하여 다음을 구하여라.

(1) $\dfrac{d}{dx}\displaystyle\int_0^x \sqrt{1+t^2}\,dt$

(2) $\dfrac{d}{dx}\displaystyle\int_0^{x^2} e^{-2t}dt$

(3) $\dfrac{d}{dx}\displaystyle\int_{\sqrt{x}}^0 \cos(t^2)dt$

(4) $\dfrac{d}{dx}\displaystyle\int_{x^2/2}^{x^2} \frac{1}{2}\ln t dt$

(5) $\dfrac{d}{dx}\displaystyle\int_0^{\ln x} \cos(e^t)dt$

02 다음 정적분을 구하여라.

(1) $\displaystyle\int_{-1}^1 (3x^2-4x+7)\,dx$

(2) $\displaystyle\int_1^2 \frac{4}{v^2}\,dv$

(3) $\displaystyle\int_0^1 (8s^3-12s^2+5)\,ds$

(4) $\displaystyle\int_1^{27} x^{-4/3}\,dx$

(5) $\displaystyle\int_1^4 \frac{dt}{t\sqrt{t}}$

03 다음 정적분을 구하여라.

(1) $\displaystyle\int_0^3 \sqrt{x+1}\,dx$

(2) $\displaystyle\int_0^{\pi/8} \sin 2x dx$

(3) $\displaystyle\int_0^1 \frac{36\,dx}{(2x+1)^3}$

(4) $\displaystyle\int_0^1 \frac{dr}{\sqrt[3]{(7-5r)^2}}$

(5) $\displaystyle\int_2^\infty \frac{dv}{\sqrt{v-1}}$

(6) $\displaystyle\int_{-\infty}^x \theta e^{-\theta t}dt, \quad (\theta>0)$

04 치환적분을 이용하여 다음 정적분을 구하여라.

(1) $\int_0^{\pi/4} \tan x \sec^2 x\, dx$

(2) $\int_0^{\pi} 3\cos^2 x \sin x\, dx$

(3) $\int_0^{\sqrt{7}} t(t^2+1)^{1/3}\, dt$

(4) $\int_{-1}^{1} \frac{5r}{(4+r^2)^2}\, dr$

(5) $\int_0^{\sqrt{3}} \frac{4x}{\sqrt{x^2+1}}\, dx$

(6) $\int_0^{\pi/6} (1-\cos 3t)\sin 3t\, dt$

(7) $\int_{-\pi/2}^{0} \left(2+\tan\frac{t}{2}\right)\sec^2\frac{t}{2}\, dt$

(8) $\int_0^{2\pi} \frac{\cos z}{\sqrt{4+3\sin z}}\, dz$

(9) $\int_{-\pi/2}^{0} \frac{\sin w}{(3+2\cos w)^2}\, dw$

(10) $\int_0^1 \sqrt{t^5+2t}\,(5t^4+2)\, dt$

(11) $\int_1^4 \frac{1}{2\sqrt{y}(1+\sqrt{y})^2}\, dy$

(12) $\int_0^{\pi/6} \cos^{-3}2\theta \sin 2\theta\, d\theta$

(13) $\int_{\pi}^{3\pi/2} \cot^5\left(\frac{\theta}{6}\right)\sec^2\left(\frac{\theta}{6}\right) d\theta$

(14) $\int_0^{\pi/4} (1-\sin 2t)^{3/2}\cos 2t\, dt$

(15) $\int_0^1 (4y-y^2+4y^3+1)^{-2/3}(12y^2-2y+4)\, dy$

(16) $\int_1^4 \frac{(1+\sqrt{u})^{1/2}}{\sqrt{u}}\, du$

(17) $\int_{1/8}^{1} x^{-1/3}(1-x^{2/3})^{3/2}\, dx$

(18) $\int_0^{1/2} x^3(1+9x^4)^{-3/2}\, dx$

(19) $\int_0^{\pi} 5(5-4\cos t)^{1/4}\sin t\, dt$

(20) $\int_0^{\pi/4} (1+e^{\tan\theta})\sec^2\theta\, d\theta$

(21) $\int_2^4 \frac{dx}{x(\ln x)^2}$

(22) $\int_0^{\ln\sqrt{3}} \frac{e^x dx}{1+e^{2x}}$

(23) $\int_0^1 \frac{4ds}{\sqrt{4-s^2}}$

(24) $\int_{\sqrt{2}}^{2} \frac{\sec^2(\sec^{-1}x)dx}{x\sqrt{x^2-1}}$

(25) $\int_1^e \frac{1}{x}(1+7\ln x)^{-1/3} dx$

(26) $\int_0^{\pi/2} 5(\sin x)^{3/2}\cos x\, dx$

(27) $\int_1^4 \frac{(\ln x)^3}{2x}\, dx$

(28) $\int_{\ln(\pi/6)}^{\ln(\pi/2)} 2e^v \cos e^v\, dv$

(29) $\int_0^2 \frac{\log_2(x+2)}{x+2}\, dx$

(30) $\int_0^{\pi/2} 5(\sin x)^{3/2}\cos x\, dx$

(31) $\int_{-1}^{1} 2x\sin(1-x^2)\,dx$

(32) $\int_{0}^{\pi/2} \frac{3\sin x\cos x}{\sqrt{1+3\sin^2 x}}\,dx$

(33) $\int_{0}^{\pi/4} \frac{\sec^2 x}{(1+7\tan x)^{2/3}}\,dx$

(34) $\int_{\pi^2/36}^{\pi^2/4} \frac{\cos\sqrt{t}}{\sqrt{t}\sin\sqrt{t}}\,dt$

(35) $\int_{0}^{\pi/2} \tan\theta\, d\theta$

(36) $\int_{0}^{\ln 2} x^{-2}e^{-1/x}\,dx$

(37) $\int_{-\infty}^{\infty} \frac{2x\,dx}{(x^2+1)^2}$

(38) $\int_{0}^{1} xe^{-x^2}\,dx$

05 치환적분보다는 $\frac{f'(x)}{f(x)}$꼴의 공식을 이용하여 다음 정적분을 구하여라.

(1) $\int_{0}^{\pi} \frac{\sin t}{2-\cos t}\,dt$

06 부분적분을 이용하여 다음 정적분을 구하여라.

(1) $\int_{-\infty}^{0} \theta e^{\theta}\,d\theta$

(2) $\int_{0}^{1} x\ln x\,dx$

(3) $\int_{-1}^{1} \ln|x|\,dx$

(4) $\int_{0}^{\infty} x^3 e^{-x}\,dx$

07 삼각함수의 여러 공식을 이용하여 다음 정적분을 구하여라.

(1) $\int_{0}^{\pi/2} \sin^2\frac{1}{2}x\,dx$

(2) $\int_{\pi}^{3\pi} \cot^2\frac{x}{6}\,dx$

(3) $\int_{-\pi/3}^{0} \sec x\tan x\,dx$

(4) $\int_{\pi/2}^{\pi} \frac{\sin 2x}{2\sin x}\,dx$

(5) $\int_{0}^{\pi/4} \cos^2\left(4t-\frac{\pi}{4}\right)dt$

(6) $\int_{\pi/4}^{3\pi/4} \csc^2 x\,dx$

(7) $\int_{0}^{\pi} \tan^2\frac{\theta}{3}\,d\theta$

(8) $\int_{\pi/4}^{3\pi/4} \csc z\cot z\,dz$

08 삼각함수의 역함수의 정적분을 이용하여 다음을 구하여라.

(1) $\int_0^{1/2} \frac{4}{\sqrt{1-x^2}}dx$

(2) $\int_{\sqrt{2}/2}^{\sqrt{3}/2} \frac{dx}{\sqrt{1-x^2}}$

(3) $\int_0^1 \frac{dx}{1+x^2}$

(4) $\int_{2/\sqrt{3}}^{\sqrt{2}} \frac{dx}{x\sqrt{x^2-1}}$

(5) $\int_1^2 \frac{ds}{s\sqrt{s^2-1}}$

(6) $\int_{\infty}^{-\infty} \frac{1}{\pi} \frac{1}{1+t^2}dt$

09 함수 $f(x)$가 다음과 같이 주어졌을 때,

$$f(x) = \begin{cases} 2e^{-2x}, & x > 0 \\ 0, & x \le 0 \end{cases}$$

정적분 $\int_{-\infty}^{\infty} x \cdot f(x)dx$을 구하여라.

10 함수 $f(x) = \lambda e^{-\lambda x}$, $x \ge 0$에 대하여 정적분 $\int_{-\infty}^{\infty} x \cdot f(x)dx$을 구하여라.

11 두 곡선으로 둘러싸인 영역의 넓이를 구하여라.

(1) $y = \ln x$ 와 $y = \ln 2x$ 사이와 $x = 1$ 에서 $x = 5$

(2) $y = 2x/(1+x^2)$과 x축의 구간 $-2 \le x \le 2$

12 다음 부분분수를 이용하여 적분을 구하여라.

(1) $\int_{-\infty}^{-2} \frac{2dx}{x^2-1}$

(2) $\int_{-1}^{\infty} \frac{d\theta}{\theta^2+5\theta+6}$

➥ 연습문제 풀이

01 (1) $\frac{d}{dx}\int_0^x \sqrt{1+t^2}\,dt = \sqrt{1+x^2}$

(2) $\frac{d}{dx}\int_0^{x^2} e^{-2t}dt = 2x \times e^{-2x^2} = 2xe^{-2x^2}$

(3) $\frac{d}{dx}\int_{\sqrt{x}}^0 \cos(t^2)dt = -\frac{1}{2\sqrt{x}}cosx$

(4) $\frac{d}{dx}\int_{x^2/2}^{x^2} \frac{1}{2}\ln t dt = 2x \times \frac{1}{2}lnx^2 - x \times \frac{1}{2}\ln\frac{x^2}{2}$

$= x\ln x^2 - \frac{1}{2}x(\ln x^2 - \ln 2)$

$= \frac{x}{2}\ln x^2 + \frac{1}{2}xln2$

(5) $\frac{d}{dx}\int_0^{\ln x} \cos(e^t)dt = \frac{1}{x}\cos x$

02 (1) $\int_{-1}^1 (3x^2-4x+7)\,dx = \left[x^3 - 2x^2 + 7x\right]_{-1}^1 = 16$

(2) $\int_1^2 \frac{4}{v^2}dv = \left[-4v^{-1}\right]_1^2 = 2$

(3) $\int_0^1 (8s^3 - 12s^2 + 5)\,ds = \left[2s^4 - 4s^3 + 5s\right]_0^1 = 3$

(4) $\int_1^{27} x^{-4/3}dx = \left[-3x^{-\frac{1}{3}}\right]_1^{27} = 2$

(5) $\int_1^4 \frac{dt}{t\sqrt{t}} = \left[-2t^{-\frac{1}{2}}\right]_1^4 = 1$

03 (1) $\int_0^3 \sqrt{x+1}\,dx = \int_0^3 (x+1)^{\frac{1}{2}}dx = \left[\frac{2}{3}(x+1)^{\frac{3}{2}}\right]_0^3 = \frac{14}{3}$

(2) $\int_0^{\pi/8} \sin 2x dx = \left[-\frac{1}{2}\cos 2x\right]_0^{\pi/8} = \frac{1}{2} - \frac{1}{2\sqrt{2}}$

(3) $\int_0^1 \frac{36\,dx}{(2x+1)^3} = \left[-\frac{9}{(2x+1)^2}\right]_0^1 = 8$

(4) $x = \frac{1}{\sqrt[3]{(7-5r)^2}}$ 으로 치환하면 $x^{-3/2} = 7-5r$ 이고, $-\frac{3}{2}x^{-5/2}dx = -5dr$ 이고 적분 구간은 $r: 0 \to 1$ 에서 $x: 7^{-2/3} \to 2^{-2/3}$ 이 되므로 $\int_{7^{-2/3}}^{2^{-2/3}} \frac{3}{10}x^{-3/2}dx = \left[-\frac{3}{5}x^{-1/2}\right]_{7^{-2/3}}^{2^{-2/3}} = \frac{3}{5}(\sqrt[3]{7} - \sqrt[3]{2})$

(5) $x = \sqrt{v-1}$ 으로 치환하면 $x^2 = v-1$ 이고 $2xdx = dv$ 이고 적분 구간은 $v: 2 \to \infty$ 에서 v 이 되므로

$\int_2^\infty \frac{dv}{\sqrt{v-1}} = \int_1^\infty 2dx = [2x]_1^\infty = \infty$

(6) $y = e^{-\theta t}$ 으로 치환하면 $\ln y = -\theta t$ 이고, $\frac{dy}{y} = -\theta dt$ 이고 적분 구간은 $t: -\infty \to x$ 에서 $y: \infty \to e^{-\theta x}$ 이 되

므로 $\int_{-\infty}^{x} \theta e^{-\theta t}dt = \int_{\infty}^{e^{-\theta x}} -dy = [-y]_{\infty}^{e^{-\theta x}} = \infty$이다.

04 (1) $y=\tan x$로 치환하면 $dy=\sec^2 x dx$이고 적분 구간은 $x: 0\to\pi/4$에서 $y: 0\to 1$이 되므로

$$\int_0^{\pi/4} \tan x \sec^2 x\, dx = \int_0^1 y dy = \left[\frac{1}{2}y^2\right]_0^1 = \frac{1}{2}\text{이다.}$$

(2) $y=\cos x$로 치환하면 $dy=-\sin x dx$이고 적분 구간은 $x: 0\to\pi$에서 $y: 1\to-1$이 되므로

$$\int_0^{\pi} 3\cos^2 x \sin x\, dx = \int_1^{-1} -3y^2 dy = \int_{-1}^{1} 3y^2 dy = [y^3]_{-1}^{1} = 2\text{이다.}$$

(3) $y=t^2+1$로 치환하면 $dy=2tdt$이고 적분 구간은 $t: 0\to\sqrt{7}$에서 $y: 1\to 8$이 되므로

$$\int_0^{\sqrt{7}} t(t^2+1)^{1/3} dt = \int_1^8 \frac{1}{2}y^{1/3}dy = \left[\frac{3}{8}y^{4/3}\right]_1^8 = \frac{45}{8}\text{이다.}$$

(4) $y=4+r^2$으로 치환하면 $dy=2rdr$이고 적분 구간은 $r: -1\to 1$에서 $y: 5\to 5$이 되므로

$$\int_{-1}^{1} \frac{5r}{(4+r^2)^2} dr = \int_5^5 \frac{5}{2y^2}dy = 0\text{이다.}$$

(5) $y=x^2+1$으로 치환하면 $dy=2xdx$이고 적분 구간은 $x: 0\to\sqrt{3}$에서 $y: 1\to 4$이 되므로

$$\int_0^{\sqrt{3}} \frac{4x}{\sqrt{x^2+1}} dx = \int_1^4 \frac{2}{\sqrt{y}}dy = \left[4y^{1/2}\right]_1^4 = 4\text{이다.}$$

(6) $y=1-\cos 3t$로 치환하면 $dy=3\sin 3t dt$이고 적분 구간은 $t: 0\to\pi/6$에서 $y: 0\to 1$이 되므로

$$\int_0^{\pi/6} (1-\cos 3t)\sin 3t\, dt = \int_0^1 \frac{1}{3}y dy = \left[\frac{1}{6}y^2\right]_0^2 = \frac{1}{6}\text{이다.}$$

(7) $y=2+\tan\frac{t}{2}$으로 치환하면 $dy=\frac{1}{2}\sec^2\frac{t}{2}dt$이고 적분 구간은 $t: -\pi/2\to 0$에서 $y: 1\to 2$이 되므로

$$\int_{-\pi/2}^{0} \left(2+\tan\frac{t}{2}\right)\sec^2\frac{t}{2}\, dt = \int_1^2 2y dy = [y^2]_1^2 = 3\text{이다.}$$

(8) $y=4+3\sin z$로 치환하면 $dy=3\cos z dz$이고 적분 구간은 $z: 0\to 2\pi$에서 $y: 4\to 4$이 되므로

$$\int_0^{2\pi} \frac{\cos z}{\sqrt{4+3\sin z}} dz = \int_4^4 \frac{1}{3\sqrt{y}}dy = 0\text{이다.}$$

(9) $y=3+2\cos w$으로 치환하면 $dy=-2\sin w dw$이고 적분 구간은 $w: -\pi/2\to 0$에서 $y: 3\to 5$이 되므로

$$\int_{-\pi/2}^{0} \frac{\sin w}{(3+2\cos w)^2} dw = \int_3^5 -\frac{dy}{2y^2} = \left[\frac{1}{2y}\right]_3^5 = -\frac{1}{15}\text{이다.}$$

(10) $y=t^5+2t$로 치환하면 $dy=(5t^4+2)dt$이고 적분 구간은 $t: 0\to 1$에서 $y: 0\to 3$이 되므로

$$\int_0^1 \sqrt{t^5+2t}\,(5t^4+2)\, dt = \int_0^3 \sqrt{y}\, dy = \left[\frac{2}{3}y^{3/2}\right]_0^3 = 2\sqrt{3}\text{이다.}$$

(11) $x=1+\sqrt{y}$으로 치환하면 $dx=\frac{dy}{2\sqrt{y}}$이고 적분 구간은 $y: 1\to 4$에서 $x: 2\to 3$이 되므로

$$\int_1^4 \frac{dy}{2\sqrt{y}(1+\sqrt{y})^2} dy = \int_2^3 \frac{dx}{x^2} = \left[-\frac{1}{x}\right]_2^3 = \frac{1}{6}\text{이다.}$$

(12) $x=\cos 2\theta$로 치환하면 $dx=-2\sin 2\theta d\theta$이고 적분 구간은 $\theta: 0\to\pi/6$에서 $x: 1\to 1/2$이 되므로

$$\int_0^{\pi/6} \cos^{-3}2\theta \sin 2\theta\, d\theta = \int_1^{1/2} -\frac{dx}{2x^3}dx = \int_{1/2}^{1} \frac{dx}{2x^3}dx = \left[-\frac{1}{4x^2}\right]_{1/2}^{1} = \frac{3}{4}\text{이다.}$$

(13) 먼저 피적분함수를 조금 변형하면,

$$\int_{\pi}^{3\pi/2} \cot^5\left(\frac{\theta}{6}\right)\sec^2\left(\frac{\theta}{6}\right)d\theta = \int_{\pi}^{3\pi/2} \frac{\cos^5\left(\frac{\theta}{6}\right)}{\sin^5\left(\frac{\theta}{6}\right)} \times \frac{1}{\cos^2\left(\frac{\theta}{6}\right)} d\theta$$

$$= \int_{\pi}^{3\pi/2} \frac{\cos^3\left(\frac{\theta}{6}\right)}{\sin^5\left(\frac{\theta}{6}\right)} d\theta = \int_{\pi}^{3\pi/2} \cot^3\left(\frac{\theta}{6}\right)\csc^2\left(\frac{\theta}{6}\right)d\theta$$

이므로 $x=\cot\left(\frac{\theta}{6}\right)$로 치환하면 $dx=-\frac{1}{6}csc^2\left(\frac{\theta}{6}\right)d\theta$ 이고 적분 구간은 $\theta:\pi\to 3\pi/2$에서 $x:\sqrt{3}\to 1$이 되므로

$$\int_{\pi}^{3\pi/2} \cot^3\left(\frac{\theta}{6}\right)\csc^2\left(\frac{\theta}{6}\right)d\theta = \int_{1}^{\sqrt{3}} 6x^3dx = \left[\frac{3}{2}x^4\right]_1^{\sqrt{3}} = 12\text{이다.}$$

(14) $y=1-\sin 2t$로 치환하면 $dy=-2\cos 2t dt$이고 적분 구간은 $t:0\to\pi/4$에서 $y:1\to 0$이 되므로

$$\int_0^{\pi/4}(1-\sin 2t)^{3/2}\cos 2t\,dt = \int_0^1 \frac{1}{2}y^{3/2}dy = \left[\frac{1}{5}y^{5/2}\right]_0^1 = \frac{1}{5}\text{이다.}$$

(15) $x=4y-y^2+4y^3+1$로 치환하면 $dx=(12y^2-2y+4)dy$이고 적분 구간은 $y:0\to 1$에서 $x:1\to 8$이 되므로 $\int_0^1(4y-y^2+4y^3+1)^{-2/3}(12y^2-2y+4)\,dy = \int_1^8 x^{-\frac{2}{3}}dx = \left[3x^{\frac{1}{3}}\right]_1^8 = 3$이다.

(16) $x=1+\sqrt{u}$로 치환하면 $dx=\frac{1}{2\sqrt{u}}du$이고 적분 구간은 $u:1\to 4$에서 $x:2\to 3$이 되므로

$$\int_1^4 \frac{(1+\sqrt{u})^{1/2}}{\sqrt{u}}du = \int_2^3 2y^{1/2}dy = \left[\frac{4}{3}y^{3/2}\right]_2^3 = \frac{4}{3}(3\sqrt{3}-2\sqrt{2})\text{이다.}$$

(17) $y=1-x^{2/3}$로 치환하면 $dy=-\frac{2}{3}x^{-1/3}dx$이고 적분 구간은 $x:1/8\to 1$에서 $y:3/4\to 0$이 되므로

$$\int_{1/8}^1 x^{-1/3}(1-x^{2/3})^{3/2}dx = \int_0^{3/4}\frac{3}{2}y^{3/2}dy = \left[\frac{3}{5}y^{5/2}\right]_0^{3/4} = \frac{27\sqrt{3}}{160}\text{이다.}$$

(18) $y=1+9x^4$로 치환하면 $dy=36x^3dx$이고 적분 구간은 $x:0\to 1/2$에서 $y:1\to 25/16$이 되므로

$$\int_0^{1/2}x^3(1+9x^4)^{-3/2}dx = \int_1^{25/16}\frac{1}{36}y^{-3/2}dy = \left[-\frac{1}{18}y^{-1/2}\right]_1^{25/16} = \frac{1}{90}\text{이다.}$$

(19) $y=5-4\cos t$로 치환하면 $dy=4\sin t dt$이고 적분 구간은 $t:0\to\pi$에서 $y:1\to 9$가 되므로

$$\int_0^{\pi}5(5-4\cos t)^{1/4}\sin t\,dt = \int_1^9\frac{5}{4}y^{1/4}dy = \left[y^{5/4}\right]_1^9 = 9\sqrt{3}-1\text{이다.}$$

(20) $y=\tan\theta$로 치환하면 $dy=\sec^2\theta d\theta$이고 적분 구간은 $\theta:0\to\pi/4$에서 $y:0\to 1$이 되므로

$$\int_0^{\pi/4}(1+e^{\tan\theta})\sec^2\theta d\theta = \int_0^1(1+e^y)dy = \left[y+e^y\right]_0^1 = e\text{이다.}$$

(21) $y=\ln x$로 치환하면 $dy=\frac{dx}{x}$이고 적분 구간은 $x:2\to 4$에서 $y:\ln 2\to\ln 4$이 되므로

$$\int_2^4\frac{dx}{x(\ln x)^2} = \int_{\ln 2}^{\ln 4}\frac{dy}{y^2} = \left[-\frac{1}{y}\right]_{\ln 2}^{\ln 4} = \frac{1}{2\ln 2}\text{이다.}$$

(22) $y=e^x$로 치환하면 $dy=e^xdx$이고 적분 구간은 $x:0\to\ln\sqrt{3}$에서 $y:1\to\sqrt{3}$이 되므로

$$\int_0^{\ln\sqrt{3}}\frac{e^xdx}{1+e^{2x}} = \int_1^{\sqrt{3}}\frac{dy}{1+y^2} = \left[\tan^{-1}x\right]_1^{\sqrt{3}} = \tan^{-1}\sqrt{3}-\tan^{-1}1\text{이다.}$$

(23) $s=2\sin x$로 치환하면 $ds=2\cos x dx$이고 적분 구간은 $s:0\to 1$에서 $x:0\to\pi/6$이 되므로

$$\int_0^1 \frac{4ds}{\sqrt{4-s^2}} = \int_0^{\pi/6} \frac{8\cos x dx}{\sqrt{4-4\sin^2 x}} = \int_0^{\pi/6} \frac{8\cos x dx}{2\cos x} = \int_0^{\pi/6} 4dx = \Big[4x\Big]_0^{\pi/6} = \frac{2\pi}{3}$$ 이다.

(24) $y=\sec^{-1}x$로 치환하면 $\sec y = x$이며 $\sec y \tan y dy = dx$이고 적분 구간은 x: $\sqrt{2}\to 2$에서 $y: \pi/4 \to \pi/3$이 되므로 $\int_{\sqrt{2}}^2 \frac{\sec^2(\sec^{-1}x)dx}{x\sqrt{x^2-1}} = \int_{\pi/4}^{\pi/3} \frac{\sec^3 y \tan y dy}{\sec y\sqrt{\tan^2 y}} = \int_{\pi/4}^{\pi/3} \sec^2 y dy = \Big[\tan y\Big]_{\pi/4}^{\pi/3} = \sqrt{3}-1$이다.

(25) $y=1+7\ln x$로 치환하면 $dy=\frac{7}{x}dx$이고 적분 구간은 x: $1\to e$에서 $y: 1\to 8$이 되므로

$$\int_1^e \frac{1}{x}(1+7\ln x)^{-1/3}dx = \int_1^8 \frac{1}{7}y^{-1/3}dy = \left[\frac{3}{14}y^{2/3}\right]_1^8 = \frac{9}{14}$$ 이다.

(26) $y=\sin x$로 치환하면 $dy=\cos x dx$이고 적분 구간은 x: $0\to\pi/2$에서 $y: 0\to 1$이 되므로

$$\int_0^{\pi/2} 5(\sin x)^{3/2}\cos x dx = \int_0^1 5y^{3/2}dy = \left[2y^{5/2}\right]_0^1 = 2$$ 이다.

(27) $y=\ln x$로 치환하면 $dy=\frac{1}{x}dx$이고 적분 구간은 x: $1\to 4$에서 $y: 0\to \ln 4$이 되므로

$$\int_1^4 \frac{(\ln x)^3}{2x}dx = \int_0^{\ln 4}\frac{y^3}{2}dy = \left[\frac{y^4}{8}\right]_0^{\ln 4} = \frac{(\ln 4)^4}{8}$$ 이다.

(28) $y=e^v$로 치환하면 $dy=e^v dv$이고 적분 구간은 v: $\ln(\pi/6)\to\ln(\pi/2)$에서 $y: \pi/6\to\pi/2$이 되므로

$$\int_{\ln(\pi/6)}^{\ln(\pi/2)} 2e^v \cos e^v dv = \int_{\pi/6}^{\pi/2} 2\cos y dy = \Big[2\sin y\Big]_{\pi/6}^{\pi/2} = 1$$ 이다.

(29) $y=\log_2(x+2)$로 치환하면 $dy=\frac{1}{\ln 2(x+2)}dx$이고 적분 구간은 x: $0\to 2$에서 $y: 1\to 2$이 되므로

$$\int_0^2 \frac{\log_2(x+2)}{x+2}dx = \int_1^2 \ln 2 \cdot y dy = \left.\frac{\ln 2}{2}y^2\right]_1^2 = \frac{3\ln 2}{2}$$ 이다.

(30) $y=\sin x$로 치환하면 $dy=\cos x dx$이고 적분 구간은 x: $0\to\pi/2$에서 $y: 0\to 1$이 되므로

$$\int_0^{\pi/2} 5(\sin x)^{3/2}\cos x\, dx = \int_0^1 5y^{3/2}dy = \left[2y^{5/2}\right]_0^1 = 2$$ 이다.

(31) $y=1-x^2$로 치환하면 $dy=-2xdx$이고 적분 구간은 x: $-1\to 1$에서 $y: 0\to 0$이 되므로

$$\int_{-1}^1 2x\sin(1-x^2)dx = \int_0^0 -\sin y dy = 0$$ 이다.

(32) $y=\sqrt{1+3\sin^2 x}$로 치환하면 $2ydy = 6\sin x\cos x dx$이고 적분 구간은 x: $0\to\pi/2$에서 $y: 0\to 1$이 되므로

$$\int_0^{\pi/2}\frac{3\sin x\cos x}{\sqrt{1+3\sin^2 x}}dx = \int_0^2 \frac{y}{y}dy = [y]_1^2 = 1$$ 이다.

(33) $y=(1+7\tan x)^{2/3}$로 치환하면 $\frac{3}{2}y^{\frac{1}{2}}dy = 7\sec^2 x dx$이고 적분 구간은 x: $0\to\pi/4$에서 $y: 1\to 4$이 되므로

$$\int_0^{\pi/4}\frac{\sec^2 x}{(1+7\tan x)^{2/3}}dx = \int_1^4 \frac{3y^{1/2}}{14y}dy = \left[\frac{3}{7}y^{1/2}\right]_1^4 = \frac{3}{7}$$ 이다.

(34) $x=\sin\sqrt{t}$로 치환하면 $dx=\frac{1}{2\sqrt{t}}\cos\sqrt{t}\,dt$이고 적분 구간은 t: $\pi^2/36\to\pi^2/4$에서 x: $\frac{1}{2}\to 1$이 되므로

$$\int_{\pi^2/36}^{\pi^2/4}\frac{\cos\sqrt{t}}{\sqrt{t\sin\sqrt{t}}}dt = \int_{1/2}^1 \frac{2}{\sqrt{x}}dx = \Big[4\sqrt{x}\Big]_{1/2}^1 = 4-2\sqrt{2}$$ 이다.

(35) $y=\cos\theta$로 치환하면 $dy=-\sin\theta d\theta$이고 적분 구간은 θ: $0\to\pi/2$에서 y: $1\to 0$이 되므로

$$\int_0^{\pi/2}\tan\theta d\theta=\int_0^{\pi/2}\frac{\sin\theta}{\cos\theta}d\theta=\int_0^1\frac{1}{y}dy=\Big[\ln y\Big]_0^1=\infty \text{이다.}$$

(36) $y=e^{-1/x}$로 치환하면 $dy=x^{-2}e^{-1/x}dx$이고 적분 구간은 $x:0\to\ln2$에서 $y:0\to e^{-1/\ln2}$이 되므로

$$\int_0^{\ln 2}x^{-2}e^{-1/x}dx=\int_0^{e^{-1/\ln2}}dy=\Big[y\Big]_0^{e^{-1/\ln2}}=e^{-1/\ln2}\text{이다.}$$

(37) $y=x^2+1$로 치환하면 $dy=2xdx$이고 적분 구간은 $x:-\infty\to\infty$에서 $y:\infty\to\infty$이 되므로

$$\int_{-\infty}^{\infty}\frac{2xdx}{(x^2+1)^2}=\int_{\infty}^{\infty}\frac{dy}{y^2}=0\text{이다.}$$

(38) $\displaystyle\int_0^1 xe^{-x^2}dx=-\frac{1}{2}(\frac{1}{e}-1)=\frac{e-1}{2e}$

05 (1) $\displaystyle\int_0^{\pi}\frac{\sin t}{2-\cos t}dt=\Big[\ln(2-\cos t)\Big]_0^{\pi}=\ln3$

06 (1) $\displaystyle\int_{-\infty}^{0}\theta e^{\theta}d\theta=\Big[\theta e^{\theta}\Big]_{-\infty}^{0}-\int_{-\infty}^{0}e^{\theta}d\theta=-\Big[e^{\theta}\Big]_{-\infty}^{0}=-1$

(2) $\displaystyle\int_0^1 x\ln x dx=\Big[\frac{1}{2}x^2\ln x\Big]_0^1-\int_0^1\frac{1}{2}xdx=-\Big[\frac{1}{4}x^2\Big]_0^1=-\frac{1}{4}$

(3) $\displaystyle\int_{-1}^{1}\ln|x|dx=\Big[x\ln|x|\Big]_{-1}^{1}-\int_{-1}^{1}dx=-\Big[x\Big]_{-1}^{1}=-2$

(4) $\displaystyle\int_0^{\infty}x^3e^{-x}dx=3\cdot2\cdot1=6$

07 (1) $\displaystyle\int_0^{\pi/2}\sin^2\frac{1}{2}x\,dx=\int_0^{\pi/2}(\frac{1}{2}-\frac{\cos x}{2})dx=\Big[\frac{1}{2}x-\frac{\sin x}{2}\Big]_0^{\pi/2}=\frac{\pi}{4}-\frac{1}{2}$

(2) $\displaystyle\int_{\pi}^{3\pi}\cot^2\frac{x}{6}dx=\int_{\pi}^{3\pi}\left(\csc^2\frac{x}{6}-1\right)dx=\Big[-6\cot\frac{x}{6}\Big]_{\pi}^{3\pi}-\Big[x\Big]_{\pi}^{3\pi}=6\sqrt{3}-2\pi$

(3) $\displaystyle\int_{-\pi/3}^{0}\sec x\tan x dx=\Big[\sec x\Big]_{-\pi/3}^{0}=-1$

(4) $\displaystyle\int_{\pi/2}^{\pi}\frac{\sin2x}{2\sin x}dx=\int_{\pi/2}^{\pi}\cos x dx=[\sin x]_{\pi/2}^{\pi}=-1$

(5) $\displaystyle\int_0^{\pi/4}\cos^2\left(4t-\frac{\pi}{4}\right)dt=\int_0^{\frac{4}{\pi}}\frac{1+\cos(8t-\frac{\pi}{2})}{2}dt=\Big[\frac{t}{2}+\frac{1}{16}\sin(8t-\frac{\pi}{2})\Big]_0^{\frac{\pi}{4}}$

$\displaystyle=\frac{1}{2}\left(\frac{\pi}{4}-0\right)+\frac{1}{16}(-1-(-1))$

$\displaystyle=\frac{\pi}{8}$

(6) $\displaystyle\int_{\pi/4}^{3\pi/4}\csc^2x\,dx=\Big[-\cot x\Big]_{\pi/4}^{3\pi/4}=2$

(7) $\displaystyle\int_0^{\pi}\tan^2\frac{\theta}{3}d\theta=\int_0^{\pi}\left(\sec^2\frac{\theta}{3}-1\right)d\theta=\Big[3\tan\frac{\theta}{3}\Big]_0^{\pi}-\Big[\theta\Big]_0^{\pi}=3\sqrt{3}-\pi$

(8) $\int_{\pi/4}^{3\pi/4} \csc z \cot z\, dz = \left[-\csc z \right]_{\pi/4}^{3\pi/4} = 0$

08 (1) $\int_0^{1/2} \frac{4}{\sqrt{1-x^2}} dx = 4\sin^{-1}x \Big]_0^{1/2} = 4 \cdot \frac{\pi}{6} - 0 = \frac{2\pi}{3}$

(2) $\int_{\sqrt{2}/2}^{\sqrt{3}/2} \frac{dx}{\sqrt{1-x^2}} = \sin^{-1}x \Big]_{\sqrt{2}/2}^{\sqrt{3}/2} = \sin^{-1}\left(\frac{\sqrt{3}}{2}\right) - \sin^{-1}\left(\frac{\sqrt{2}}{2}\right) = \frac{\pi}{3} - \frac{\pi}{4} = \frac{\pi}{12}$

(3) $\int_0^1 \frac{dx}{1+x^2} = \tan^{-1}x \Big]_0^1 = \tan^{-1}(1) - \tan^{-1}(0) = \frac{\pi}{4} - 0 = \frac{\pi}{4}$

(4) $\int_{2/\sqrt{3}}^{\sqrt{2}} \frac{dx}{x\sqrt{x^2-1}} = \sec^{-1}x \Big]_{2/\sqrt{3}}^{\sqrt{2}} = \frac{\pi}{4} - \frac{\pi}{6} = \frac{\pi}{12}$

(5) $\int_1^2 \frac{ds}{s\sqrt{s^2-1}} = \sec^{-1}s \Big]_1^2 = \frac{\pi}{3} - 0 = \frac{\pi}{3}$

(6) $\int_{\infty}^{-\infty} \frac{1}{\pi}\frac{1}{1+t^2} dt = \int_{-\infty}^{\infty} \frac{1}{\pi}\frac{-1}{1+t^2} dt = -\frac{1}{\pi}\tan^{-1}t \Big]_{-\infty}^{\infty} = -\frac{1}{\pi}\left(\frac{\pi}{2} - \left(-\frac{\pi}{2}\right)\right) = -1$

09 $\int_{-\infty}^{\infty} x \cdot f(x) = \int_0^{\infty} x \cdot f(x) = \int_0^{\infty} x \cdot 2e^{-2x} dx = [x(-e^{-2x})]_0^{\infty} + \int_0^{\infty} e^{-2x} dx$

$= 0 + [-\frac{1}{2}e^{-2x}]_0^{\infty} = \frac{1}{2}$

10 $\int_{-\infty}^{\infty} x \cdot f(x)\, dx = \int_0^{\infty} x \cdot \lambda e^{-\lambda x} dx = x \cdot (-e^{-\lambda x})]_0^{\infty} + \int_0^{\infty} e^{-\lambda x} dx$

$= 0 + \left[\frac{-1}{\lambda}e^{-\lambda x}\right]_0^{\infty}$

$= 0 - (-\frac{1}{\lambda})$

$= \frac{1}{\lambda}$

11 (1) $\int_1^5 (\ln 2x - \ln x)\, dx = \int_1^5 \ln 2\, dx = \ln 2 \cdot x \Big]_1^5 = 4\ln 2$

(2) 넓이이기 때문에 $\int_{-2}^{2} \left|\frac{2x}{x^2+1}\right| dx = 2\int_0^2 \frac{2x}{x^2+1} dx$

$= 2[\ln(x^2+1)]_0^2$

$= 2\ln 5$

12 (1) $\int_{-\infty}^{-2} \frac{2dx}{x^2-1} = \int_{-\infty}^{-2} \frac{1}{x-1} - \frac{1}{x+1} dx = \Big[\ln|x-1| - \ln|x+1|\Big]_{-\infty}^{-2} = \ln 3$

(2) $\int_{-1}^{\infty} \frac{d\theta}{\theta^2+5\theta+6} = \int_{-1}^{\infty} \frac{d\theta}{(\theta+2)(\theta+3)} = \int_{-1}^{\infty} \frac{1}{(\theta+2)} - \frac{1}{(\theta+3)} d\theta = \Big[\ln|\theta+2| - \ln|\theta+3|\Big]_{-1}^{\infty} = \ln 2$

Chapter

08

이중적분

8.1 적분영역이 직사각형인 경우

우리는 7장에서 정적분을 정의에 의하여 계산할 때 계산이 힘들다는 것을 알았다. 이러한 어려움을 해결해 주는 것이 바로 미적분의 기본정리로서 이 정리는 부정적분을 이용하여 함수의 정적분을 계산한다. 먼저 이중적분의 정의를 보자.

함수 $f(x,y)$는 직사각형으로 된 영역 $R=[a,b]\times[c,d]$에서 정의된 유계인 이변수 함수하고 하자.

직사각형 R를 x축과 y축 방향으로 각각 n_1개와 n_2개로 나누면 〈그림 8.1〉처럼 n_1n_2개의 작은 직사각형으로 분할된다. 작은 부분직사각형은 변의 길이가 $\Delta x_i = x_i - x_{i-1}$과 $\Delta y_j = y_j - y_{j-1}$이고, 넓이는 $\Delta A_{ij} = \Delta x_i \Delta y_j$이다. 이 부분사각형에 번호를 매겨 ΔA_1, ΔA_2, ΔA_3, $\cdots$, ΔA_n이라고 하자.

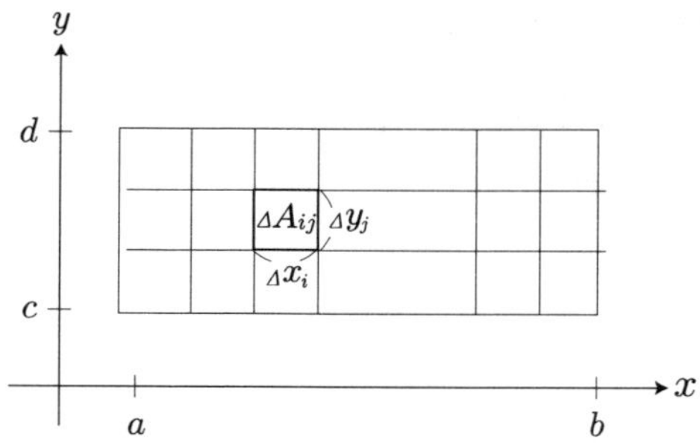

〈그림 8.1〉 이중적분의 적분영역의 분할

만일 n개의 부분사각형의 가로의 길이가 모두 같고, 세로의 길이도 모두 같다고 하면 공통넓이는 $\Delta A_k = \Delta x \Delta y$로 나타낸다. k번째 사각형 ΔA_k에서 어떤 하나의 점 (x_k,y_k)를 선택하여 함숫값 $f(x_k,y_k)$을 구하고 사각형의 넓이와 곱한 후 이를 전부 더한 값을

$$V_P = \sum_{k=1}^{n} f(x_k,y_k)\Delta A_k$$

라고 하자. 만일 분할 방법과 점 (x_k,y_k)의 선택에 관계없이 $n\to\infty$일 때, V_P의 극한은 다음과 같다.

$$\lim_{n\to\infty} V_P = \lim_{n\to\infty} \sum_{k=1}^{n} f(x_k,y_k)\Delta A_k$$

V_P의 극한이 수렴할 때 함수 f는 영역 R에서 **이중적분가능(double integrable)**하다고 하고 그 극한을 함수 f의 영역 R에서 **이중적분(double integral)**이라고 하고 다음과 같이 나타낸다.

$$\int\int_R f(x,y)dA \text{ 또는 } \int\int_R f(x,y)\,dx\,dy$$

함수 f의 영역 $R=[a,b]\times[c,d]$에서 이중적분 $\int\int_R f(x,y)dA$은 $f(x,y)>0$일 때 $y=f(x,y)$와 $R=[a,b]\times[c,d]$로 둘러싸인 입체의 부피를 나타낸다.

이중적분의 계산은 실제로 정의를 사용하지 않고 아래와 같은 반복적분에 의하여 계산하므로 이 방법에 대하여 학습하자.

먼저 x를 고정하고 $f(x,y)$를 $y=c$부터 $y=d$까지 y에 대하여 적분한 것을 $\int_c^d f(x,y)dy$라고 하고, $\int_c^d f(x,y)dy$는 x의 값에 의존하므로 x의 함수 $A(x)=\int_c^d f(x,y)dy$로 나타낼 수 있다. 이제 함수 $A(x)$를 $x=a$부터 $x=b$까지 x에 대하여 적분하면 다음과 같다.

$$\int_a^b A(x)dx=\int_a^b\left[\int_c^d f(x,y)dy\right]dx \tag{8.1}$$

식 (8.1)의 오른쪽의 적분을 **반복적분(iterated integral)**이라고 하는데, 보통은 괄호를 생략하고 다음과 같이 나타낸다.

$$\int_a^b\int_c^d f(x,y)dydx=\int_a^b\left[\int_c^d f(x,y)dy\right]dx \tag{8.2}$$

이것은 먼저 c부터 d까지 y에 대하여 적분하고 난 후 a부터 b까지 x에 대하여 적분한다는 의미가 된다. 유사하게, 반복적분

$$\int_c^d\int_a^b f(x,y)dxdy=\int_c^d\left[\int_a^b f(x,y)dx\right]dy \tag{8.3}$$

는 먼저 a부터 b까지 x에 대하여 적분하고 난 후 c부터 d까지 y에 대하여 적분한다는 의미가 된다. 식 (8.2)와 (8.3)에서 안쪽을 먼저 적분하고 바깥쪽을 적분한다라고 말한다.

예제 8.1

다음 반복적분으로 이중적분을 구하여라.

(1) $\int_1^2\int_0^3 x^2ydydx$　　　(2) $\int_0^3\int_1^2 x^2ydxdy$

풀이 +

(1) 먼저 x를 상수로 보고 y에 대하여 적분하면 $\int_0^3 x^2ydy = x^2\left[\frac{1}{2}y^2\right]_0^3 = x^2(\frac{9}{2}) = \frac{9}{2}x^2$이 되고 이를 x에 대하여 적분하면 $\int_1^2\int_0^3 x^2ydydx = \int_1^2 \frac{9}{2}x^2dx = \frac{21}{2}$가 된다.

(2) x에 대하여 먼저 적분하고, y에 대하여 적분하면

$$\int_0^3\int_1^2 x^2ydxdy = \int_0^3 y\left[\int_1^2 x^2dx\right]dy = \int_0^3 \frac{7}{3}ydy = \frac{21}{2}.$$

■

〈예제 8.1〉에서 보았듯이 일반적으로 x에 대하여 먼저 적분하나, y에 대하여 먼저 적분하나 같은 결과를 얻는다. 이를 정리한 것이 다음의 Fubini의 정리(Fubini's Theorem)이다.

정리 1 Fubini의 정리

함수 f가 영역 $R=\{(x,y)|a \le x \le b, c \le y \le d\}$에서 연속이면,

$$\iint_R f(x,y)dA = \int_a^b\int_c^d f(x,y)dydx = \int_c^d\int_a^b f(x,y)dxdy$$

이다.

예제 8.2

영역 $R=\{(x,y)|0 \le x \le 2, 1 \le y \le 2\}$에서 이중적분 $\iint_R (3y^2-x)dA$를 계산하시오.

풀이 +

$$\iint_R (3y^2-x)dA = \int_0^2\int_1^2 (3y^2-x)dydx = \int_0^2 \left|y^3-xy\right|_1^2 dx = \int_0^2 (7-x)dx = 12$$

■

예제 8.3

영역 $R=[1,2]\times[0,\frac{\pi}{2}]$에서 이중적분 $\iint_R y\sin(xy)dxdy$을 계산하시오.

풀이 +

$$\iint_R y\sin(xy)dxdy=\int_0^{\frac{\pi}{2}}\int_1^2 y\sin(xy)dxdy$$

$$=\int_0^{\frac{\pi}{2}}\Big[-\cos(xy)\Big]_1^2 dy=\int_0^{\frac{\pi}{2}}(-\cos 2y+\cos y)dy$$

$$=\Big[-\frac{1}{2}\sin 2y+\sin y\Big]_0^{\frac{\pi}{2}}=1$$

■

예제 8.4

다음 이중적분을 구하여라.

(1) $\int_0^1\int_0^1(x^2+y)dxdy$

(2) $\int_0^{\pi}\int_0^{\pi}x\sin y\,dydx$

풀이 +

(1) $$\int_0^1\int_0^1(x^2+y)dxdy=\int_0^1\Big[\frac{1}{3}x^3+yx\Big]_0^1 dy$$

$$=\int_0^1\Big[\frac{1}{3}+y\Big]dy=\Big[\frac{1}{3}y+\frac{1}{2}y^2\Big]_0^1=\frac{1}{3}+\frac{1}{2}=\frac{5}{6}$$

(2) $$\int_0^{\pi}\int_0^{\pi}x\sin y\,dydx=\int_0^{\pi}\Big[-x\cos y\Big]_0^{\pi}dx$$

$$=\int_0^{\pi}-x(\cos\pi-\cos 0)\,dx$$

$$=\int_0^{\pi}2x\,dx$$

$$=[x^2]_0^{\pi}=\pi^2$$

■

적분영역이 직사각형일 때, 편리한 공식 중의 하나가 다음 수식 (8.4)와 같이 피적분함수 $f(x,y)$가 x만의 함수 $g(x)$와 y만의 함수 $h(y)$의 곱으로 분해되는 경우이다.

정리 2 이중적분의 정리

피적분함수 $f(x,y)$가

$$f(x,y)=g(x)h(y) \tag{8.4}$$

를 만족할 때

$$\int_a^b\int_c^d f(x,y)dydx=\int_a^b g(x)dx\int_c^d h(y)dy \tag{8.5}$$

을 만족한다.

위 정리의 증명은 간단하므로 예제 8.5를 참조하기를 바란다.

예제 8.5

다음 이중적분을 구하여라.

(1) $\int_1^2\int_0^3 x^2ydydx$　　　(2) $\int_0^\pi\int_0^\pi x\sin y\,dydx$

풀이 +

이중적분의 피적함수가 모두 식 (8.4)를 만족하므로

(1) $\int_1^2\int_0^3 x^2ydydx=\int_1^2 x^2dx\int_0^3 ydy$

$$=\left[\frac{1}{3}x^3\right]_1^2\cdot\left[\frac{1}{2}y^2\right]_0^3=\frac{7}{3}\frac{9}{2}=\frac{21}{2}$$

이는 〈예제 8.1〉의 (1)번과 같은 결과임을 알 수 있다.

(2) $\int_0^\pi\int_0^\pi x\sin y\,dydx=\int_0^\pi xdx\int_0^\pi \sin y\,dy$

$$=\left[\frac{x^2}{2}\right]_0^\pi\cdot[-\cos y]_0^\pi$$

$$=\frac{\pi^2}{2}2=\pi^2$$

이는 〈예제 8.4〉의 (2)번과 같은 결과임을 알 수 있다. ■

예제 8.6

영역 $R=\{(x,y)|0<x<1, 0<y<1\}$에서 함수

$f(x,y)=\begin{cases} e^{-(x+y)}, & 0<x<\infty, 0<y<\infty \\ 0, & \text{기타} \end{cases}$의 이중적분을 구하여라.

풀이 +

$$\begin{aligned}\iint_R f(x,y)dA &= \int_0^1\int_0^1 f(x,y)dxdy \\ &= \int_0^1\int_0^1 e^{-(x+y)}dxdy \\ &= \int_0^1 e^{-x}dx\int_0^1 e^{-y}dy \\ &= \left[-e^{-x}\right]_0^1\cdot\left[-e^{-y}\right]_0^1 \\ &= -(e^{-1}-1)\cdot-(e^{-1}-1) \\ &= \left(\frac{1}{e}-1\right)^2\end{aligned}$$

■

8.2 일반영역에서 이중적분

만일 적분영역 R이 직사각형이 아닌 곡선으로 둘러싸여 있다면 우리는 먼저 이 영역을 부등식으로 나타내어야 한다. 따라서, 부등식의 영역을 정확히 부등호로 나타내는 것이 일반영역에서 이중적분을 구하는 문제의 시작이라고 할 수 있다. 예를 들어 〈그림 8.2〉의 그래프에서 빗금 친 영역을 부등식으로 나타내어 보자.

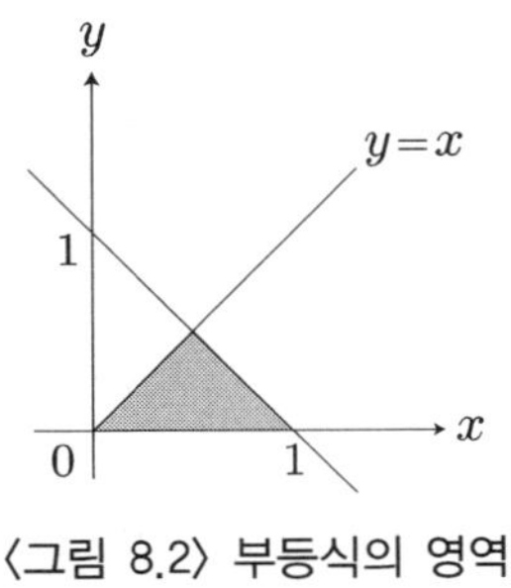

〈그림 8.2〉 부등식의 영역

직사각형이 아닌 영역을 부등식으로 나타내는 방법은 다음과 같은 2가지 방법이 있다.

(a) x의 부등식으로 먼저 나타내고 y의 부등식으로 나타내는 방법
(b) 먼저 y의 부등식으로 나타내고 x의 부등식으로 나타내는 방법

먼저 x의 부등식으로 나타내기 위하여 부등식의 영역에 x축과 평행한 직선을 그리고, 만나는 도형을 x의 식으로 표현한다.

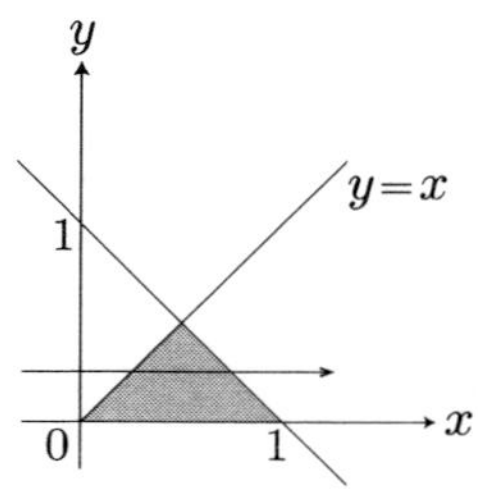

〈그림 8.3〉 x의 부등식

화살표와 먼저 만나는 도형은 $x=y$이고, 다음은 $x=1-y$이다. 따라서, 부등식은 $y \leq x \leq 1-y$이고, y의 범위를 나타내는 $0 \leq y \leq \dfrac{1}{2}$이다. 따라서, 부등식의 영역은 다음과 같다.

$$R:\ y \leq x \leq 1-y,\ 0 \leq y \leq \frac{1}{2} \tag{8.6}$$

다음은 y의 부등식으로 먼저 나타내기 위하여 y축과 평행한 직선을 그리면, 하나의 직선으로 빗금 친 영역을 나타내는 도형을 모두 지나가게 그리지 못하므로, 〈그림 8.4〉처럼 두 개의 직선이 필요하다.

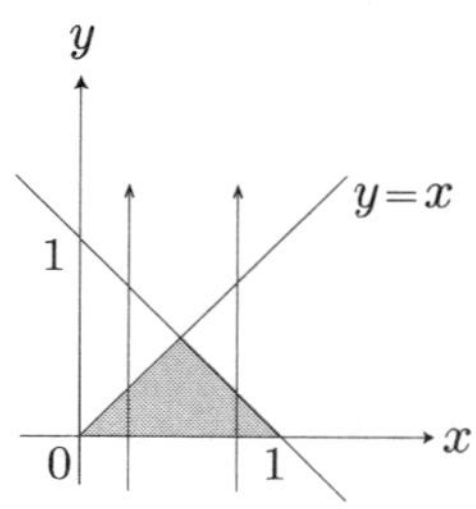

〈그림 8.4〉 y의 부등식

왼쪽 화살표와 먼저 만나는 도형은 $y=0$이고, 다음은 $y=x$이다. 왼쪽 화살표가 움직일 수 있는 x의 범위는 $0 \le x \le \frac{1}{2}$이다. 또한 오른쪽 화살표와 만나는 도형은 먼저 $y=0$이고, 다음은 $y=1-x$이다. 오른쪽 화살표가 움직일 수 있는 x의 범위는 $\frac{1}{2} \le x \le 1$이다. 따라서, 부등식은 다음과 같이 표현하여야 한다.

$$R\colon\ 0 \le y \le x,\ 0 \le x \le \frac{1}{2}\ \text{이고},\ 0 \le y \le 1-x,\ \frac{1}{2} \le x \le 1 \tag{8.7}$$

결론적으로 하나의 부등식의 영역을 표현하는 방법은 두 가지이다. 따라서, 이중적분을 계산하기 위해서 적분이 쉬운 쪽을 택하면 된다. 즉, (8.6)의 부등식과 (8.7)의 부등식을 보면 (8.6)의 부등식을 이용하는 것이 하나의 이중적분으로 나타낼 수 있으므로 선호된다.

예제 8.7

다음 세 개의 부등식 $0 < x < 1, 0 < y < 1, x+y \ge 1$으로 둘러싸인 영역 A를 도시하시오.

풀이 +

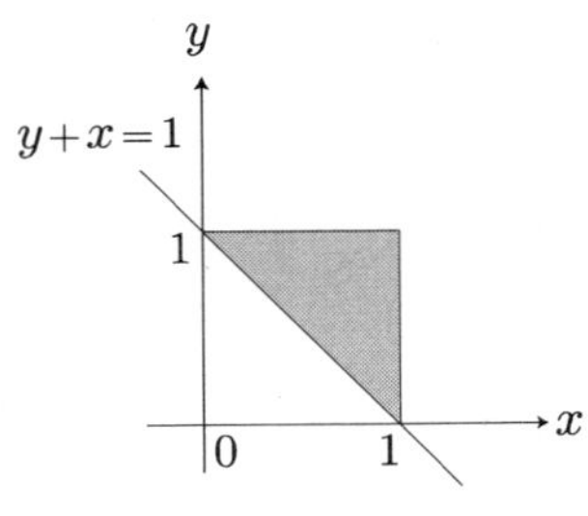

〈그림 8.5〉 부등식의 영역 A

예제 8.8

$0 < x < 1, 0 < y < 1, x+y \ge 1$로 둘러싸인 영역을 A에서 $\int\int_A 6xy^2 dxdy$을 구하시오.

풀이 +

〈예제 8.4〉의 풀이에서 보듯이 이 영역을 적분할 수 있는 부등식으로 표현하면 두 가지로 표현할 수 있다.

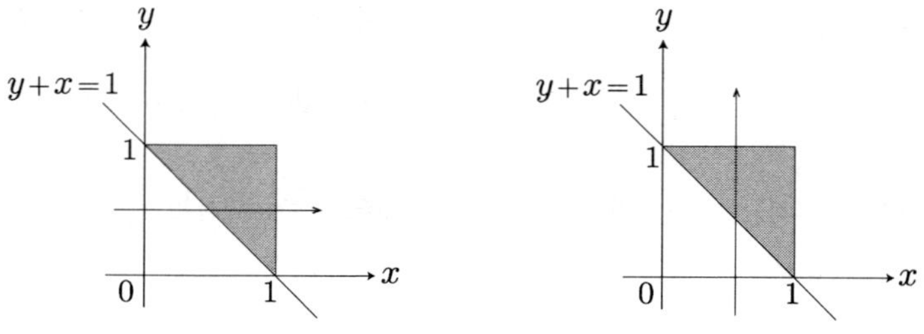

(a) x 먼저 표시 방법 (b) y 먼저 표시 방법

〈그림 8.6〉

먼저 x부터 적분한다면 $1-y<x<1, 0<y<1$과 같다. 따라서,

$$\begin{aligned}\iint_A 6xy^2dxdy &= \int_0^1\int_{1-y}^1 6xy^2dxdy \\ &= \int_0^1 \left[3y^2 \cdot x^2\right]_{1-y}^1 dy \\ &= \int_0^1 3y^2(1-(1-y)^2)dy \\ &= \int_0^1 (6y^3-3y^4)dy = \frac{9}{10}\end{aligned}$$

이 된다. 또한, 이중적분을 적분 순서를 바꾸어 y부터 적분한다면 영역은 $1-x<y<1, 0<x<1$와 같으므로

$$\begin{aligned}\iint_A 6xy^2dxdy &= \int_0^1\int_{1-x}^1 6xy^2dydx \\ &= \int_0^1 \left[2x \cdot y^3\right]_{1-x}^1 dx \\ &= \int_0^1 2x(1-(1-x)^3)dx \\ &= \int_0^1 (6x^2-6x^3+2x^4)dx = \frac{9}{10}\end{aligned}$$

이다. 따라서, 적분 순서을 바꾸어서 계산해도 결과는 같음을 알 수 있다. ■

예제 8.9

〈그림 8.7〉과 같이 빗금 친 영역을 부등식으로 나타내고, 그 영역에서 $f(x,y)=e^{-y}$의 적분을 구하시오.

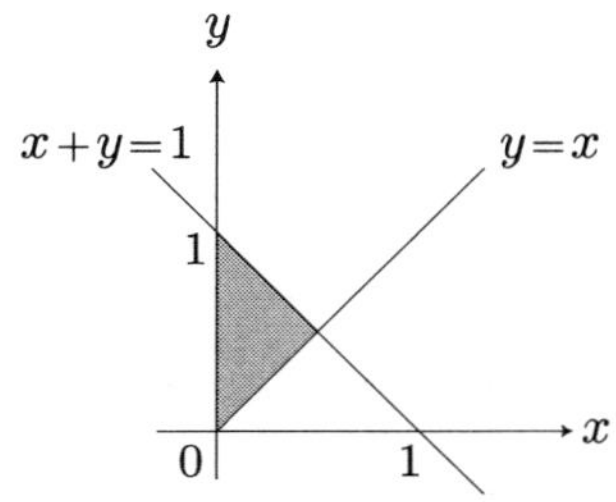

〈그림 8.7〉 부등식의 영역 B

풀이 +

부등식의 영역을 먼저 y로 나타내어야 한다. y로 나타내면 $x \le y \le 1-x$이고, $0 \le x \le \frac{1}{2}$이다. 따라서,

$$
\begin{aligned}
\int\int_B f(x,y) &= \int_0^{\frac{1}{2}}\int_x^{1-x} e^{-y}\,dydx \\
&= \int_0^{\frac{1}{2}} \Big[-e^{-y}\Big]_x^{1-x} dx \\
&= \int_0^{\frac{1}{2}} (-e^{x-1}+e^{-x})dx \\
&= [-e^{x-1}-e^{-x}]_0^{\frac{1}{2}} \\
&= -2e^{-\frac{1}{2}}+e^{-1}+1
\end{aligned}
$$

■

예제 8.10

다음 물음에 답하여라.

(1) $0 < x < 1, x < y < x+1$로 둘러싸인 영역을 A라고 할 때 $\int\int_A dxdy$을 구하시오.

(2) 위 (1)의 영역을 x에 대하여 적분을 먼저 하도록 부등식으로 나타내시오.

풀이 +

(1)
$$
\begin{aligned}
\int\int_A dxdy &= \int_0^1\int_x^{x+1} dydx \\
&= \int_0^1 \Big[y\Big]_x^{x+1} dx \\
&= \int_0^1 1dx = 1
\end{aligned}
$$

(2) 영역 A를 부등식으로 나타내고 x에 대하여 먼저 적분하도록 화살표 그려 보면 〈그림 8.8〉과 같다.

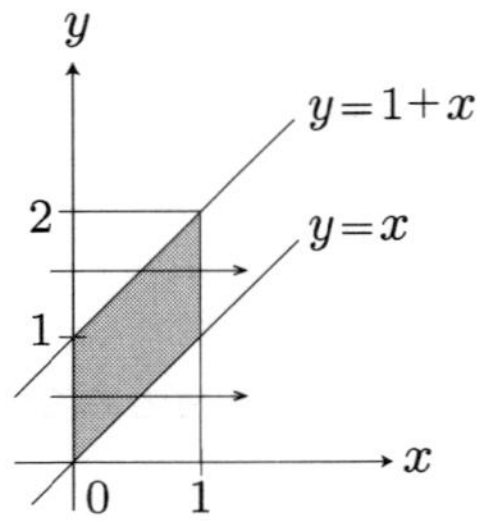

〈그림 8.8〉

따라서, x에 대하여 먼저 적분하도록 표현하면 다음과 같다.

$$0<x<y,\ 0<y<1 \text{ 그리고 } y-1<x<1,\ 1<y<2$$

$\int\int_A dxdy$를 x에 대하여 먼저 적분하면 다음과 같다.

$$\begin{aligned}\int\int_A dxdy &= \int_0^1\int_0^y dxdy + \int_1^2\int_{y-1}^1 dxdy \\ &= \int_0^1 [x]_0^y dy + \int_1^2 [x]_{y-1}^1 dy \\ &= \int_0^1 y dy + \int_1^2 (2-y) dy \\ &= \frac{1}{2} + [2y - \frac{1}{2}y^2]_1^2 = 1\end{aligned}$$

■

이중적분에서 가장 많이 나타나는 부등식의 영역은 다음과 같다.

$$\begin{aligned}A_1 &= \{(x,y): 0<x<y<1\} \\ A_2 &= \{(x,y): 0<y<x<1\} \\ A_3 &= \{(x,y): 0<x<y<\infty\} \\ A_4 &= \{(x,y): 0<y<x<\infty\}\end{aligned}$$

위 네 개의 영역은 하나의 부등식으로 표현되어 있지만 이중적분을 계산할 때에는 반드시 2가지로 표현하여야 한다. 이는 직관적으로 표현이 가능함을 알 수 있다.

$$A_1:\ 0<x<y<1 \ \rightarrow \begin{cases} 0<x<y,\ 0<y<1 \\ \text{또는} \\ x<y<1,\ 0<x<1 \end{cases}$$

$$A_2:\ 0<y<x<1 \ \rightarrow \begin{cases} y<x<1,\ 0<y<1 \\ \text{또는} \\ 0<y<x,\ 0<x<1 \end{cases}$$

$$A_3: 0<x<y<\infty \ \rightarrow \begin{cases} 0<x<y,\ 0<y<\infty \\ \text{또는} \\ x<y<\infty,\ 0<x<\infty \end{cases} \qquad (8.8)$$

$$A_4:\ 0<y<x<\infty \ \rightarrow \begin{cases} 0<y<x,\ 0<x<\infty \\ \text{또는} \\ y<x<\infty,\ 0<y<\infty \end{cases}$$

예제 8.11

영역 $A=\{(\mathrm{x,y}):0<\mathrm{x}<\mathrm{y}<\infty\}$ 위에서 $f(x,y)=e^{-y}(x>0,y>0)$의 적분을 구하시오.

풀이 +

적분영역을 그림을 그리지 않고 바로 부등식으로 표현해 보면 $x<y<\infty, 0<x<\infty$ 또는 $0<x<y, 0<y<\infty$와 같다. 따라서, 먼저 y부터 적분한다면

$$\begin{aligned}\int\int_A e^{-y}dxdy &= \int_0^\infty \int_x^\infty e^{-y}dydx \\ &= \int_0^\infty \left[-e^{-y}\right]_x^\infty dx \\ &= \int_0^\infty e^{-x}dx \\ &= [-e^{-x}]_0^\infty = 1\end{aligned}$$

이다. 또, x부터 적분한다면

$$\begin{aligned}\int\int_A e^{-y}dxdy &= \int_0^\infty \int_0^y e^{-y}dxdy \\ &= \int_0^\infty \left[e^{-y}x\right]_0^y dx \\ &= \int_0^\infty ye^{-y}dy \ (\text{부분적분 이용}) \\ &= [-ye^{-y}]_0^\infty + \int_0^\infty e^{-y}dy = \int_0^\infty e^{-y}dy = 1\end{aligned}$$

이다. ■

예제 8.12

다음과 같이 주어진 영역에서 함수 $f(x,y)=\begin{cases} e^{-(x+y)}, & 0<x<\infty, 0<y<\infty \\ 0, & \text{기타} \end{cases}$의 이중적분을 구하여라.

(1) $A=\{(x,y):0<x<y<\infty\}$

(2) $B=\{(x,y):x+y<2\}$

풀이 +

(1) 수식 (8.8)에서 적분영역을 $0<x<y<\infty$에서 $0<x<\infty$, $x<y<\infty$로 나타낼 수 있으므로

$$\begin{aligned}\int\int_A e^{-(x+y)}dxdy &= \int_0^\infty\int_x^\infty e^{-x}e^{-y}dydx \\ &= \int_0^\infty e^{-x}\Big[-e^{-y}\Big]_x^\infty dx \\ &= \int_0^\infty e^{-2x}dx \\ &= \left[-\frac{1}{2}e^{-2x}\right]_0^\infty = \frac{1}{2}\end{aligned}$$

(2) 실지적인 적분영역은 $x+y<2$, $0<x<\infty$, $0<y<\infty$이므로 x 먼저 적분한다고 하면, $0<x<2-y$, $0<y<2$이다. 따라서, 다음과 같다.

$$\begin{aligned}\int\int_B e^{-(x+y)}dxdy &= \int_0^2\int_0^{2-y} e^{-y}e^{-x}dxdy \\ &= \int_0^2 e^{-y}\Big[-e^{-x}\Big]_0^{2-y} dx \\ &= \int_0^2 e^{-y}(1-e^{y-2})dy \\ &= \int_0^2 (e^{-y}-e^{-2})dy \\ &= [-e^{-y}-e^{-2}y]_0^2 = 1-3e^{-2}\end{aligned}$$

■

다음의 〈예제 8.13〉과 같은 경우에는 현재의 적분영역으로는 적분을 할 수 없고, 적분 구간을 달리 표현하였을 때에만 가능하다.

예제 8.13

이중적분 $\int_0^1\int_{\sqrt{y}}^1 \sqrt{x^3+1}\,dxdy$을 구하시오.

풀이 +

적분영역을 부등식으로 나타내면 $\sqrt{y} \le x \le 1$, $0 \le y \le 1$이고 아래와 같은 그림으로 나타낼 수 있다. 이 영역을 y를 먼저 적분하게 표현하면 $0 \le y \le x^2$, $0 \le x \le 1$이 된다. 따라서, 다음과 같다.

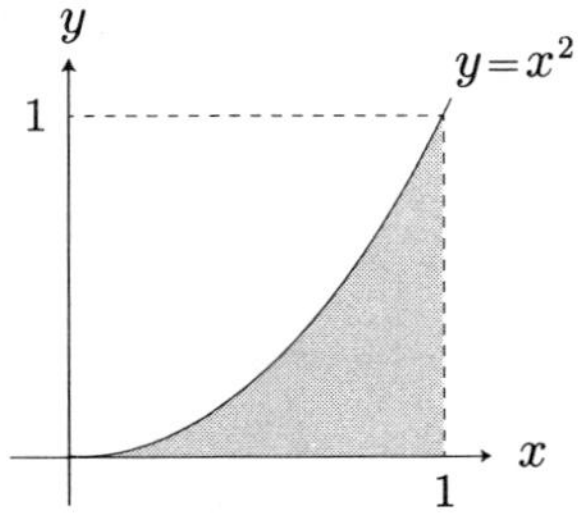

〈그림 8.9〉

$$\begin{aligned}\int_0^1 \int_{\sqrt{y}}^1 \sqrt{x^3+1}\,dxdy &= \int_0^1 \int_0^{x^2} \sqrt{x^3+1}\,dydx \\ &= \int_0^1 \left[\sqrt{x^3+1} \cdot y \right]_0^{x^2} dx \\ &= \int_0^1 x^2 \sqrt{x^3+1}\,dx\end{aligned}$$

이제 $t = x^3+1$로 치환하면 $dt = 3x^2dx$이고, 적분은 $x: 0 \to 1$에서 $t: 1 \to 2$가 되어

$$\begin{aligned}\int_0^1 x^2 \sqrt{x^3+1}\,dx &= \frac{1}{3} \int_1^2 \sqrt{t}\,dt \\ &= \frac{1}{3} \cdot \left[\frac{2}{3} t\sqrt{t} \right]_1^2 = \frac{2}{9}(2\sqrt{2}-1)\end{aligned}$$

이다. ■

8.3 다중적분

어떤 함수가 변수가 3개인 경우의 적분을 **삼중적분**(triple inteegration)이라고 하고, 변수가 2개 이상인 경우를 통틀어 **다중적분**(multiple integration)이라고 한다. 먼저 3중 이상의 적분에서는 변수를 x, y, z와 같이 쓰는 것보다는 x_1, x_2, x_3와 같이 쓰도록 하자. 3개의 변수를 갖는 함수 $\eta = f(x_1, x_2, x_3)$에 대한 적분영역이 직육면체

$$B = \{(x_1, x_2, x_3) \mid a_1 \le x_1 \le b_1, a_2 \le x_2 \le b_2, a_3 \le x_3 \le b_3\}$$

와 같을 수도 있고,

$$C=\{(x_1,x_2,x_3)\,|\,0 \le x_1 \le x_2 \le x_3 \le 1\}$$

와 같은 부등식으로 주어질 수 있다. 적분 방법은 이중적분을 그대로 확장한 것으로 보고 다음 기법을 이용하여 적분한다.

예제 8.14

적분영역 $A=\{(x_1,x_2,x_3)|0 \le x_1 \le 1, 0 \le x_2 \le 2, 0 \le x_3 \le 3\}$에서 $\iiint_A (x_1^2+x_2^2+x_3^2)dx_1\,dx_2\,dx_3$를 구하여라.

풀이 +

$$\begin{aligned}\iiint_A (x_1^2+x_2^2+x_3^2)dx_1\,dx_2\,dx_3 &= \int_0^3\int_0^2\int_0^1 (x_1^2+x_2^2+x_3^2)dx_1\,dx_2\,dx_3\\ &= \int_0^3\int_0^2 \left[\frac{1}{3}x_1^3+(x_2^2+x_3^2)x_1\right]_0^1 dx_2\,dx_3\\ &= \int_0^3\int_0^2 (\frac{1}{3}+x_2^2+x_3^2)\,dx_2\,dx_3\\ &= \int_0^3 \left[(\frac{1}{3}+x_3^2)x_2+\frac{1}{3}x_2^3\right]_0^2 dx_3\\ &= \int_0^3 (\frac{10}{3}+2x_3^2)\,dx_3\\ &= \left[\frac{10}{3}x_3+\frac{2}{3}x_3^3\right]_0^3\\ &= 28\end{aligned}$$

■

예제 8.15

적분영역 $B=\{(x_1,x_2,x_3)|0 \le x_1 \le 1, 0 \le x_2 \le 2, 0 \le x_3 \le 3\}$에서 $\iiint_B x_1^2x_2^2x_3^2dx_1\,dx_2\,dx_3$를 구하여라.

풀이 +

적분영역이 직육면체이고 함수가 x_1만의 함수, x_2만의 함수, x_3만의 함수의 곱으로 이루어졌으므로 식 (8.5)처럼 정적분의 곱으로 표현할 수 있다. 즉, 다음과 같다.

$$\int\int\int_B x_1^2x_2^2x_3^2dx_1\,dx_2\,dx_3=\int_0^1\int_0^2\int_0^3 x_1^2x_2^2x_3^2dx_3\,dx_2\,dx_1$$
$$=\int_0^1 x_1^2dx_1\int_0^2 x_2^2dx_2\int_0^3 x_3^2\,dx_3$$
$$=\left[\frac{1}{3}x_1^3\right]_0^1\cdot\left[\frac{1}{3}x_2^3\right]_0^2\cdot\left[\frac{1}{3}x_3^3\right]_0^3$$
$$=\frac{1}{3}\frac{8}{3}\frac{27}{3}=8$$

■

예제 8.16

적분영역 $C=\{(x_1,x_2,x_3)\,|\,1\le x_1\le 2, 0\le x_2\le 1, 0\le x_3\le \pi\}$에서 삼중적분 $\int\int\int_C 2x_1e^{x_2}\sin x_3\,dx_1\,dx_2dx_3$을 구하여라.

풀이 +

$$\int\int\int_C 2x_1e^{x_2}\sin x_3\,dx_1\,dx_2dx_3=\int_0^\pi\int_0^1\int_1^2 2x_1e^{x_2}\sin x_3\,dx_1\,dx_2dx_3$$
$$=\int_1^2 2x_1dx_1\int_0^1 e^{x_2}dx_2\int_0^\pi \sin x_3\,dx_3$$
$$=\left[x_1^2\right]_1^2\cdot\left[e^{x_2}\right]_0^1\cdot\left[-\cos x_3\right]_0^\pi$$
$$=3\cdot(e-1)\cdot 2=6(e-1)$$

■

예제 8.17

3변수 함수 $f(x_1,x_2,x_3)=e^{-(x_1+x_2+x_3)}$에 대하여 적분영역 $C=\{(x_1,x_2,x_3)\,|\,0<x_1,x_2,x_3<\infty\}$에서 삼중적분 $\int\int\int_C f(x_1,x_2,x_3)\,dx_1\,dx_2dx_3$을 구하여라.

풀이 +

$$\int\int\int_C f(x_1,x_2,x_3)\,dx_1\,dx_2dx_3=\int_0^\infty\int_0^\infty\int_0^\infty e^{-(x_1+x_2+x_3)}dx_1\,dx_2dx_3$$
$$=\int_0^\infty e^{-x_1}dx_1\int_0^\infty e^{-x_2}dx_2\int_0^\infty e^{-x_3}dx_3$$
$$=\left[\int_0^\infty e^{-x_1}dx_1\right]^3=\left(\left[-e^{-x_1}\right]_0^\infty\right)^3=(1)^3=1$$

■

예제 8.18

3변수 함수 $f(x_1,x_2,x_3) = e^{-(x_1+x_2+x_3)}$에 대하여 적분영역 $D=\{(x_1,x_2,x_3)\mid 0 < x_1 < x_2 < x_3 < \infty\}$에서 삼중적분 $\iiint_D f(x_1,x_2,x_3)\,dx_1\,dx_2dx_3$을 구하여라.

풀이 +

적분영역 $0<x_1<x_2<x_3<\infty$을 적분 순서가 x_1, x_2, x_3의 순서가 되게 하려면, $0<x_1<x_2$, $0<x_2<x_3$, $0<x_3<\infty$로 나타내면 된다. 따라서,

$$\begin{aligned}\iiint_D f(x_1,x_2,x_3)\,dx_1\,dx_2dx_3 &= \int_0^\infty \int_0^{x_3} \int_0^{x_2} e^{-(x_1+x_2+x_3)} dx_1\,dx_2dx_3 \\ &= \int_0^\infty \int_0^{x_3} \left[-e^{-(x_1+x_2+x_3)}\right]_0^{x_2} dx_2dx_3 \\ &= \int_0^\infty \int_0^{x_3} \left(e^{-(x_2+x_3)} - e^{-(2x_2+x_3)}\right) dx_2dx_3 \\ &= \int_0^\infty \left[-e^{-(x_2+x_3)} + \frac{1}{2}e^{-(2x_2+x_3)}\right]_0^{x_3} dx_3 \\ &= \int_0^\infty \left(\frac{1}{2}e^{-x_3} - e^{-2x_3} + \frac{1}{2}e^{-3x_3}\right) dx_3 \\ &= \left[-\frac{1}{2}e^{-x_3} + \frac{1}{2}e^{-2x_3} - \frac{1}{6}e^{-3x_3}\right]_0^\infty \\ &= \frac{1}{2} - \frac{1}{2} + \frac{1}{6} = \frac{1}{6}\end{aligned}$$

이제 적분 순서를 바꾸어서 x_3, x_2, x_1의 순서가 되게 하면, $x_2<x_3<\infty$, $x_1<x_2<\infty$, $0<x_1<\infty$이 된다. 따라서,

$$\begin{aligned}\iiint_D f(x_1,x_2,x_3)\,dx_1\,dx_2dx_3 &= \int_0^\infty \int_{x_1}^\infty \int_{x_2}^\infty e^{-(x_1+x_2+x_3)} dx_3\,dx_2dx_1 \\ &= \int_0^\infty \int_{x_1}^\infty \left[-e^{-(x_1+x_2+x_3)}\right]_{x_2}^\infty dx_2dx_1 \\ &= \int_0^\infty \int_{x_1}^\infty e^{-(2x_2+x_1)} dx_2dx_1 \\ &= \int_0^\infty \left[-\frac{1}{2}e^{-(2x_2+x_1)}\right]_{x_1}^\infty dx_1 \\ &= \int_0^\infty \frac{1}{2}e^{-3x_1} dx_1\end{aligned}$$

$$= \left[-\frac{1}{6}e^{-3x_1}\right]_0^{\infty}$$

$$= \frac{1}{6}$$ ■

위의 〈예제 8.18〉에서 보다시피 다중적분도 적분 순서를 바꾸어도 적분값에는 차이가 없다. 그러나 적분 과정이 복잡하거나 간단해지는 차이가 생긴다. 따라서, 어떤 순서로 적분을 할 것인가를 검토해 보는 것이 좋다.

예제 8.19

n개의 변수 함수 $f(x_1, x_2, x_3, \cdots, x_n) = e^{-\sum_{i=1}^{n} x_i}$ 에 대하여 적분영역 $D = \{(x_1, x_2, \cdots, x_n) \mid 0 < x_1 < x_2 < \cdots < x_n < \infty\}$에서 n중적분 $\int\int\cdots\int_D f(x_1, x_2, \cdots, x_n)\, dx_1\, dx_2 \cdots dx_n$을 구하여라.

풀이 +

적분영역 $0 < x_1 < x_2 < \cdots < x_n < \infty$에서 적분 순서를 x_n, x_{n-1}, $\cdots$, x_2, x_1가 되게 하면, $x_{n-1} < x_n < \infty$, $x_{n-2} < x_{n-1} < \infty$, $x_{n-3} < x_{n-2} < \infty$, $\cdots$, $x_1 < x_2 < \infty$, $0 < x_1 < \infty$이 된다. 따라서

$$\int\int\cdots\int_D f(x_1, x_2, \cdots, x_n)\, dx_1\, dx_2 \cdots dx_n$$

$$= \int_0^{\infty}\int_{x_1}^{\infty}\cdots\int_{x_{n-2}}^{\infty}\int_{x_{n-1}}^{\infty} e^{-\sum_{i=1}^{n} x_i}\, dx_n dx_{n-1} \cdots dx_2 dx_1$$

$$= \int_0^{\infty}\int_{x_1}^{\infty}\cdots\int_{x_{n-2}}^{\infty} \left[-e^{-(\sum_{i=1}^{n-1} x_i + x_n)}\right]_{x_{n-1}}^{\infty} dx_{n-1} \cdots dx_2 dx_1$$

$$= \int_0^{\infty}\int_{x_1}^{\infty}\cdots\int_{x_{n-2}}^{\infty} e^{-(\sum_{i=1}^{n-2} x_i + 2x_{n-1})}\, dx_{n-1} \cdots dx_2 dx_1 \tag{8.9}$$

$$= \int_0^{\infty}\int_{x_1}^{\infty}\cdots\int_{x_{n-3}}^{\infty} \left[-\frac{1}{2}e^{-(\sum_{i=1}^{n-2} x_i + 2x_{n-1})}\right]_{x_{n-2}}^{\infty} dx_{n-2} \cdots dx_2 dx_1$$

$$= \int_0^{\infty}\int_{x_1}^{\infty}\cdots\int_{x_{n-3}}^{\infty} \frac{1}{2}e^{-(\sum_{i=1}^{n-3} x_i + 3x_{n-2})}\, dx_{n-2} \cdots dx_2 dx_1 \tag{8.10}$$

$$= \int_0^\infty \int_{x_1}^\infty \cdots \int_{x_{n-4}}^\infty \left[-\frac{1}{3}\frac{1}{2} e^{-(\sum_{i=1}^{n-3} x_i + 3x_{n-2})} \right]_{x_{n-3}}^\infty dx_{n-3} \cdots dx_2 dx_1$$

$$= \int_0^\infty \int_{x_1}^\infty \cdots \int_{x_{n-4}}^\infty \frac{1}{3 \cdot 2} e^{-(\sum_{i=1}^{n-4} x_i + 4x_{n-3})} dx_{n-3} \cdots dx_2 dx_1 \qquad (8.11)$$

이다. 이 단계에서 유추가 필요하다. 정확히는 수학적 귀납법으로 보여야 하지만 유추가 가능하면 된다.

$$\vdots$$

$$= \int_0^\infty \frac{1}{(n-1)!} e^{-nx_1} dx_1$$

유추를 돕기 위해서 다음을 살펴보자. x_n에 대하여 적분한 결과 식 (8.9)을 보면 피적분함수가 $e^{-(\sum_{i=1}^{n-2} x_i + 2x_{n-1})}$가 되었다.

다시 x_{n-1}에 대하여 적분한 결과 식 (8.10)을 보면 피적분함수가 $\frac{1}{2} e^{-(\sum_{i=1}^{n-3} x_i + 3x_{n-2})}$가 되었다. 또 다시 x_{n-2}에 대하여 적분한 결과 식 (8.11)을 보면 피적분함수가 $\frac{1}{3 \cdot 2} e^{-(\sum_{i=1}^{n-4} x_i + 4x_{n-3})}$가 되었다.

자, 그럼 이 단계에서부터 유추를 하여 보자. x_{n-3}에 대하여 적분한 결과의 피적분함수는 $\frac{1}{4 \cdot 3 \cdot 2} e^{-(\sum_{i=1}^{n-5} x_i + 5x_{n-4})}$가 되고, x_{n-4}에 대하여 적분한 결과의 피적분함수는 $\frac{1}{5!} e^{-(\sum_{i=1}^{n-6} x_i + 6x_{n-5})}$이 된다.

마지막 생각의 점프를 하여, x_2까지 적분한 결과의 피적분함수를 보면 $\frac{1}{(n-1)!} e^{-nx_1}$이 된다. 따라서,

$$\int_0^\infty \int_{x_1}^\infty \cdots \int_{x_{n-2}}^\infty \int_{x_{n-1}}^\infty e^{-\sum_{i=1}^{n} x_i} dx_n dx_{n-1} \cdots dx_2 dx_1 = \int_0^\infty \frac{1}{(n-1)!} e^{-nx_1} dx_1$$

$$= \left[-\frac{1}{n!} e^{-nx_1} \right]_0^\infty$$

$$= \frac{1}{n!}$$

이다. ■

8.4 다중치환적분

먼저, 이중적분의 치환적분법을 학습하자. x와 y의 이변수 함수 $f(x,y)$에 대한 이중적분 $\int\int_R f(x,y)dxdy$에서 $u= u_1(x,y)$, $v= u_2(x,y)$ 로 치환한다면 이중적분은 다음과 같이 구한다.

(a) 변환 $u= u_1(x,y)$, $v= u_2(x,y)$ 의 역변환 $x=g(u,v)$, $y=h(u,v)$을 구한다.

(b) 변환 $u= u_1(x,y)$, $v= u_2(x,y)$ 에 의한 적분영역 R의 상(image) G를 구한다.

(c) 다음과 같이 정의되는 **야코비안(Jacobian)** 또는 **야코비안 행렬식(Jacobian determinant)** $J(u,v)$를 구한다.

$$J(u,v)=\begin{vmatrix} \frac{\partial x}{\partial u} & \frac{\partial x}{\partial v} \\ \frac{\partial y}{\partial u} & \frac{\partial y}{\partial v} \end{vmatrix}$$

(d) 이중적분을 $\int\int_R f(x,y)dxdy=\int\int_G f(g(u,v),h(u,v))|J(u,v)|dudv$으로 나타내고 적분을 계산한다.

예제 8.20

이중적분 $\int_0^1\int_0^{1-x}\sqrt{x+y}\,(y-2x)^2dydx$를 $u= x+y$, $v= y-2x$ 로 치환하여 계산하여라.

풀이 +

(a) 변환 $u= x+y,\ v= y-2x$의 역변환은 두 식

$$u= x+y,\ v= y-2x$$

를 x와 y에 대하여 방정식을 풀면 다음과 같다.

$$x=\frac{u}{3}-\frac{v}{3},\ y=\frac{2u}{3}+\frac{v}{3}.$$

(b) 적분영역 $R: 0<y<1-x, 0<x<1$을 변환 $u= x+y,\ v= y-2x$에 의하여 옮겨지는 상을 구하기 위해 적분영역 $R: 0<y<1-x, 0<x<1$을 그리면 〈그림 8.10〉 (a)와 같다.

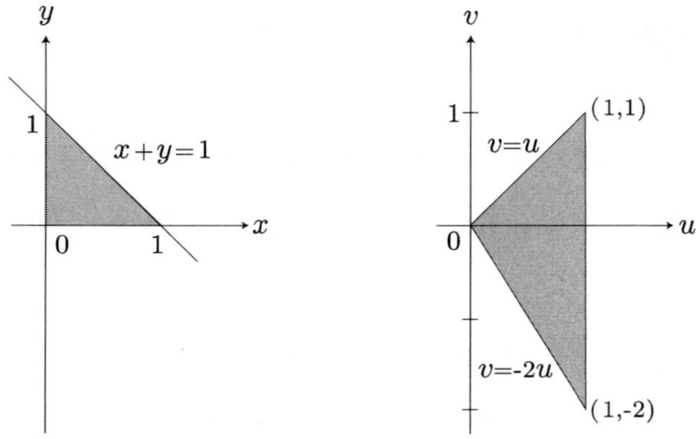

(a) 적분영역 R　　　　(b) 변환에 의한 상

〈그림 8.10〉

변환에 의한 상은

$$x=0\text{은 } x=\frac{u}{3}-\frac{v}{3}\text{에서 } v=u,$$

$$y=0\text{은 } y=\frac{2u}{3}+\frac{v}{3}\text{에서 } v=-2u,$$

$$x+y=1\text{에서 } (\frac{u}{3}-\frac{v}{3})+(\frac{2u}{3}+\frac{v}{3})=1,\ u=1$$

이를 그림으로 그리면 〈그림 8.10〉 (b)와 같다. 따라서, 새로운 적분영역 G: $0<u<1$, $-2u<v<u$이다.

(c) $x=\frac{u}{3}-\frac{v}{3}$, $y=\frac{2u}{3}+\frac{v}{3}$에서 $\frac{\partial x}{\partial u}=\frac{1}{3}$, $\frac{\partial x}{\partial v}=-\frac{1}{3}$, $\frac{\partial y}{\partial u}=\frac{2}{3}$, $\frac{\partial y}{\partial v}=\frac{1}{3}$이므로 야코비안 $J(u,v)$은

$$J(u,v)=\begin{vmatrix}\frac{\partial x}{\partial u} & \frac{\partial x}{\partial v} \\ \frac{\partial y}{\partial u} & \frac{\partial y}{\partial v}\end{vmatrix}=\begin{vmatrix}\frac{1}{3} & -\frac{1}{3} \\ \frac{2}{3} & \frac{1}{3}\end{vmatrix}=\frac{1}{3}$$

이다.

(d) 따라서,

$$\begin{aligned}\int_0^1\int_0^{1-x}\sqrt{x+y}\,(y-2x)^2dydx &= \int_0^1\int_{-2u}^{u}\sqrt{u}\,v^2\left|\frac{1}{3}\right|dvdu \\ &= \frac{1}{3}\int_0^1\sqrt{u}\left[\frac{1}{3}v^3\right]_{-2u}^{u}du \\ &= \int_0^1\sqrt{u}\,u^3du \\ &= \left[\frac{2}{9}u^{\frac{9}{2}}\right]_0^1=\frac{2}{9}\end{aligned}$$

이다. ■

예제 8.21

이중적분 $\int_0^2 \int_{\frac{y}{2}}^{\frac{y}{2}+1} \frac{2x-y}{2} dxdy$를 $u = \frac{2x-y}{2}$, $v = \frac{y}{2}$로 치환하여 계산하여라.

풀이 +

(a) 변환 $u = \frac{2x-y}{2}$, $v = \frac{y}{2}$을 연립하여 x와 y에 대하여 정리하면 다음과 같다.

$$x = u + v,\ y = 2v$$

(b) 〈그림 8.11〉의 (a)에 있는 적분영역 $R: \frac{y}{2} < x < \frac{y}{2} + 1, 0 < y < 2$을 변환 $u = \frac{2x-y}{2}$, $v = \frac{y}{2}$에 의한 상은

$y = 0$은 $y = 2v$에서 $v = 0$,
$y = 2$은 $y = 2v$에서 $v = 1$,
$y = 2x$는 $x = u + v$, $y = 2v$에서 $2v = 2(u+v)$이므로, $u = 0$,
$y = 2x - 2$는 $x = u + v$, $y = 2v$에서 $2v = 2(u+v) - 2$이므로, $u = 1$

이다. 따라서, 〈그림 8.11〉 (b)와 같다.

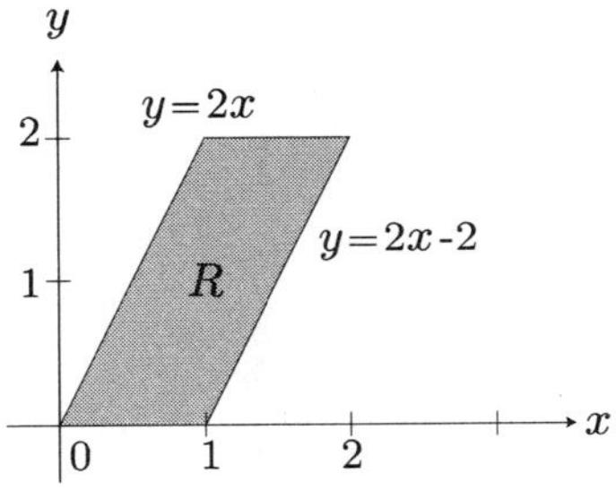

(a) 적분영역 R

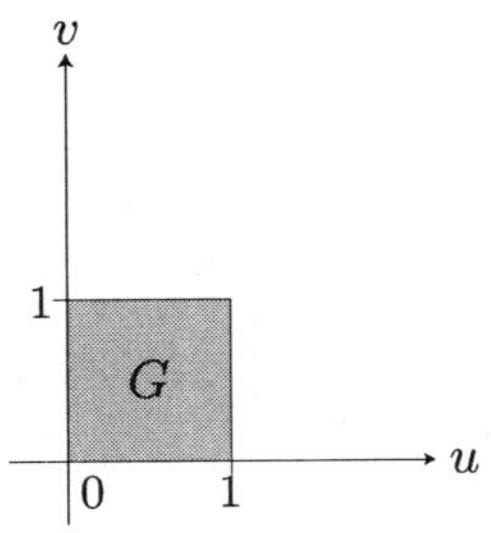

(b) 변환에 의한 상

〈그림 8.11〉

따라서, 새로운 적분영역 G: $0 < u < 1$, $0 < v < 1$이다.

(c) $x = u + v$, $y = 2v$에서 $\frac{\partial x}{\partial u} = 1$, $\frac{\partial x}{\partial v} = 1$, $\frac{\partial y}{\partial u} = 0$, $\frac{\partial y}{\partial v} = 2$이므로 야코비안 $J(u,v)$은

$$J(u,v) = \begin{vmatrix} \frac{\partial x}{\partial u} & \frac{\partial x}{\partial v} \\ \frac{\partial y}{\partial u} & \frac{\partial y}{\partial v} \end{vmatrix} = \begin{vmatrix} 1 & 1 \\ 0 & 2 \end{vmatrix} = 2$$

이다.

(d) 따라서,

$$\int_0^2 \int_{\frac{y}{2}}^{\frac{y}{2}+1} \frac{2x-y}{2} dxdy = \int_0^1 \int_0^1 u|J(u,v)|dvdu$$
$$= \int_0^1 \int_0^1 2ududv$$
$$= 1$$

이다. ■

CHAPTER 08

연습문제

01 다음 이중적분을 구하여라.

(1) $\int_1^3 \int_0^1 (1+4xy)dxdy$

(2) $\int_0^3 \int_0^2 (4-y^2)dydx$

(3) $\int_0^3 \int_{-2}^0 (x^2y-2xy)dydx$

(4) $\int_{-1}^0 \int_{-1}^1 (x+y+1)dxdy$

(5) $\int_\pi^{2\pi} \int_0^\pi (\sin x+\cos y)dxdy$

(6) $\int_1^4 \int_1^2 (\frac{x}{y}+\frac{y}{x})dydx$

02 다음 이중적분을 구하여라.

(1) $\int_0^{\pi/2} \int_0^{\pi/2} \sin x \cos y \, dydx$

(2) $\int_1^2 \int_1^2 \frac{1}{xy} dxdy$

(3) $\int_0^1 \int_0^1 e^{-(x+y)} dxdy.$

03 다음 이중적분을 구하여라.

(1) $\int_0^1 \int_0^{2x} (x+2y)dydx$

(2) $\int_0^1 \int_0^\pi y\cos xyx dxdy$

(3) $\int_1^2 \int_x^{2x} \frac{x}{y} dydx$

(4) $\int_0^\pi \int_0^{\sin x} y\,dydx$

(5) $\int_1^{\ln 8} \int_0^{\ln y} e^{x+y} dxdy$

(6) $\int_1^2 \int_y^{y^2} dxdy$

(7) $\int_0^1 \int_0^{y^2} 3y^3 e^{xy} dxdy$

(8) $\int_1^2 \int_0^{\ln t} e^s \ln t \, dsdt$

(9) $\int_0^2 \int_0^{2y} e^{y^2} dxdy$

(10) $\int_1^4 \int_0^{1/x} \cos xy dydx$

04 다음 이중적분의 적분영역을 도시하고, 적분 순서를 바꾸어 보아라.

(1) $\int_0^1 \int_2^{4-2x} dydx$ (2) $\int_0^2 \int_{y-2}^0 dxdy$

(3) $\int_0^1 \int_y^{\sqrt{y}} dxdy$ (4) $\int_0^1 \int_{1-x}^{1-x^2} dydx$

(5) $\int_0^1 \int_1^{e^x} dydx$ (6) $\int_0^{\ln 2} \int_{e^y}^2 dxdy$

05 다음 이중적분을 계산하되 주어진 순서로 적분이 안 되는 경우는 이중적분의 적분영역을 그리고 적분 순서를 바꾸어 계산하여라.

(1) $\int_0^\pi \int_x^\pi \frac{\sin y}{y} dydx$ (2) $\int_0^2 \int_x^2 2y^2 \sin xy\, dydx$

(3) $\int_0^1 \int_y^1 x^2 e^{xy} dxdy$ (4) $\int_0^2 \int_0^{4-x^2} \frac{xe^{2y}}{4-y} dydx$

(5) $\int_0^{2\sqrt{\ln 3}} \int_{\frac{y}{2}}^{\sqrt{\ln 3}} e^{x^2} dxdy$ (6) $\int_0^3 \int_{\sqrt{\frac{x}{3}}}^1 e^{y^3} dydx$

(7) $\int_0^{\frac{1}{16}} \int_{y^{\frac{1}{4}}}^{\frac{1}{2}} \cos(16\pi x^5)\, dxdy$ (8) $\int_0^8 \int_{\sqrt[3]{x}}^2 \frac{dydx}{y^4+1}$

06 2변수 함수 $f(x,y) = e^{-(x+y)}$, $x > 0, y > 0$대하여 다음 적분 구간에서 이중적분을 구하여라.

(1) $A = \{(x,y) : x < 2\}$ (2) $B = \{(x,y) : x < y\}$

(3) $C = \{(x,y) : x + y < 2\}$ (4) $D = \{(x,y) : x \geq y \geq 2\}$

07 다음 특이적분을 반복적분을 사용하여 계산하여라.

(1) $\int_1^\infty \int_{e^{-x}}^1 \frac{1}{x^3 y} dydx$ (2) $\int_{-1}^1 \int_{\frac{-1}{\sqrt{1-x^2}}}^{\frac{1}{\sqrt{1-x^2}}} (2y+1)\, dydx$

(3) $\int_{-\infty}^\infty \int_{-\infty}^\infty \frac{1}{(x^2+1)(y^2+1)} dxdy$ (4) $\int_0^\infty \int_0^\infty xe^{-(x+2y)} dxdy$

08 다음 삼중적분을 구하여라.

(1) $\int_0^1 \int_0^2 \int_0^{x+z} 6xz\, dydxdz$ (2) $\int_0^3 \int_0^1 \int_0^{\sqrt{1-z^2}} ze^y\, dxdzdy$

(3) $\int_0^{\pi/2} \int_0^y \int_0^x \cos(x+y+z)\, dzdxdy$

09 다음과 같이 주어진 3변수 함수 $f(x_1, x_2, x_3)$와 적분영역에 대하여 삼중적분을 구하여라.

(1) $f(x,y,z) = \sqrt{y} - 3z^2$,

적분영역 $A = \{(x,y,z) : 2 \le x \le 3,\ 0 \le y \le 1,\ -1 \le z \le 1\}$

(2) $f(x,y,z) = 2x - y + z$,

적분영역 $B = \{(x,y,z) : 0 \le x \le 2, -2 \le y \le 2,\ 0 \le z \le 2\}$

(3) $f(x_1, x_2, x_3) = 2x$,

적분영역 $C = \{(x,y,z) : 0 \le y \le 2,\ 0 \le x \le \sqrt{4-y^2},\ 0 \le z \le y\}$

➥ 연습문제 풀이

01 (1) $\int_1^3\int_0^1(1+4xy)dxdy=\int_1^3\left[x+2yx^2\right]_0^1dy$

$=\int_1^3(1+2y)dy$

$=[y+y^2]_1^3=10$

(2) $\int_0^3\int_0^2(4-y^2)dydx$

$=\int_0^3[4y-\frac{1}{3}y^3]_0^2dx$

$=\frac{16}{3}\int_0^3dx=\frac{16}{3}[x]_0^3=16$

(3) $\int_0^3\int_{-2}^0(x^2y-2xy)dydx$

$=\int_0^3[\frac{x^2}{2}y^2-xy^2]_{-2}^0dx$

$=\int_0^3(-2x^2+4x)dx$

$=[-\frac{2}{3}x^3+2x^2]_0^3=-18+18=0$

(4) $\int_{-1}^0\int_{-1}^1(x+y+1)dxdy$

$=\int_{-1}^0[\frac{1}{2}x^2+xy+x]_{-1}^1dy$

$=\int_{-1}^0\left\{\frac{1}{2}+y+1-(\frac{1}{2}-y-1)\right\}dy$

$=\int_{-1}^0(2y+2)dy=[y^2+2y]_{-1}^0=1$

(5) $\int_\pi^{2\pi}\int_0^\pi(\sin x+\cos y)dxdy$

$=\int_\pi^{2\pi}[-\cos x+x\cos y]_0^\pi dy$

$=\int_\pi^{2\pi}\{1+\pi\cos y-(-1)\}dy$

$=[\pi\sin y+2y]_\pi^{2\pi}=4\pi-2\pi=2\pi$

(6) $\int_1^4\int_1^2(\frac{x}{y}+\frac{y}{x})dydx=\int_1^4\left[x\ln|y|+\frac{1}{2x}y^2\right]_1^2dx$

$=\int_1^4\left(x\ln2+\frac{3}{2x}\right)dx$

$=\left[\frac{\ln2}{2}x^2+\frac{3}{2}\ln|x|\right]_1^4$

$=\frac{21}{2}\ln2$

02 (1) $\int_0^{\pi/2}\int_0^{\pi/2}\sin x\cos y\,dydx=\int_0^{\pi/2}\sin x dx\int_0^{\pi/2}\cos y dy$

$=[-\cos x]_0^{\pi/2}\cdot[\sin y]_0^{\pi/2}$

$=(0+1)(1-0)=1$

(2) $\int_1^2\int_1^2\frac{1}{xy}dxdy=\int_1^2\frac{1}{x}dx\int_1^2\frac{1}{y}dy$

$=\left(\int_1^2\frac{1}{x}dx\right)^2$

$=\left([\ln|x|]_1^2\right)^2$

$=(\ln2)^2$

(3) $\int_0^1\int_0^1e^{-(x+y)}dxdy=\int_0^1e^{-x}dx\int_0^1e^{-y}dy=(1-e^{-1})^2$

03

(1) $\int_0^1\int_0^{2x}(x+2y)dydx=\int_0^1[xy+y^2]_0^{2x}dx$

$=\int_0^1 6x^2dx$

$=2$

(2) $\int_0^1\int_0^{\pi} y\cos(xy)dxdy$

$=\int_0^1[\sin xy]_0^{\pi}dy=\int_0^1\sin\pi y\,dy$

$=[-\frac{1}{\pi}\cos\pi y]_0^1=\frac{2}{\pi}$

(3) $\int_1^2\int_x^{2x}\frac{x}{y}dydx$

$=\int_1^2[x\ln|y|]_x^{2x}dx$

$=\int_1^2(x\ln 2x-x\ln x)dx$

$=\int_1^2 x\ln 2\,dx=[\ln 2\frac{1}{2}x^2]_1^2=\frac{3}{2}\ln 2$

(4) $\int_0^{\pi}\int_0^{\sin x} y\,dydx$

$=\int_0^{\pi}[\frac{1}{2}y^2]_0^{\sin x}dx$

$=\int_0^{\pi}(\frac{1}{2}sin^2x)\,dx$

$=\frac{1}{2}\int_0^{\pi}(\frac{1-\cos 2x}{2})\,dx$

$=\frac{1}{4}\int_0^{\pi}(1-\cos 2x)dx$

$=\frac{1}{4}[x-\frac{1}{2}\sin 2x]_0^{\pi}=\frac{1}{4}\pi$

(5) $\int_1^{\ln 8}\int_0^{\ln y}e^{x+y}dxdy$

$=\int_1^{\ln 8}[e^{x+y}]_0^{\ln y}dy$

$=\int_1^{\ln 8}\{e^{(\ln y+y)}-e^y\}dy$

$=\int_1^{\ln 8}(y-1)e^ydy$

$=[e^y(y-1)-\int e^ydy]_1^{\ln 8}$

$=[e^y(y-2)]_1^{\ln 8}=8\ln 8-16+e$

(6) $\int_1^2\int_y^{y^2}dxdy$

$=\int_1^2(y^2-y)dy$

$=[\frac{1}{3}y^3-\frac{1}{2}y^2]_1^2=\frac{5}{6}$

(7) $\int_0^1\int_0^{y^2}3y^3e^{xy}dxdy$

$=\int_0^1[3y^2e^{xy}]_0^{y^2}dy$

$=\int_0^1(3y^2e^{y^3}-3y^2)\,dy$

$=[e^{y^3}-y^3]_0^1=e-2$

(8) $\int_1^2\int_0^{\ln t}e^s\ln t\,dsdt$

$=\int_1^2[e^s\ln t]_0^{\ln t}dt$

$=\int_1^2 t\ln t-\ln t\,dt$

$=[\frac{1}{2}t^2\ln t-\frac{1}{4}-t\ln t+t]_0^2=\frac{1}{4}$

(9) $\int_0^2\int_0^{2y}e^{y^2}dxdy=\int_0^2 e^{y^2}[x]_0^{2y}dy$

$=\int_0^2 2ye^{y^2}dy$

$=[e^{y^2}]_0^2$

$=e^4-1$

(10) $\int_1^4\int_0^{1/x}\cos(xy)dydx=\int_1^4\left[\frac{1}{x}\sin(xy)\right]_0^{1/x}dx$

$=\int_1^4(\frac{1}{x}\sin(1)dx$

$=[\sin(1)\ln x]_1^4$

$=\ln 4\cdot\sin 1$

04 (1) $\int_0^1\int_2^{4-2x} dydx = \int_2^4\int_0^{\frac{4-y}{2}} dxdy$ (2) $\int_0^2\int_{y-2}^0 dxdy = \int_{-2}^0\int_0^{x+2} dydx$

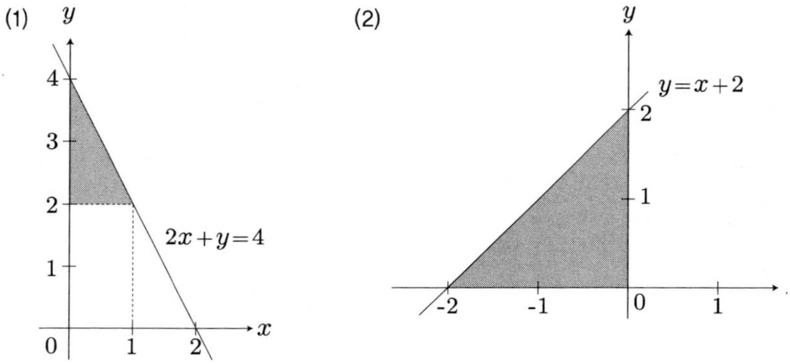

(1)과 (2)의 적분영역

(3) $\int_0^1\int_y^{\sqrt{y}} dxdy = \int_0^1\int_{x^2}^{x} dydx$ (4) $\int_0^1\int_{1-x}^{1-x^2} dydx = \int_0^1\int_{1-y}^{\sqrt{1-y}} dxdy$

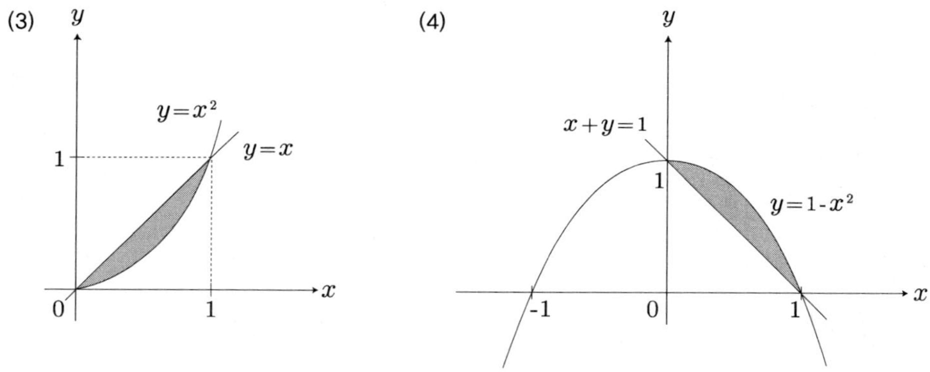

(3)과 (4)의 적분영역

(5) $\int_0^1 \int_1^{e^x} dydx = \int_1^e \int_{\ln y}^1 dxdy$

(6) $\int_0^{\ln 2} \int_{e^y}^2 dxdy = \int_1^2 \int_0^{\ln x} dydx$

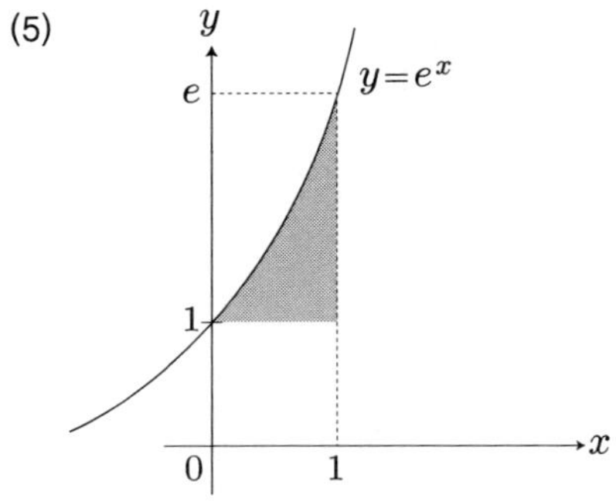

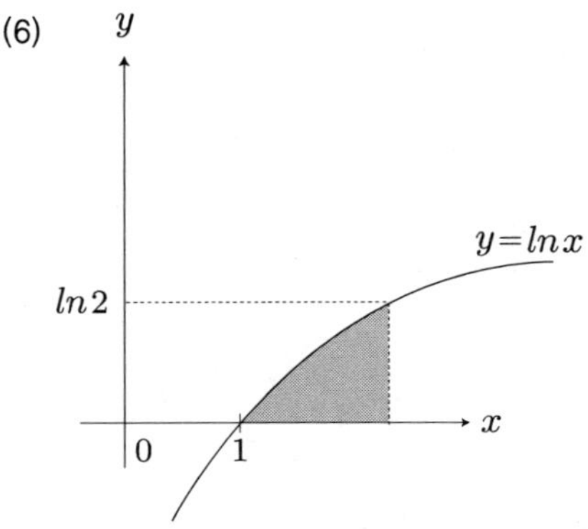

(5)와 (6)의 적분영역

05

(1) $\int_0^\pi \int_x^\pi \frac{\sin y}{y} dydx$

$= \int_0^\pi \int_0^y \frac{\sin y}{y} dxdy$

$= \int_0^\pi \sin y dy$

$= [-\cos y]_0^\pi = 2$

(2) $\int_0^2 \int_x^2 2y^2 \sin xy\, dydx$

$= \int_0^2 \int_0^y (2y^2 \sin xy) dxdy$

$= \int_0^2 [-2y\cos xy]_0^y dy$

$= \int_0^2 (-2y\cos y^2 + 2y) dy$

$= [-\sin y^2 + y^2]_0^2 = 4 - \sin 4$

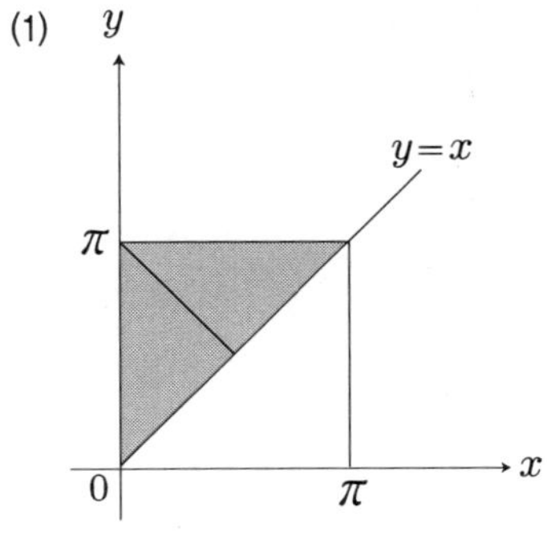

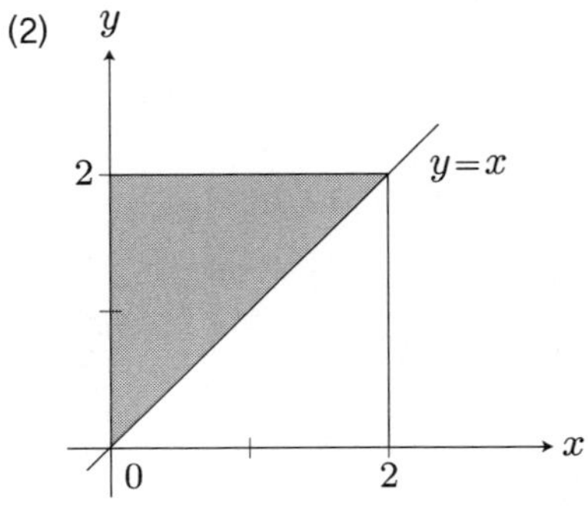

(1)과 (2)의 적분영역

(3) $\int_0^1 \int_y^1 x^2 e^{xy}\, dxdy$

$= \int_0^1 \int_0^x x^2 e^{xy}\, dydx$

$= \int_0^1 [xe^{xy}]_0^x\, dx$

$= \int_0^1 (xe^{x^2} - x)\, dx$

$= [\frac{1}{2}e^{x^2} - \frac{1}{2}x^2]_0^1 = \frac{1}{2}e - 1$

(4) $\int_0^2 \int_0^{4-x^2} \frac{xe^{2y}}{4-y} dydx$

$= \int_0^4 [\frac{e^{2y}}{2(4-y)}x^2]_0^{\sqrt{4-y}}\, dy$

$= \int_0^4 \frac{e^{2y}(4-y)}{2(4-y)} dy$

$= [\frac{1}{4}e^{2y}]_0^4 = \frac{e^8-1}{4}$

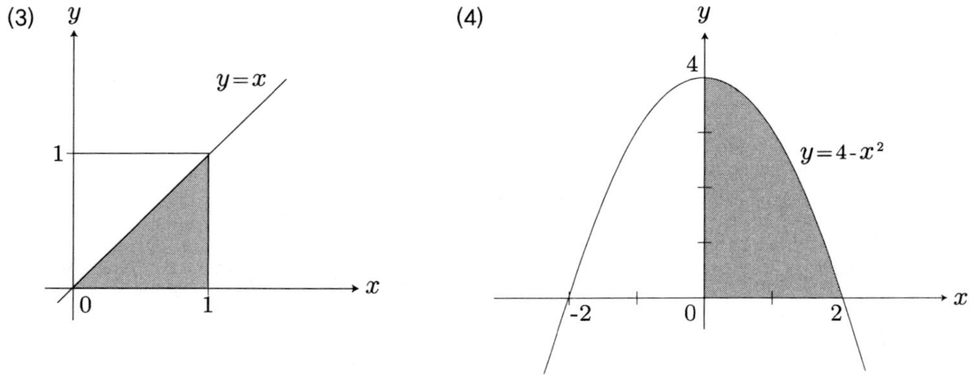

(3)과 (4)의 적분영역

(5) $\int_0^{2\sqrt{\ln 3}} \int_{\frac{y}{2}}^{\sqrt{\ln 3}} e^{x^2} dxdy$

$= \int_0^{\sqrt{\ln 3}} \int_0^{2x} e^{x^2} dydx$

$= \int_0^{\sqrt{\ln 3}} [e^{x^2}y]_0^{2x} dx$

$= [e^{x^2}]_0^{\sqrt{\ln 3}} = 2$

(6) $\int_0^3 \int_{\sqrt{\frac{x}{3}}}^1 e^{y^3} dydx$

$= \int_0^1 \int_0^{3y^2} e^{y^3} dxdy$

$= \int_0^1 [e^{y^3}x]_0^{3y^2} dy$

$= \int_0^1 3y^2 e^{y^3} dy$

$= [e^{y^3}]_0^1 = e - 1$

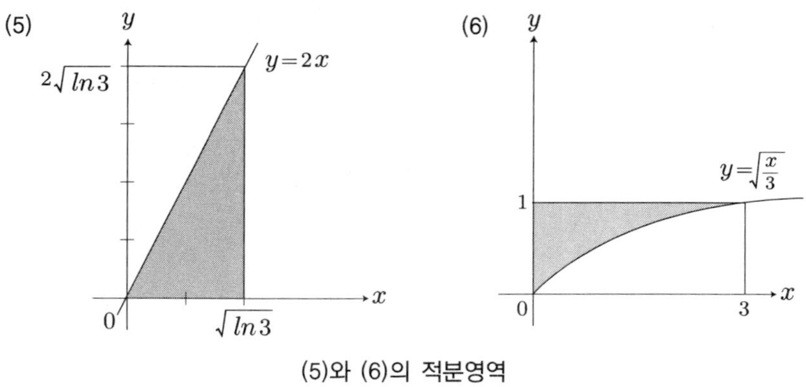

(5)와 (6)의 적분영역

(7) $\int_0^{\frac{1}{16}} \int_{y^{\frac{1}{4}}}^{\frac{1}{2}} \cos(16\pi x^5)\, dxdy$

$= \int_0^{\frac{1}{2}} \int_0^{x^4} \cos(16\pi x^5) dydx$

$= \int_0^{\frac{1}{2}} \cos(16\pi x^5) x^4\, dx$

$= [\frac{\sin(16\pi x^5)}{80\pi}]_0^{\frac{1}{2}} = \frac{1}{80\pi}$

(8) $\int_0^8 \int_{\sqrt[3]{x}}^2 \frac{dydx}{y^4+1}$

$= \int_0^2 \int_0^{y^3} \frac{1}{y^4+1} dxdy$

$= \int_0^2 \frac{y^3}{y^4+1} dy$

$= [\frac{1}{4} \ln|y^4+1|]_0^2 = \frac{1}{4}(\ln 17)$

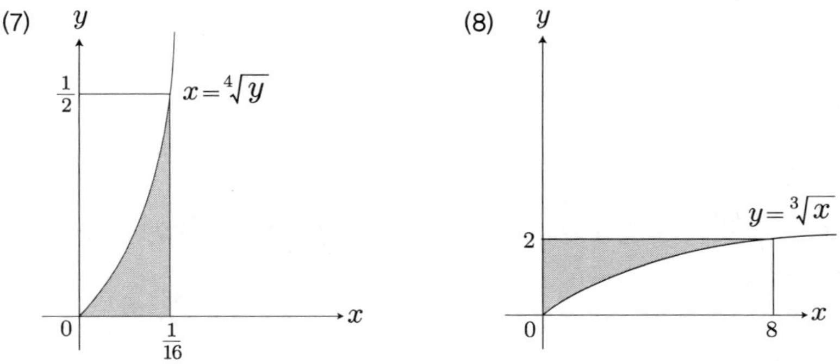

(7)과 (8)의 적분영역

06 (1) $f(x,y)$의 정의역이 $x>0, y>0$이므로 실제 적분영역은 $A=\{(x,y): 0<x<2, 0<y<\infty\}$이다. 따라서,

$$\int\int_A f(x,y)\, dxdy = \int_0^\infty \int_0^2 e^{-(x+y)} dxdy$$
$$= \int_0^2 e^{-x} dx \int_0^\infty e^{-y} dy$$
$$= [-e^{-x}]_0^2 \cdot [-e^{-y}]_0^\infty$$
$$= (1-e^{-2}) \cdot 1 = (1-e^{-2})$$

(1) $f(x,y)$의 정의역이 $x>0, y>0$이므로 실제 적분영역은 $A=\{(x,y): 0<x<2, 0<y<\infty\}$이다. 따라서,

$$\int\int_A f(x,y)\, dxdy = \int_0^\infty \int_0^2 e^{-(x+y)} dxdy$$
$$= \int_0^2 e^{-x} dx \int_0^\infty e^{-y} dy$$
$$= [-e^{-x}]_0^2 \cdot [-e^{-y}]_0^\infty$$
$$= (1-e^{-2}) \cdot 1 = (1-e^{-2})$$

(2) 실제 적분영역은 $B=\{(x,y): 0<x<y<\infty\}$이다. 따라서,

$$\int\int_B f(x,y)\, dxdy = \int_0^\infty \int_x^\infty e^{-(x+y)} dydx$$
$$= \int_0^\infty e^{-2x} dx = \frac{1}{2}$$

(3) 실제 적분영역은 $C=\{(x,y):0<x<2-y, 0<y<\infty\}$이다. 따라서,

$$\int\int_C f(x,y)dxdy=\int_0^2\int_0^{2-x} e^{-(x+y)}dydx$$
$$=\int_0^2 (e^{-x}-e^{-2})dx$$
$$=1-e^{-2}-2e^{-2}=1-3e^{-2}$$

(4) 실제 적분영역은 $D=\{(x,y):2<y<x<\infty\}$이다. 따라서,

$$\int\int_D f(x,y)dxdy=\int_2^{\infty}\int_2^{x} e^{-x-y}dydx$$
$$=\int_2^{\infty} e^{-x}(e^{-2}-3^{-x})dx$$
$$=e^{-4}-\frac{1}{2}e^{-4}=\frac{1}{2}e^{-4}$$

07 (1) $\int_1^{\infty}\int_{e^{-x}}^{1}\frac{1}{x^3y}dydx$

$=\int_1^{\infty}[\frac{\ln y}{x^3}]_{e^{-x}}^{1}dx$

$=\int_1^{\infty}-(\frac{-x}{x^3})\,dx$

$=-\lim_{b\to\infty}[\frac{1}{x}]_1^b$

$=-\lim_{b\to\infty}(\frac{1}{b}-1)=1$

(2) $\int_{-1}^{1}\int_{\frac{-1}{\sqrt{1-x^2}}}^{\frac{1}{\sqrt{1-x^2}}}(2y+1)\,dydx$

$=\int_{-1}^{1}[y^2+y]_{\frac{-1}{\sqrt{1-x^2}}}^{\frac{1}{\sqrt{1-x^2}}}dx$

$=\int_{-1}^{1}\frac{2}{\sqrt{1-x^2}}dx$

$=4\lim_{b\to1-}[\sin^{-1}x]_0^b$

$=4\lim_{b\to1-}\sin^{-1}b=2\pi$

(3) $\int_{-\infty}^{\infty}\int_{-\infty}^{\infty}\frac{1}{(x^2+1)(y^2+1)}dxdy$

$=2\int_0^{\infty}(\frac{2}{y^2+1})(\lim_{b\to\infty}(\tan^{-1}b-\tan^{-1}0)dy$

$=2\pi\lim_{b\to\infty}\int_0^b\frac{1}{y^2+1}dy$

$=2\pi(\lim_{b\to\infty}(\tan^{-1}b-\tan^{-1}0)=\pi^2$

(4) $\int_0^{\infty}\int_0^{\infty}xe^{-(x+2y)}dxdy$

$=\int_0^{\infty}\lim_{b\to\infty}[-xe^{-x}-e^{-x}]_0^b dy$

$=\int_0^{\infty}e^{-2y}\lim_{b\to\infty}(-be^{-b}-e^{-b}+1)dy$

$=\int_0^{\infty}e^{-2y}dy$

$=\frac{1}{2}\lim_{b\to\infty}(-e^{-2b}+1)=\frac{1}{2}$

08 (1) $\int_0^1\int_0^2\int_0^{x+z}6xz\,dydxdz=\int_0^1\int_0^2 6xz(x+z)dxdz$

$=\int_0^1[2zx^3+3z^2x^2]_0^2dz$

$=\int_0^1(16z+12z^2)dz$

$=8+4=12$

(2) $\int_0^3\int_0^1\int_0^{\sqrt{1-z^2}} ze^y\,dxdzdy = \int_0^3\int_0^1 ze^y[x]_0^{\sqrt{1-z^2}}dzdy$

$$= \int_0^3\int_0^1 ze^y\sqrt{1-z^2}\,dzdy$$

$$= \int_0^1\int_0^3 ze^y\sqrt{1-z^2}\,dydz$$

$$= \int_0^1 (e^3-1)z\sqrt{1-z^2}\,dz$$

$$= \frac{1}{3}(e^3-1)$$

(3) $\int_0^{\pi/2}\int_0^y\int_0^x \cos(x+y+z)\,dzdxdy = \int_0^{\pi/2}\int_0^y [\sin(x+y+z)]_0^x dxdy$

$$= \int_0^{\pi/2}\int_0^y (\sin(2x+y)-\sin(x+y))dxdy$$

$$= \int_0^{\pi/2}\left[-\frac{1}{2}\cos(2x+y)+\cos(x+y)\right]_0^y dy$$

$$= \int_0^{\pi/2}\left(-\frac{1}{2}\cos(3y)+\cos(2y)-\frac{1}{2}cosy\right)dy$$

$$=-\frac{1}{3}$$

09 (1) $\int\int\int_A f(x_1,x_2,x_3)\,dxdydz = \int_{-1}^1\int_0^1\int_2^3(\sqrt{y}-3z^2)dxdydz$

$$= \int_{-1}^1\int_0^1(\sqrt{y}-3z^2)dydz$$

$$= \int_{-1}^1\left[\frac{2}{3}y\sqrt{y}-3z^2y\right]_0^1 dz$$

$$= \int_{-1}^1\frac{2}{3}-3z^2dz$$

$$=-\frac{2}{3}$$

(2) $f(x,y,z) = 2x+y-z$, 적분영역 $B=\{(x,y,z): 0\le x\le 2, -2\le y\le 2,\ 0\le z\le 2\}$

$$\int\int\int_B f(x_1,x_2,x_3)\,dxdydz = \int_0^2\int_{-2}^2\int_0^2(2x-y+z)dxdydz$$

$$= \int_0^2\int_{-2}^2(4-2y+2z)dydz$$

$$= \int_0^2(16+8z)dz$$

$$=48$$

(3) $f(x,y,z)=2x$, 적분영역 $C=\{(x,y,z): 0 \le y \le 2,\ 0 \le x \le \sqrt{4-y^2},\ 0 \le z \le y\}$

$$\begin{aligned}\iiint_C f(x,y,z)\,dxdydz &= \int_0^2 \int_0^{\sqrt{4-y^2}} \int_0^y (2x)dzdxdy \\ &= \int_0^2 \int_0^{\sqrt{4-y^2}} (2xy)dxdy \\ &= \int_0^2 y(4-y^2)dy \\ &= 4\end{aligned}$$

Chapter

09

무한급수

9.1 수열의 극한

무한수열은 정의역이 자연수(또는, 음이 아닌 정수)인 함수이다. 수열은 함수처럼 정의되며 $a_n = \dfrac{n}{n+1}$ 또는 $a_n = \sqrt{n}$ 와 같이 표현한다. a_n을 제 n항 또는 일반항이라고 한다. $a_n = \dfrac{n}{n+1}$ 이면,

$$a_1 = \frac{1}{2},\ a_2 = \frac{2}{3},\ a_3 = \frac{3}{4},\ a_4 = \frac{4}{5},\ \cdots,\quad a_n = \frac{n}{n+1}$$

이다. n이 충분히 커질 때 수열 $\{a_n\}$이 일정한 값 L에 가까이 가면, 수열 $\{a_n\}$은 L에 수렴한다고 하고, 기호로는 $\lim\limits_{n\to\infty} a_n = L$로 나타낸다. 이때 L을 수열의 극한이라고 한다. 극한 $\lim\limits_{n\to\infty} a_n$이 존재할 때, 수열은 수렴한다고 하며, 그렇지 않으면 발산한다고 한다.

수열의 극한의 계산은 $\lim\limits_{n\to\infty} \dfrac{1}{n} = 0$에서 시작하여 다음 수열의 극한의 성질을 이용하여 계산한다. 이 수열의 극한의 성질은 1장에서 배운 함수의 극한의 성질과 같다.

정리 1 수열 $\{a_n\}$과 $\{b_n\}$이 수렴하고, c가 상수이면

1. $\lim\limits_{n\to\infty} (a_n + b_n) = \lim\limits_{n\to\infty} a_n + \lim\limits_{n\to\infty} b_n$
2. $\lim\limits_{n\to\infty} (a_n - b_n) = \lim\limits_{n\to\infty} a_n - \lim\limits_{n\to\infty} b_n$
3. $\lim\limits_{n\to\infty} ca_n = c \lim\limits_{n\to\infty} a_n$
4. $\lim\limits_{n\to\infty} (a_n b_n) = \lim\limits_{n\to\infty} a_n \cdot \lim\limits_{n\to\infty} b_n$
5. $\lim\limits_{n\to\infty} \dfrac{a_n}{b_n} = \dfrac{\lim\limits_{n\to\infty} a_n}{\lim\limits_{n\to\infty} b_n}$, 단 $\lim\limits_{n\to\infty} b_n \neq 0$

이 성립한다.

예제 9.1

다음 수열의 극한을 구하여라.

(1) $\lim_{n\to\infty}\frac{3}{n^2}$ (2) $\lim_{n\to\infty}\frac{n+1}{n}$

풀이 +

(1) $\lim_{n\to\infty}\frac{3}{n^2}=3\lim_{n\to\infty}\frac{1}{n^2}=3\lim_{n\to\infty}\frac{1}{n}\cdot\lim_{n\to\infty}\frac{1}{n}=3\cdot0\cdot0=0$

(2) $\lim_{n\to\infty}\frac{n+1}{n}=\lim_{n\to\infty}(1+\frac{1}{n})=1+\lim_{n\to\infty}\frac{1}{n}=1+0=1$ ■

예제 9.2

다음 수열의 극한을 구하여라.

(1) $\lim_{n\to\infty}\frac{8n^4+5}{4n^4-7n^2+1}$ (2) $\lim_{n\to\infty}\frac{n^2+1}{2n-1}$

(3) $\lim_{n\to\infty}\frac{n^4+5n}{2n^5-n^2+7}$

풀이 +

(1) $\lim_{n\to\infty}\frac{8n^4+5}{4n^4-7n^2+1}=\lim_{n\to\infty}\frac{8+\frac{5}{n^4}}{4-\frac{7}{n^2}+\frac{1}{n^4}}=\frac{8}{4}=2$

(2) $\lim_{n\to\infty}\frac{n^2+1}{2n-1}=\lim_{n\to\infty}\frac{n+\frac{1}{n}}{2-\frac{1}{n}}=\infty$

(3) $\lim_{n\to\infty}\frac{n^4+5n}{2n^5-n^2+7}=\lim_{n\to\infty}\frac{\frac{1}{n}+5\frac{1}{n^4}}{2-\frac{1}{n^3}+\frac{7}{n^5}}=0$ ■

예제 9.3

다음 수열의 극한을 구하여라.

(1) $\lim_{n\to\infty}(\sqrt{n+1}-\sqrt{n-1})$ (2) $\lim_{n\to\infty}\frac{n}{\sqrt{n^2-n}-n}$

(3) $\lim_{n\to\infty}(3+2n-n^3)$

풀이 +

(1) $\lim_{n\to\infty}(\sqrt{n+1}-\sqrt{n-1})=\lim_{n\to\infty}\frac{(\sqrt{n+1}-\sqrt{n-1})(\sqrt{n+1}+\sqrt{n-1})}{(\sqrt{n+1}+\sqrt{n-1})}$

$=\lim_{n\to\infty}\frac{2}{(\sqrt{n+1}+\sqrt{n-1})}=0$

(2) $\lim_{n\to\infty}\frac{n}{\sqrt{n^2-n}-n}=\lim_{n\to\infty}\frac{n(\sqrt{n^2-n}+n)}{(\sqrt{n^2-n}-n)(\sqrt{n^2-n}+n)}$

$=\lim_{n\to\infty}\frac{n(\sqrt{n^2-n}+n)}{-n}=\lim_{n\to\infty}-(\sqrt{n^2-n}+n)=-\infty$

(3) $\lim_{n\to\infty}(1+2n-n^3)=\lim_{n\to\infty}n^3(\frac{1}{n^3}+\frac{2}{n^2}-1)=-\infty$ ■

예제 9.4

수열 $\{r^n\}$의 수렴과 발산을 확인하여라.

풀이 +

$|r|<1$이면 $\lim_{n\to\infty}r^n=0$, $r=1$이면 $\lim_{n\to\infty}r^n=1$, $r=-1$이면 발산, $|r|>1$이면 $\lim_{n\to\infty}|r|^n=\infty$ ■

예제 9.5

다음 수열의 극한을 구하여라.

(1) $\lim_{n\to\infty}\frac{3^n+2^{n+1}}{2^{2n}-3^n}$

(2) $\lim_{n\to\infty}\frac{\sqrt{5^n}+1}{2^n-1}$

(3) $\lim_{n\to\infty}\frac{r^n}{1+r^n}$(단 $r\neq-1$)

풀이 +

(1) $\lim_{n\to\infty}\frac{3^n+2^{n+1}}{2^{2n}-3^n}=\lim_{n\to\infty}\frac{(\frac{3}{4})^n+2(\frac{2}{4})^n}{1-(\frac{3}{4})^n}=0$

(2) $\lim_{n\to\infty}\frac{\sqrt{5^n}+1}{2^n-1}=\lim_{n\to\infty}\frac{(\frac{\sqrt{5}}{2})^n+\frac{1}{2^n}}{1-\frac{1}{2^n}}=\infty$

(3) $|r|<1$, $\lim_{n\to\infty} r^n=0$, $\lim_{n\to\infty}\frac{r^n}{1+r^n}=0$

$r=1$, $\lim_{n\to\infty} r^n=1$, $\lim_{n\to\infty}\frac{r^n}{1+r^n}=\frac{1}{2}$

$|r|>1$, $\lim_{n\to\infty} |r|^n=\infty$, $\lim_{n\to\infty}\frac{r^n}{1+r^n}=1$ ■

다음 정리는 수렴하는 수열의 항에 연속 함수를 적용하였을 때, 그 결과도 역시 수렴함을 보인다.

정리 2 수열의 연속함수 정리

수열 $\lim_{n\to\infty} a_n = L$이 수렴하고, 함수 f가 L에서 연속이면, $\lim_{n\to\infty} f(a_n)=f(L)$이다.

예제 9.6

$\sqrt{\frac{n+1}{n}}\to 1$을 보여라.

풀이 +

$\frac{n+1}{n}\to 1$이고, 함수 $f(x)=\sqrt{x}$가 연속함수이므로 정리 2에 의하여 $\sqrt{\frac{n+1}{n}}\to\sqrt{1}=1$이다. ■

예제 9.7

수열

$$(\log 1-\log 2),\ (\log 2-\log 3),\ (\log 3-\log 4),\ \cdots$$

이 수렴하는지 발산하는지를 보이고, 수렴하면 극한을 구하여라.

풀이 +

$a_n=\log n-\log(n+1)=\log\frac{n}{n+1}$이고 $\log x$가 연속이므로, $\lim_{n\to\infty}\log\frac{n}{n+1}=\log 1=0$이다. ■

예제 9.8

$p>0$이고 $a_n>0$일 때, $\lim_{n\to\infty} a_n^p = \left[\lim_{n\to\infty} a_n\right]^p$ 임을 보여라.

풀이 +

$f(x)=x^p$은 연속함수이므로 정리 2에 의하여 성립한다. ■

수열의 극한과 함수의 극한을 비교하면, $\lim_{n\to\infty} a_n = L$과 $\lim_{x\to\infty} f(x) = L$의 차이는 n이 정수만을 요구한다. 따라서, 다음 정리는 어떤 수열의 극한을 구할 때 로피탈 정리(L'Hopital's Rule)를 사용할 수 있게 한다.

정리 3

함수 $f(x)$의 극한이 $\lim_{x\to\infty} f(x) = L$일 때 $a_n = f(n)$(단, n은 정수)으로 정의하면, $\lim_{n\to\infty} a_n = L$이다.

예제 9.9

극한 $\lim_{n\to\infty} \frac{\ln n}{n}$을 계산하여라.

풀이 +

극한과 관련된 함수 $f(x)=\frac{\ln x}{x}$라고 하고, 로피탈 정리를 적용하면 $\lim_{x\to\infty} \frac{\ln x}{x} = \lim_{x\to\infty} \frac{1/x}{1} = 0$이다. 따라서, 정리 3에 의하여 $\lim_{n\to\infty} \frac{\ln n}{n}$=0이다. ■

샌드위치 정리(Squeeze Theorem)는 수열에서도 적용된다.

$a_n \le b_n \le c_n$이고 $\lim_{n\to\infty} a_n = \lim_{n\to\infty} c_n = L$이면, $\lim_{n\to\infty} b_n = L$이다.

예제 9.10

다음 수열의 극한을 구하여라.

(1) $\lim_{n\to\infty}\frac{1}{n}\cos n\theta$　　　(2) $\lim_{n\to\infty}\frac{1}{n}\sin\frac{n\pi}{2}$

풀이 +

(1) $-1\le\cos n\theta\le 1$이므로 각 변을 n으로 나누면 $-\frac{1}{n}\le\frac{1}{n}\cos n\theta\le\frac{1}{n}$이 된다. 따라서, 샌드위치 정리에 의하여

$$\lim_{n\to\infty}\frac{1}{n}\cos n\theta=0$$

이다.

(2) $-1\le\sin\frac{n\pi}{2}\le 1$이므로 각 변을 n으로 나누면 $-\frac{1}{n}\le\frac{1}{n}\sin\frac{n\pi}{2}\le\frac{1}{n}$된다. 따라서, 샌드위치 정리에 의하여

$$\lim_{n\to\infty}\frac{1}{n}\sin\frac{n\pi}{2}=0$$

이다. ■

예제 9.11

수열 $a_n=\left(\frac{n+1}{n-1}\right)^n$이 수렴하는가? 수렴한다면 $\lim_{n\to\infty}a_n$을 구하여라.

풀이 +

극한은 부정형 1^∞꼴이므로 a_n에 자연로그를 취하면

$$\ln a_n=\ln\left(\frac{n+1}{n-1}\right)^n=n\ln\left(\frac{n+1}{n-1}\right)$$

$\infty\cdot 0$꼴로 바뀐다. 한 번 더 $\frac{0}{0}$꼴로 변형하여 로피탈 정리를 적용하면,

$$\lim_{n\to\infty}n\ln\left(\frac{n+1}{n-1}\right)=\lim_{n\to\infty}\frac{\ln\left(\frac{n+1}{n-1}\right)}{1/n}=\lim_{n\to\infty}\frac{-2/(n^2-1)}{-1/n^2}$$

$$=\lim_{n\to\infty}\frac{2n^2}{n^2-1}=2$$

이다. 즉, $\ln a_n \to 2$이고 $f(x) = e^x$가 연속함수이므로 정리 3에 의하여

$$a_n = e^{\ln a_n} \to e^2$$

이다. 따라서, 수열 $\{a_n\}$은 e^2에 수렴한다. ■

9.2 단조이고 유계인 수열

어떤 수열의 항들이 다른 수열의 주어진 순서대로 나타날 때, 처음의 수열을 다른 수열의 **부분수열**(subsequence)이라고 한다. 예를 들면, 다음은 자연수의 수열 $a_n = n$의 부분수열이다.

(1) 짝수의 수열: $2, 4, 6, \cdots, 2n, \cdots$
(2) 소수의 수열: $2, 3, 5, 7, 11, \cdots$

부분수열의 개념이 중요한 이유는 다음과 같다.

1. 수열 $\{a_n\}$이 L에 수렴하면, 모든 부분수열도 L에 수렴한다.
2. 수열 $\{a_n\}$의 어떤 하나의 부분수열이 발산하거나, 두 개의 부분수열이 다른 극한을 가지면 수열 $\{a_n\}$은 발산한다.

예를 들면, 수열 $1,1,1,\cdots$은 수열 $a_n = (-1)^{2n}$의 부분수열이고 1로 수렴한다. 또, 수열 $-1,-1,-1,\cdots$은 수열 $a_n = (-1)^{2n+1}$의 부분수열이면서 -1로 수렴한다. 두 부분수열이 서로 다른 값으로 수렴하므로 $a_n = (-1)^n$은 발산한다.

다음은 단조(monotonic) 수열의 정의이다. 단조 수열은 단조증가 수열과 단조감소 수열을 한꺼번에 말하는 수열이다.

정의 1

1. 수열 $\{a_n\}$이 모든 $n \geq 1$에 대하여 $a_n \leqq a_{n+1}$이면, 즉 $a_1 \leqq a_2 \leqq a_3 \leqq \cdots$이면, **단조증가 수열**(nondecreasing sequence)이라고 한다.
2. 수열 $\{a_n\}$이 모든 $n \geq 1$에 대하여 $a_n \geqq a_{n+1}$이면, 즉 $a_1 \geqq a_2 \geqq a_3 \geqq \cdots$이면, **단조감소 수열**(nonincreasing sequence)이라고 한다.
3. 단조증가이거나 단조감소 수열을 단조(monotonic sequence) 수열이라고 한다.

예를 들면, (1) 자연수의 수열 1, 2, 3, $\cdots$, (2) 수열 $\frac{1}{2}, \frac{2}{3}, \frac{3}{4}, \cdots, \frac{n}{n+1}, \cdots$ 은 증가수열이다.

예제 9.12

수열 $a_n = \dfrac{n+1}{n-1}$이 단조감소 수열임을 보여라.

풀이 +

$$\begin{aligned} a_{n+1} - a_n &= \frac{(n+1)+1}{(n+1)-1} - \frac{n+1}{n-1} \\ &= \frac{(n+2)(n-1)-(n+1)n}{n(n-1)} = -2 < 0 \end{aligned}$$

이다. $n > 1$인 모든 n에 대하여 $a_{n+1} \leq a_n$이므로 수열 $\{a_n\}$은 단조감소이다. ■

정의 2

1. 모든 $n \geq 1$에 대하여 $a_n \leq M$인 실수 M이 존재하는 수열 $\{a_n\}$을 **위로 유계**(bounded from above)라고 한다. 실수 M을 수열 $\{a_n\}$의 **위로 유한**(upper bound)이라고 한다.
2. 모든 $n \geq 1$에 대하여 $a_n \geq m$인 실수 m이 존재하는 수열 $\{a_n\}$을 **아래로 유계**(bounded from below)라고 한다. 실수 m을 수열 $\{a_n\}$의 **아래로 유한**(lower bound)이라고 한다.
3. 위로 유계이고 아래로 유계인 수열 $\{a_n\}$을 **유계수열**(bounded sequence)이라고 한다.

예를 들면, (1) 자연수의 수열 1, 2, 3, ⋯ ,은 위로 유계가 아니지만, $m=1$에 의해 아래로 유계이다.

(2) 수열 $\frac{1}{2}, \frac{2}{3}, \frac{3}{4}, \cdots, \frac{n}{n+1}, \cdots$ 은 $M=1$에 의해 위로 유계이고, $m=\frac{1}{2}$에 의해 아래로 유계이다.

(3) 수열 $1, -2, 3, -4, 5, \cdots, (-1)^{n-1}n, \cdots$ 은 위로 유계도 아니고 아래로 유계도 아니다.

다음은 수열의 수렴 여부를 판단하는 매우 중요한 정리이다.

정리 4 단조수열 정리(Monotonic Sequence Theorem)

모든 유계이고 단조 수열은 수렴한다.

위의 정리는 수열이 유계이고 단조이어야 수렴한다. 즉, 유계이면서 단조수열이 아니면 수렴을 하지 않을 수 있다. 예를 들면, 수열 $a_n=(-1)^n$은 모든 n에 대하여 $-1 \le a_n \le 1$을 만족하므로 유계인 수열이다. 그러나 〈예제 9.11〉에서 보듯이 $a_n=(-1)^n$은 발산한다. 또한, 단조수열이면서 유계가 아닌 수열도 발산하는 경우가 있다. 예를 들면, $a_n=n$은 단조증가이지만 유계가 아니다.

예제 9.13

다음은 수열의 수렴 여부를 판단하여라.

(1) $\left\{\frac{n}{n+1}\right\}$ (2) $\left\{\frac{1}{n+1}\right\}$

풀이 +

(1) 수열 $\left\{\frac{n}{n+1}\right\}$는 단조증가 수열이고, $M=1$에 대하여 위로 유계이므로 수렴한다.

(2) 수열 $\left\{\frac{1}{n+1}\right\}$은 단조감소 수열이고, $m=\frac{1}{2}$에 대하여 아래로 유계이므로 수렴한다. ■

9.3 무한급수

9.3.1 무한급수의 정의

무한수열 $\{a_n\}$의 모든 항의 합 $a_1 + a_2 + a_3 + \cdots$을 **무한급수(infinite series)** 또는 **급수**라고 하고, Σ(summation) 기호를 사용하여 $\sum_{n=1}^{\infty} a_n$ 또는 $\sum a_n$로 나타낸다. a_n은 무한급수의 제 n항이다. 또한, 다음과 같이 새로운 수열을 만들 수 있는데

$$
\begin{aligned}
s_1 &= a_1 \\
s_2 &= a_1 + a_2 \\
s_3 &= a_1 + a_2 + a_3 \\
s_4 &= a_1 + a_2 + a_3 + a_4 \\
&\vdots \\
s_n &= a_1 + a_2 + a_3 + \cdots + a_n = \sum_{i=1}^{n} a_i \\
&\vdots
\end{aligned}
$$

이때, $s_n = a_1 + a_2 + a_3 + \cdots a_n$을 무한급수의 제 n항까지의 부분합 또는 간단히 부분합이라고 한다.

부분합인 수열 s_n이 S에 수렴하면, 즉 $\lim_{n\to\infty} s_n = s$이면 무한급수는 수렴한다고 하고, $a_1 + a_2 + a_3 + \cdots = s$ 또는 $\sum_{n=1}^{\infty} a_n = \lim_{n\to\infty} \sum_{i=1}^{n} a_i = s$ 로 나타낸다. 이때, s를 무한급수의 합이라고 한다. 또, 부분합 s_n이 발산하면 무한급수 $a_1 + a_2 + a_3 + \cdots$는 발산한다고 한다.

예제 9.14

다음 무한급수의 수렴, 발산을 조사하고 수렴하면 합을 구하여라.

(1) $1 + \frac{1}{2} + \frac{1}{4} + \frac{1}{8} + \frac{1}{16} + \cdots + \frac{1}{2^{n-1}} + \cdots$

(2) $\frac{1}{\sqrt{2}+1} + \frac{1}{\sqrt{3}+\sqrt{2}} + \frac{1}{\sqrt{4}+\sqrt{3}} + \cdots + \frac{1}{\sqrt{n+1}+\sqrt{n}} + \cdots$

풀이 +

(1) $S_n = 1+\frac{1}{2}+\frac{1}{4}+\frac{1}{8}+\frac{1}{16}+\cdots+\frac{1}{2^{n-1}} = 2(1-(\frac{1}{2})^n)$이므로 $S = \lim_{n\to\infty} S_n = 2$

(2) $a_n = \frac{1}{\sqrt{n+1}+\sqrt{n}} = \frac{\sqrt{n+1}-\sqrt{n}}{(\sqrt{n+1}+\sqrt{n})(\sqrt{n+1}-\sqrt{n})} = \sqrt{n+1}-\sqrt{n}$이고,

$S_n = (\sqrt{2}-1)+(\sqrt{3}-\sqrt{2})+\cdots(\sqrt{n+1}-\sqrt{n}) = \sqrt{n+1}-1$이므로

$\lim_{n\to\infty} S_n = \lim_{n\to\infty}(\sqrt{n+1}-1) = \infty$ ■

예제 9.15

다음 무한급수의 합을 구하여라.

(1) $\sum_{n=1}^{\infty} \frac{1}{n(n+1)}$ (2) $\sum_{n=1}^{\infty} \frac{1}{n(n+2)}$

풀이 +

(1) $s_n = \sum_{k=1}^{n} \frac{1}{k(k+1)} = \sum_{k=1}^{n}(\frac{1}{k}-\frac{1}{k+1}) = ((\frac{1}{1}-\frac{1}{2})+(\frac{1}{2}-\frac{1}{3})+\cdots+(\frac{1}{n}-\frac{1}{n+1})$

$=1-\frac{1}{n+1}$이므로 $\lim_{n\to\infty} s_n = \lim_{n\to\infty}(1-\frac{1}{n+1}) = 1$이다.

(2) $s_n = \sum_{k=1}^{n} \frac{1}{k(k+2)} = \sum_{k=1}^{n} \frac{1}{2}(\frac{1}{k}-\frac{1}{k+2}) = \frac{1}{2}(\frac{1}{1}+\frac{1}{2}-\frac{1}{n+1}-\frac{1}{n+2})$이므로,

$\lim_{n\to\infty} s_n = \frac{1}{2}(1+\frac{1}{2}) = \frac{3}{4}$ ■

등비수열 $a_n = ar^{n-1}$으로 이루어진 급수 $a+ar+ar^2+\cdots+ar^{n-1}+\cdots$를 **무한등비급수**(geometric series)라고 한다. 무한등비급수의 수렴 여부를 알아보자.

무한등비급수의 부분합 $s_n = a+ar+ar^2+\cdots+ar^{n-1} = \frac{a(1-r^n)}{1-r}$이므로

(1) $|r|<1$이면 $\lim_{n\to\infty} r^n = 0$이므로 $\lim_{n\to\infty} s_n = \frac{1}{1-r}$

(2) $|r|>1$이면 $\lim_{n\to\infty}|r^n| = \infty$이므로, 급수는 발산한다.

(3) $r=1$이면 $\lim_{n\to\infty} s_n = \infty$이므로, 발산한다.

(4) $r=-1$이면 $S_n = 1-1+1-\cdots(-1)^{n-1}$이고, $\lim_{n\to\infty} S_{2n} = 0$, $\lim_{n\to\infty} S_{2n+1} = 1$이므로,

발산한다.

따라서, 이를 정리하면 다음과 같다.

정리 5 무한등비급수

첫째 항이 a이고 공비가 r인 무한등비급수 $\sum ar^{n-1}$은 $|r|<1$일 때 $\frac{a}{1-r}$에 수렴하고, $|r| \geq 1$일 때 발산한다.

예제 9.16

다음 무한 등비급수의 합을 구하여라.

(1) $\sum_{n=1}^{\infty}(1-\sqrt{2})^{n-1}$

(2) $\log_9 \sqrt{3} + \log_9 \sqrt{\sqrt{3}} + \log_9 \sqrt{\sqrt{\sqrt{3}}} + \cdots$

(3) $1 - \frac{1}{4} + \frac{1}{16} - \frac{1}{64} + \cdots + (-1)^{n-1}(\frac{1}{4})^{n-1} + \cdots$

(4) $1 - \frac{1}{\sqrt{2}} + \frac{1}{2} - \frac{1}{2\sqrt{2}} + \cdots + (-1)^{n-1}(\frac{1}{\sqrt{2}})^{n-1} + \cdots$

(5) $\cos\frac{\pi}{6} + \cos^3\frac{\pi}{6} + \cos^5\frac{\pi}{6} + \cdots + \cos^{2n-1}\frac{\pi}{6} + \cdots$

(6) $\sum_{n=1}^{\infty} 4^{n-1}(\frac{1}{3})^{2n}$

풀이 +

(1) $\sum_{n=1}^{\infty}(1-\sqrt{2})^{n-1}$은 첫째 항이 1이고, 공비가 $1-\sqrt{2}$인 무한등비급수이다. $|1-\sqrt{2}|<1$이므로 수렴하고 그 합은 $\frac{1}{1-(1-\sqrt{2})} = \frac{1}{\sqrt{2}} = \frac{\sqrt{2}}{2}$이다.

(2) $\sum_{n=1}^{\infty}(\frac{1}{2})^{n+1}$은 첫째 항이 $\frac{1}{4}$이고, 공비가 $\frac{1}{2}$인 무한등비급수이다. $\frac{1}{2}<1$이므로 수렴하고 그 합은 $\frac{\frac{1}{4}}{1-(\frac{1}{2})} = \frac{1}{2}$이다.

(3) $\sum_{n=1}^{\infty}(-1)^{n-1}(\frac{1}{4})^{n-1}$ 은 첫째 항이 1이고, 공비가 $-\frac{1}{4}$인 무한등비급수이다. $|-\frac{1}{4}|<1$이므로 수렴하

고 그 합은 $\frac{1}{1-(-\frac{1}{4})}=\frac{4}{5}$이다.

(4) $\sum_{n=1}^{\infty}(-1)^{n-1}(\frac{1}{\sqrt{2}})^{n-1}$은 첫째 항이 1이고, 공비가 $-\frac{1}{\sqrt{2}}$인 무한등비급수이다. $|-\frac{1}{\sqrt{2}}|<1$이므로 수렴하고 그 합은 $\frac{1}{1-(-\frac{1}{\sqrt{2}})}=\frac{1}{\frac{2+\sqrt{2}}{2}}=2-\sqrt{2}$이다.

(5) $\sum_{n=1}^{\infty}\cos^{2n-1}\frac{\pi}{6}$은 첫째 항이 $\frac{\sqrt{3}}{2}$이고, 공비가 $\frac{3}{4}$인 무한등비급수이다. $\frac{3}{4}<1$이므로 수렴하고 그 합은 $\frac{\frac{\sqrt{3}}{2}}{1-\frac{3}{4}}=2\sqrt{3}$이다.

(6) $\sum_{n=1}^{\infty}4^{n-1}(\frac{1}{3})^{2n}$은 첫째 항이 $\frac{1}{9}$이고 공비가 $\frac{4}{9}$이므로 그 합은 $\frac{\frac{1}{9}}{1-\frac{4}{9}}=\frac{1}{5}$이다. ■

9.3.2 무한급수의 수렴과 발산에 대한 정리

다음 정리는 수렴하는 급수의 일반항의 극한은 0임을 보인 것이다.

> $\sum a_k$가 수렴한다면, $\lim_{n\to\infty}a_n=0$

위 정리의 역은 급수의 발산을 알 수 있다.

> $\lim_{n\to\infty}a_n$이 발산하거나 0이 아닌 값에 수렴하면, $\sum a_n$은 발산한다.

예제 9.17

무한급수 $\sum\frac{n}{2n+1}$는 수렴하는가, 발산하는가?

풀이 +

$\lim_{n\to\infty}\frac{n}{2n+1}=\frac{1}{2}\neq 0$이므로, 급수는 발산한다. ■

마지막으로 수렴하는 급수의 성질은 다음과 같다.

(a) $\sum_{k=1}^{\infty}a_k$이 수렴하면, 그리고 $\sum_{k=1}^{\infty}ca_k=c\sum_{k=1}^{\infty}a_k$이다.

(b) $\sum a_k$과 $\sum b_k$가 수렴하면, $\sum(a_k+b_k)=\sum a_k+\sum b_k$이다.

예제 9.18

다음 무한급수의 합을 구하여라.

(1) $\sum_{n=1}^{\infty}\frac{4}{2^{n-1}}$

(2) $\sum_{n=1}^{\infty}\frac{3^{n-1}-1}{6^{n-1}}$

풀이 +

(1) $\sum_{n=1}^{\infty}\frac{4}{2^{n-1}}=4\sum_{n=1}^{\infty}\frac{1}{2^{n-1}}=4\left(\frac{1}{1-(1/2)}\right)=8$

(2) $\sum_{n=1}^{\infty}\frac{3^{n-1}-1}{6^{n-1}}=\sum_{n=1}^{\infty}\left(\frac{1}{2^{n-1}}-\frac{1}{6^{n-1}}\right)=\sum_{n=1}^{\infty}\frac{1}{2^{n-1}}-\sum_{n=1}^{\infty}\frac{1}{6^{n-1}}$

$=\frac{1}{1-(1/2)}-\frac{1}{1-(1/6)}=2-\frac{6}{5}=\frac{4}{5}$ ■

9.4 음이 아닌 급수

이 절에서는 음이 아닌 항(nonnegative term)으로 된 급수에 대하여 학습한다. 각 항이 음수가 아니면, $s_{n+1}=s_n+a_n$이고 $a_n\geq 0$이므로 부분합은

$$s_1\leq s_2\leq s_3\leq\cdots\leq s_n\leq s_{n+1}\leq\cdots.$$

와 같이 증가하는 수열이 된다. 단조수열정리(Monotonic Sequence Theorem)에 의하여 $\{s_n\}$이 위로 유계이면 급수는 수렴한다. 이것이 본 절에서 배우는 수렴검정에 가장 기본이 된다.

9.4.1 적분검정(Integral Test)

함수 $f(x)$가 연속이고 양수이며 감소하는 함수일 때 $a_n = f(n)$이라면, $\sum a_n$이 수렴하기 위한 필요충분조건은 특이적분 $\int_1^{\infty} f(x)$이 수렴하는 경우이다.

예제 9.19

급수 $\sum \frac{n}{n^2+1}$는 수렴하는가?

풀이 +

$\int_1^{\infty} \frac{xdx}{x^2+1} = \lim_{b\to\infty} \int_1^b \frac{x}{x^2+1} dx = \lim_{b\to\infty} \frac{1}{2}(\ln(b^2+1) - \ln 2) = \infty$이므로 적분검정에 의하여 급수는 발산한다. ■

예제 9.20

급수 $\sum_{n=1}^{\infty} \frac{1}{n\sqrt{n}}$는 수렴하는가?

풀이 +

$f(x) = \frac{1}{x\sqrt{x}}$는 연속이고 감소함수이므로 적분검정을 이용하면 $\int_1^{\infty} \frac{1}{x\sqrt{x}} dx = \lim_{k\to\infty} \int_1^k x^{-3/2} dx$
$= \lim_{k\to\infty} [-2x^{-1/2}]_1^k = \lim_{k\to\infty} \left(-\frac{2}{\sqrt{k}} + 2\right) = 2$이므로 급수는 수렴한다. ■

9.4.2 p급수 검정(the p-series)

무한급수가 $\sum_{n=1}^{\infty} \frac{1}{n^p}$인 형태를 p급수라고 한다. 적분검정에 의하여 적분 $\int_1^{\infty} \frac{1}{x^p} dx$은 $p > 1$이면 수렴하고, $p \leq 1$이면 발산하므로, p급수 $\sum_{n=1}^{\infty} \frac{1}{n^p}$는 $p > 1$이면 수렴하고, $p \leq 1$이면 발산한다.

예제 9.21

급수 $\sum_{n=1}^{\infty} \frac{1}{n^2} = 1 + \frac{1}{4} + \frac{1}{9} + \frac{1}{16} + \cdots + \frac{1}{n^2} + \cdots$가 수렴함을 보여라.

풀이 +

급수 $\sum_{n=1}^{\infty} \frac{1}{n^2}$는 $p=2$인 p급수이므로 수렴한다. ■

예제 9.22

급수 $\sum \frac{1}{\sqrt{n}}$는 수렴하는가?

풀이 +

급수 $\sum \frac{1}{\sqrt{n}}$는 $p=\frac{1}{2}$인 p급수이므로 발산한다. ■

참고로 p급수 검정법은 무한급수가 $\sum_{n=1}^{\infty} \frac{1}{n^p}$의 일반항 $\frac{1}{n^p}$의 분모가 ∞로 가는데 n의 1차보다 빨리 ∞로 가면, 예를 들어 $n^{3/2}$, n^2, $\cdots$, 무한급수는 수렴하고, n의 1차 또는 보다 작은 속도로 ∞로 가면, 예를 들어 n, $n^{2/3}$, $n^{3/4}$, $\cdots$, 무한급수는 발산한다. 다음의 비교 검정은 이와 같은 사실을 이용하면 쉽게 수렴 여부를 판단할 수 있다.

9.4.3 직접비교 검정(The Direct Comparison Test)

$\sum a_n$의 일반항들을 수렴하는지 발산하는지를 밝혀진 급수의 일반항들과 비교한다.

(1) $\sum b_n$이 수렴하고 $a_n \le b_n$라면, $\sum a_n$은 수렴한다.

(2) $\sum b_n$이 발산하고 $a_n \ge b_n$라면, $\sum a_n$은 발산한다.

예제 9.23

$\sum \frac{1}{1+n^3}$은 수렴하는가, 발산하는가?

풀이 +

수열의 분모가 n^3의 속도로 커지므로 수렴하는 것을 알 수 있다. 구체적으로, $\frac{1}{1+n^3} < \frac{1}{n^3}$이고 p-급수 $\sum \frac{1}{n^3}$는 수렴하므로 직접비교검정에 의하여 수렴한다. ■

예제 9.24

$\frac{1}{\sqrt{2}} + \frac{1}{\sqrt{5}} + \frac{1}{\sqrt{8}} + \cdots + \frac{1}{\sqrt{3n-1}}$는 수렴하는가, 발산하는가?

풀이 +

수열의 분모가 $n^{1/2}$의 속도로 커지므로 발산하는 것을 알 수 있다. 구체적으로, $\frac{1}{\sqrt{3n-1}} > \frac{1}{\sqrt{3n}} = \frac{1}{\sqrt{3}\,n^{1/2}}$이고 $\frac{1}{n^{1/2}}$은 $p = \frac{1}{2}$인 p-급수이므로 발산한다. 따라서, 직접비교검정에 의하여 발산한다. ■

예제 9.25

$1 + \frac{1}{2^2} + \frac{1}{3^3} + \cdots + \frac{1}{n^n} + \cdots$은 수렴하는가?

풀이 +

수열의 분모가 n^3으로 n보다 빨리 커지므로 수렴하는 것을 알 수 있다. 구체적으로, $\sum \frac{1}{n^n} = 1 + \frac{1}{2^2} + \frac{1}{3^3} + \cdots$는 $n > 2$일 때, $\frac{1}{n^n} < \frac{1}{2^n}$이고, $\sum \frac{1}{2^n}$은 공비가 $r = \frac{1}{2}$인 무한등비급수이므로 수렴한다. 따라서, $\sum \frac{1}{n^n}$는 수렴한다. ■

9.4.4 극한비교 검정

극한 $\lim_{n\to\infty} \frac{a_n}{b_n}$이 0이 아닌 값에 수렴하면, $\sum a_n$과 $\sum b_n$은 둘 다 수렴하거나 둘 다 발산한다.

예제 9.26

$\sum \frac{1}{2n+1}$이 수렴하는가, 발산하는가?

풀이 +

수열의 분모가 n의 속도로 커지므로 발산하는 것을 알 수 있다. 구체적으로, 급수 $\sum \frac{1}{n}$은 발산한다고 알고 있다. 하지만 $\frac{1}{2n+1} < \frac{1}{n}$이므로 직접비교검정은 안 된다. 따라서, 극한비교 검정을 이용하면

$\lim_{n\to\infty} \frac{\frac{1}{2n+1}}{\frac{1}{n}} = \frac{1}{2}$이므로 $\sum \frac{1}{2n+1}$도 발산한다. ■

예제 9.27

급수 $\sum_{n=1}^{\infty} \frac{3n^2+2n}{\sqrt{4+n^5}}$의 수렴, 발산을 판정하여라.

풀이 +

분자의 최고차항은 n^2이고 분모의 최고차항은 $\sqrt{n^5} = n^{\frac{5}{2}}$이므로 $a_n = \frac{3n^2+2n}{\sqrt{4+n^5}} \sim \frac{1}{\sqrt{n}}$의 분모가 $\sqrt{n}$의 속도로 커지므로 발산함을 알 수 있다. $b_n = \frac{1}{\sqrt{n}}$라고 하면,

$$\lim_{n\to\infty} \frac{a_n}{b_n} = \lim_{n\to\infty} \sqrt{n}\,\frac{3n^2+2n}{\sqrt{4+n^5}} = \lim_{n\to\infty} \frac{3n^{\frac{5}{2}}+2n^{\frac{3}{2}}}{\sqrt{4+n^5}} = \lim_{n\to\infty} \frac{3+\frac{2}{n}}{\sqrt{\frac{4}{n^5}+1}} = \frac{3+0}{\sqrt{0+1}} = 3\text{이므로}$$

$\sum \frac{1}{\sqrt{n}}$이 발산하므로 극한비교 검정에 의해 $\sum_{n=1}^{\infty} \frac{3n^2+2n}{\sqrt{4+n^5}}$도 발산한다. ■

9.4.5 비율 검정(ratio test)

무한급수 $\sum_{n=1}^{\infty} a_n$에서 $\lim_{n\to\infty} \frac{a_{n+1}}{a_n} = L$이라고 하자, 이때 $L<1$이면 $\sum a_n$은 수렴하고, $L>1$이면 발산한다. $L=1$이라면 판정불가이다.

예제 9.28

$\sum \frac{1}{n!}$의 수렴, 발산을 판정하여라.

풀이 +

$\sum\frac{1}{n!}$에서 $\lim\limits_{n\to\infty}\frac{a_{n+1}}{a_n}=\lim\limits_{n\to\infty}\frac{n!}{(n+1)!}=0$이므로 이 급수는 비율 검정으로 수렴한다. ■

예제 9.29

$\sum\limits_{n=1}^{\infty}\frac{(2n)!}{n!\,n!}$의 수렴, 발산을 조사하여라.

풀이 +

$a_n=\frac{(2n)!}{n!\,n!}$이고 $a_{n+1}=\frac{(2n+2)!}{(n+1)!(n+1)!}$이므로 비율 $\frac{a_{n+1}}{a_n}=\frac{n!\,n!(2n+2)(2n+1)(2n)!}{(n+1)!(n+1)!(2n)!}$

$=\frac{(2n+2)(2n+1)}{(n+1)(n+1)}=\frac{4n+2}{n+1}\to 4>1$이므로 급수는 발산한다. ■

9.4.6 n제곱근 검정

$\lim\limits_{n\to\infty}\sqrt[n]{a_n}=L$라고 하자. 그러면 $\sum a_n$은 $L<1$일 때 수렴하고 $L>1$일 때 발산한다. $L=1$이라면, 이 검정은 판정불가이다.

예제 9.30

급수 $\sum(\frac{n}{2n+1})^n$은 수렴하는가?

풀이 +

$\lim\limits_{n\to\infty}\sqrt[n]{(\frac{n}{2n+1})^n}=\lim\limits_{n\to\infty}\frac{n}{2n+1}=\frac{1}{2}$이므로, n제곱근 검정에 의하여 급수 $\sum(\frac{n}{2n+1})^n$는 수렴한다. ■

예제 9.31

급수 $\sum\limits_{n=1}^{\infty}(\frac{2n-3}{3n-2})^n$의 수렴, 발산을 판정하여라.

풀이 +

$a_n = (\frac{2n+3}{3n+2})^n$이라고 하면 $\sqrt[n]{(\frac{2n+3}{3n+2})^n} = \frac{2n+3}{3n+2} = \frac{2+\frac{3}{n}}{3+\frac{2}{n}} \to \frac{2}{3} < 1$이므로, 급수 $\sum_{n=1}^{\infty}(\frac{2n+3}{3n+2})^n$는 수렴한다. ■

9.5 교대급수, 절대수렴, 조건부 수렴

이 절에서는 음의 항을 가지고 있는 급수의 수렴과 발산을 판정하는 방법을 배운다. 각 항이 양수와 음수를 교대로 가지고 있는 급수를 **교대급수**(alternating series)라고 한다. 예를 들면, 급수

$$1 - \frac{1}{2} + \frac{1}{3} - \frac{1}{4} + \cdots$$

는 교대조화급수라고 한다.

정리 6 교대급수 검정

다음 두 조건을 만족하는 교대급수 $\sum_{n=1}^{\infty}(-1)^{n+1}a_n = a_1 - a_2 + a_3 - a_4 + a_5 - \cdots$는 수렴한다.

(1) 모든 n에 대하여 $a_{n+1} < a_n$

(2) $\lim_{n\to\infty} a_n = 0$

예제 9.32

다음 급수가 수렴하는지 발산하는지를 알아보아라.

(1) $\sum\frac{(-1)^{n+1}}{n} = \frac{1}{1} - \frac{1}{2} + \frac{1}{3} - \cdots$

(2) $\sum(-1)^{n+1}\frac{n}{n+1} = \frac{1}{2} - \frac{2}{3} + \frac{3}{4} - \cdots$

풀이 +

(1) 모든 n에 대하여, $\frac{1}{n} > \frac{1}{n+1}$이고 $\lim_{n\to\infty}\frac{1}{n} = 0$이므로 교대급수 검정에 의하여 $\sum\frac{(-1)^{n+1}}{n}$는 수렴한다.

(2) $\lim_{n\to\infty}\frac{n}{n+1} = 1(\neq 0)$이므로 급수는 발산한다. ■

정리 7 절대수렴

급수 $\sum_{n=1}^{\infty} a_n$는 각 항의 절댓값으로 이루어진 급수 $\sum_{n=1}^{\infty} |a_n|$가 수렴하면 **절대수렴** (converges absolutely)한다고 한다.

등비급수

$$\frac{1}{2} - \frac{1}{4} + \frac{1}{8} - \frac{1}{16} + \cdots$$

는 절대수렴한다. 왜냐하면, 각 항의 절댓값으로 된 급수

$$\frac{1}{2} + \frac{1}{4} + \frac{1}{8} + \frac{1}{16} + \cdots$$

가 수렴하기 때문이다.

정리 8 절대수렴 검정

$\sum_{n=1}^{\infty} |a_n|$이 수렴하면 $\sum_{n=1}^{\infty} a_n$도 수렴한다. 즉, 급수가 절대수렴하면 그 급수는 수렴한다.

예제 9.33

급수 $\sum_{n=1}^{\infty} (-1)^n \frac{n^3}{3^n}$이 절대수렴함을 보여라.

풀이 +

$$a_n = (-1)^n \frac{n^3}{3^n} \text{에서, } \left|\frac{a_{n+1}}{a_n}\right| = \left|\frac{\frac{(-1)^{n+1}(n+1)^3}{3^{n+1}}}{\frac{(-1)^n n^3}{3^n}}\right| = \frac{(n+1)^3}{3^{n+1}}\frac{3^n}{n^3} = \frac{1}{3}\left(\frac{n+1}{n}\right)^3 \to \frac{1}{3} < 1$$

이므로, 비율 검정에 의하여 주어진 급수는 절대수렴한다. 따라서, 급수는 수렴한다. ■

정의 3

급수 $\sum_{n=1}^{\infty} a_n$가 수렴하지만 절대수렴하지 않으면 **조건부 수렴**(converges convergent) 한다라고 한다.

교대 $p-$급수

$$\sum_{n=1}^{\infty} \frac{(-1)^{n+1}}{n^p} = 1 - \frac{1}{2^p} + \frac{1}{3^p} - \frac{1}{4^p} + \frac{1}{5^p} - \cdots, \qquad p > 0,$$

는 수열 $\{1/n^p\}$이 감소하고 0으로 수렴하므로 수렴한다. 만일 $0 < p \leq 1$이면 급수는 조건부 수렴한다.

CHAPTER 09

연습문제

01 다음 수열이 수렴하는지 발산하는지를 보이고, 수렴하면 극한을 구하여라.

(1) $1, \frac{4}{3}, \frac{9}{5}, \frac{16}{7} \cdots$

(2) $\frac{1^2+1}{1}, \frac{2^2+1}{1+2}, \frac{3^2+1}{1+2+3}, \cdots$

02 일반항이 다음과 같은 수열의 극한을 구하여라.

(1) $\frac{2^n}{3^n-1}$

(2) $\frac{(-3)^n}{2^n-1}$

(3) $2^{1/n}$

(4) $\sin(\pi/n)$

(5) $\lim_{n\to\infty} \frac{2^n}{5n}$

(6) $\frac{(-1)^n}{n}$

03 다음 무한수열의 극한값을 구하여라.

(1) $a_n = \frac{1-4n^4}{2n^4+8n^3}$

(2) $a_n = \frac{(-1)^{n+1}}{2n+1}$

(3) $a_n = \frac{1+\sqrt{2n}}{\sqrt{n}}$

(4) $a_n = \frac{4^{n+1}+3^n}{4^n}$

(5) $a_n = \frac{n}{e^n}$

(6) $a_n = (1+\frac{5}{n})^n$

(7) $a_n = \frac{n!}{n^n}$

04 다음 수열이 증가인지, 위로의 유계(bounded from above)인지를 말하시오.

(1) $a_n = \frac{3n+1}{n+1}$

(2) $a_n = \frac{(2n+3)!}{(n+1)!}$

(3) $a_n = \frac{2^n 3^n}{n!}$

(4) $a_n = 2 - \frac{2}{n} - \frac{1}{2^n}$

05 다음 무한급수의 합을 구하여라.

(1) $\sum_{n=1}^{\infty} \frac{1}{n(n+2)}$

(2) $\sum_{n=1}^{\infty} \frac{1}{1+2+3+\cdots+n}$

(3) $1+\frac{1}{3}+\frac{1}{6}+\frac{1}{10}+\frac{1}{15}+\cdots$

(4) $\sum_{n=0}^{\infty} (\frac{1}{2^n}+\frac{(-1)^n}{5^n})$

(5) $\sum_{n=1}^{\infty} (\frac{1}{\ln(n+2)}-\frac{1}{\ln(n+1)})$

(6) $\sum_{n=1}^{\infty} \ln(\frac{n}{n+1})$

(7) $\sum_{n=1}^{\infty} (-1)^{n+1}\frac{3}{2^n}$

(8) $\sum_{n=0}^{\infty} e^{-2n}$

(9) $\frac{\pi}{2}+\frac{\pi^2}{4}+\frac{\pi^3}{8}+\cdots$

(10) $1-\frac{1}{2}+\frac{1}{4}-\frac{1}{8}+\cdots+\left(-\frac{1}{2}\right)^{n-1}+\cdots$

06 무한급수 $\sum \frac{n}{e^n}$ 는 수렴하는가?

07 무한급수 $1+\frac{1}{2^2}+\frac{1}{3^2}+\cdots$ 는 수렴하는가?

08 극한비교검정법(limit Comparsion Test)을 사용하여 다음 급수가 수렴하는지 발산하는지를 판단하여라.

(1) $\frac{3}{4}+\frac{5}{9}+\frac{7}{16}+\frac{9}{25}+\cdots=\sum_{n=1}^{\infty}\frac{2n+1}{(n+1)^2}=\sum_{n=1}^{\infty}\frac{2n+1}{n^2+2n+1}$

(2) $\frac{1}{1}+\frac{1}{3}+\frac{1}{7}+\frac{1}{15}+\cdots=\sum_{n=1}^{\infty}\frac{1}{2^n-1}$

(3) $\frac{1+2\ln2}{9}+\frac{1+3\ln3}{14}+\frac{1+4\ln4}{21}+\cdots=\sum_{n=2}^{\infty}\frac{1+n\ln n}{n^2+5}$

09 비율검정을 이용하여 $\sum \frac{n^n}{n!}$ 의 수렴, 발산을 조사하여라.

10 급수 $\sum_{n=0}^{\infty} \frac{2^n + 5}{3^n}$의 수렴 여부를 판단하여라.

11 다음 교대급수가 절대수렴인지, 조건부수렴인지를 조사하여라.

(1) $\sum_{n=1}^{\infty} (-1)^{n(n-1)/2} \frac{1}{2^n} = \frac{1}{2} - \frac{1}{4} - \frac{1}{8} + \frac{1}{16} + \frac{1}{32} -$

(2) $\sum_{n=1}^{\infty} (-1)^{n+1} \frac{1}{\sqrt{n}} = 1 - \frac{1}{\sqrt{2}} + \frac{1}{\sqrt{3}} - \frac{1}{\sqrt{4}} + \frac{1}{\sqrt{5}} - \cdots$

12 다음 급수가 수렴하는지 발산하는지를 알아보아라.

(1) $\sum (-1)^{n+1} \frac{1}{2^{n-1}} = 1 - \frac{1}{2} + \frac{1}{4} - \frac{1}{8} + \frac{1}{16} - \cdots$

(2) $\sum_{n=1}^{\infty} (-1)^{n+1} (1 - \frac{1}{n})^n = -(\frac{1}{2})^2 + (\frac{2}{3})^3 - (\frac{3}{4})^4 + \cdots$

➥ 연습문제 풀이

01 (1) $a_n=\dfrac{n^2}{1+(n-1)2}=\dfrac{n^2}{2n-1}$, $\lim\limits_{n\to\infty}a_n=\lim\limits_{n\to\infty}\dfrac{n^2}{2n-1}=\infty$

(2) $1+2+3+\cdots+n=\dfrac{n(n+1)}{2}$ 이므로, $a_n=\dfrac{2(n^2+1)}{n(n+1)}$. $\lim\limits_{n\to\infty}a_n=\lim\limits_{n\to\infty}\dfrac{2(n^2+1)}{n^2+n}=\lim\limits_{n\to\infty}\dfrac{2(1+\frac{1}{n^2})}{1+\frac{1}{n}}=2$

02 (1) $\lim\limits_{n\to\infty}\dfrac{2^n}{3^n-1}=0$

(2) $\lim\limits_{n\to\infty}\dfrac{(-3)^n}{2^n-1}=$발산

(3) $\lim\limits_{n\to\infty}2^{1/n}=2^0=1$

(4) $\lim\limits_{n\to\infty}\sin(\pi/n)=\sin 0=0$

(5) $\lim\limits_{n\to\infty}\dfrac{2^n}{5n}=\infty$

(6) $\lim\limits_{n\to\infty}\dfrac{(-1)^n}{n}=0$

03 (1) $\lim\limits_{n\to\infty}a_n=\lim\limits_{n\to\infty}\dfrac{1-4n^4}{2n^4+8n^3}=\lim\limits_{n\to\infty}\dfrac{(\frac{1}{n})^4-4}{2+\frac{8}{n}}=\dfrac{0-4}{2+0}=-2$

(2) $\lim\limits_{n\to\infty}a_n=\lim\limits_{n\to\infty}\dfrac{(-1)^{n+1}}{2n+1}=0$

(3) $\lim\limits_{n\to\infty}a_n=\lim\limits_{n\to\infty}\dfrac{1+\sqrt{2n}}{\sqrt{n}}=\lim\limits_{n\to\infty}\dfrac{\frac{1}{\sqrt{n}}+\sqrt{2}}{1}=0+\sqrt{2}=\sqrt{2}$

(4) $\lim\limits_{n\to\infty}a_n=\lim\limits_{n\to\infty}\dfrac{4^{n+1}+3^n}{4^n}=\lim\limits_{n\to\infty}\dfrac{4+(\frac{3}{4})^n}{1}=4+0=4$

(5) $\lim\limits_{n\to\infty}a_n=\lim\limits_{n\to\infty}\dfrac{n}{e^n}=0$

(6) $\lim\limits_{n\to\infty}a_n=\lim\limits_{n\to\infty}(1+\frac{5}{n})^n=\lim\limits_{n\to\infty}\left[\left(1+\frac{5}{n}\right)^{\frac{n}{5}}\right]^5=e^5$

(7) $\lim\limits_{n\to\infty}a_n=\lim\limits_{n\to\infty}\dfrac{n!}{n^n}=\lim\limits_{n\to\infty}\dfrac{n(n-1)(n-2)\cdots 1}{n^n}=0 \quad (\because n^n>n!)$

04 (1) $a_{n+1}-a_n=\dfrac{3(n+1)+1}{(n+1)+1}-\dfrac{3n+1}{n+1}=\dfrac{2}{(n+1)(n+2)}>0$ 이므로 이 수열은 증가이다.

$a_n=\dfrac{4}{2},\dfrac{7}{3},\dfrac{10}{4},\cdots$ 은 $M=3$에 의해 위로 유계이다. 그러므로 위로 유한은 3이다.

(2) $a_{n+1}-a_n=\dfrac{(2(n+1)+3)!}{((n+1)+1)!}-\dfrac{(2n+3)!}{(n+1)!}=(4n+9)\times\dfrac{(2n+3)!}{(n+1)!}>0$이므로 이 수열은 증가이다.

$a_n=\dfrac{5!}{2!},\dfrac{7!}{3!},\dfrac{9!}{4!}\cdots$은 위로 유계가 아니다.

(3) $a_{n+1}-a_n=\dfrac{2^{n+1}3^{n+1}}{(n+1)!}-\dfrac{2^n3^n}{n!}=-\dfrac{(n-5)2^n3^n}{(n+1)!}$ 이므로 $n>5$일 때 이 수열은 감소이다.

$a_n=\dfrac{2^n3^n}{n!}$은 위로 유계가 아니다.

(4) $a_{n+1}-a_n=(2-\frac{2}{n+1}-\frac{1}{2^{n+1}})-(2-\frac{2}{n}-\frac{1}{2^n})=\frac{2}{n(n+1)}+\frac{1}{2^{n+1}}>0$이므로 이 수열은 증가이다.

$a_n=2-\frac{2}{n}-\frac{1}{2^n}$은 $M=2$에 의해 위로 유계이고, 위로 유한은 2이다.

05 (1) $S_n=\sum_{k=1}^{n}\frac{1}{k(k+2)}=\sum_{k=1}^{n}\frac{1}{2}(\frac{1}{k}-\frac{1}{k+2})=\frac{1}{2}(\frac{1}{1}+\frac{1}{2}-\frac{1}{n+1}-\frac{1}{n+2})$

$\lim_{n\to\infty}S_n=\frac{1}{2}(1+\frac{1}{2})=\frac{3}{4}$

(2) $S_n=\sum_{k=1}^{n}\frac{1}{1+2+3+\cdots+k}=\sum_{k=1}^{n}\frac{2}{k(k+1)}$

$=\sum_{k=1}^{n}2(\frac{1}{k}-\frac{1}{k+1})=2(1-\frac{1}{n+1})$

$\lim_{n\to\infty}S_n=2$

(3) $\frac{1}{a_n}=1+\sum_{k=1}^{n-1}(k+1)=\frac{n(n+1)}{2}$

$S_n=\sum_{k=1}^{n}a_k=\sum_{k=1}^{n}\frac{2}{k(k+1)}=\sum_{k=2}^{n}2(\frac{1}{k}-\frac{1}{k+1})=2(1-\frac{1}{n+1})$

$\lim_{n\to\infty}S_n=2$

(4) $\sum_{n=1}^{\infty}(\frac{1}{2^n}+\frac{(-1)^n}{5^n})=\sum_{n=1}^{\infty}\frac{1}{2^n}+\sum_{n=1}^{\infty}\frac{(-1)^n}{5^n}=\frac{\frac{1}{2}}{1-\frac{1}{2}}+\frac{(-\frac{1}{5})}{1-(-\frac{1}{5})}=1-\frac{1}{6}=\frac{5}{6}$

(5) $S_n=\sum_{k=1}^{n}(\frac{1}{\ln(k+2)}-\frac{1}{\ln(k+1)})=-\frac{1}{\ln 2}+\frac{1}{\ln(n+2)}$

$\lim_{n\to\infty}S_n=-\frac{1}{\ln 2}$

(6) $S_n=\sum_{k=1}^{n}(\ln n-\ln(n+1))=-\ln(n+1)=\ln\frac{1}{n+1}$

$\lim_{n\to\infty}\ln\frac{1}{n+1}=-\infty$

(7) $\sum_{n=1}^{\infty}\frac{-3}{(-2)^n}=\frac{\frac{3}{2}}{1-(-\frac{1}{2})}=1$

(8) $\sum_{n=0}^{\infty}(\frac{1}{e^2})^n=\frac{1}{1-\frac{1}{e^2}}=\frac{e^2}{e^2-1}$

(9) $\sum_{n=1}^{\infty}(\frac{\pi}{2})^n=\frac{\frac{\pi}{2}}{1-\frac{\pi}{2}}=\frac{\pi}{2-\pi}$

(10) $\sum_{n=1}^{\infty}(-\frac{1}{2})^{n-1}=\frac{1}{1-(-\frac{1}{2})}=\frac{2}{3}$

06 $\int_1^\infty \frac{x}{e^x}dx = \lim_{b\to\infty}\int_1^b xe^{-x}dx = \lim_{b\to\infty}(\frac{1+b}{e^b} - \frac{2}{e}) = \frac{2}{e}$

적분검정에 의해 수렴하기 때문에 $\sum \frac{n}{e^n}$은 수렴한다.

07 $\sum_{n=1}^{\infty}\frac{1}{n^2}$ p급수 검정에 의해 $p=2$이므로 수렴한다.

08 (1) $a_n = \frac{2n+1}{n^2+2n+1} \sim \frac{1}{n}$의 분모가 n의 속도로 커지므로 발산함을 알 수 있다. $b_n = \frac{1}{n}$이라고 하면

$$\lim_{n\to\infty}\frac{a_n}{b_n} = \lim_{n\to\infty}\frac{\frac{2n+1}{n^2+2n+1}}{\frac{1}{n}} = \lim_{n\to\infty}\frac{2n^2+n}{n^2+2n+1} = 2$$

극한비교검정법에 의해 $\lim_{n\to\infty}\frac{a_n}{b_n}$이 0이 아닌 값에 수렴하였기 때문에 $\sum a_n$과 $\sum b_n$은 둘 다 수렴이거나 발산한다. $\sum b_n = \sum \frac{1}{n}$ 은 발산하기 때문에 $\sum a_n = \frac{2n+1}{n^2+2n+1}$도 발산한다.

(2) $a_n = \frac{1}{2^n-1} \sim \frac{1}{2^n}$의 분모가 2^n의 속도로 커지므로 발산함을 알 수 있다. $b_n = \frac{1}{2^n}$이라고 하면

$$\lim_{n\to\infty}\frac{a_n}{b_n} = \lim_{n\to\infty}\frac{\frac{1}{2^n-1}}{\frac{1}{2^n}} = \lim_{n\to\infty}\frac{2^n}{2^n-1} = 1$$

극한비교검정법에 의해 $\lim_{n\to\infty}\frac{a_n}{b_n}$이 0이 아닌 값에 수렴하였기 때문에 $\sum a_n$과 $\sum b_n$은 둘 다 수렴이거나 발산한다. $\sum b_n = \sum \frac{1}{2^n} = \frac{\frac{1}{2}}{1-\frac{1}{2}} = 1$은 수렴하므로 $\sum a_n = \frac{1}{2^n-1}$도 수렴한다.

(3) $a_n = \frac{1+n\ln n}{n^2+5} \sim \frac{\ln n}{n}$이므로, $b_n = \frac{\ln n}{n}$이라고 하면

$$\lim_{n\to\infty}\frac{a_n}{b_n} = \lim_{n\to\infty}\frac{\frac{1+n\ln n}{n^2+5}}{\frac{\ln n}{n}} = \lim_{n\to\infty}\frac{n+n^2\ln n}{n^2\ln n+5\ln n} = \lim_{n\to\infty}\frac{\frac{1}{n\ln n}+1}{1+\frac{5}{n^2}} = 1.$$

극한비교검정법에 의해 $\lim_{n\to\infty}\frac{a_n}{b_n}$이 0이 아닌 값에 수렴하고, $b_n = \frac{\ln n}{n}$ $\sum b_n = \sum \frac{\ln n}{n} = \infty$이므로

$\sum a_n = \sum \frac{1+n\ln n}{n^2+5}$도 발산한다.

09 비율 $\frac{a_{n+1}}{a_n} = \frac{(n+1)^n}{n^n}$, $\lim_{n\to\infty}(\frac{n+1}{n})^n = e$, $e>1$이므로 $\sum\frac{n^n}{n!}$은 비율 검정으로 발산한다.

10 비율 $\frac{a_{n+1}}{a_n} = \frac{(2^{n+1}+5)/3^{n+1}}{(2^n+5)/3^n} = \frac{1}{3}\cdot\frac{2^{n+1}+5}{2^n+5} = \frac{1}{3}\cdot\left(\frac{2+5\cdot 2^{-n}}{1+5\cdot 2^{-n}}\right) \to \frac{1}{3}\cdot\frac{2}{1} = \frac{2}{3}$

$\frac{2}{3}<1$이므로 $\sum_{n=0}^{\infty}\frac{2^n+5}{3^n}$은 비율 검정으로 수렴한다.

11 (1) $\sum_{n=1}^{\infty}(-1)^{n(n-1)/2}\frac{1}{2^n}=\frac{1}{2}-\frac{1}{4}-\frac{1}{8}+\frac{1}{16}+\frac{1}{32}-\cdots$

$\frac{1}{2}+\frac{1}{4}+\frac{1}{8}+\frac{1}{16}+\cdots$이 수렴하기 때문에 $\sum_{n=1}^{\infty}(-1)^{n(n-1)/2}\frac{1}{2^n}$은 절대수렴한다.

(2) $\sum_{n=1}^{\infty}(-1)^{n+1}\frac{1}{\sqrt{n}}=1-\frac{1}{\sqrt{2}}+\frac{1}{\sqrt{3}}-\frac{1}{\sqrt{4}}+\frac{1}{\sqrt{5}}-\cdots$

$\sum_{n=1}^{\infty}(-1)^{n+1}\frac{1}{\sqrt{n}}$은 수렴하지만 $1+\frac{1}{\sqrt{2}}+\frac{1}{\sqrt{3}}+\frac{1}{\sqrt{4}}+\cdots$은 수렴하지 않기 때문에 조건부 수렴한다.

12 (1) 모든 n에 대하여, $\frac{1}{2^{n-1}}>\frac{1}{2^n}$이고 $\lim_{n\to\infty}\frac{1}{2^{n-1}}=0$이므로 교대급수 검정에 의하여 $\sum(-1)^{n+1}\frac{1}{2^{n-1}}$는 수렴한다.

(2) $\lim_{n\to\infty}\left(1-\frac{1}{n}\right)^n=\frac{1}{e}$이므로 $\sum_{n=1}^{\infty}(-1)^{n+1}(1-\frac{1}{n})^n=-(\frac{1}{2})^2+(\frac{2}{3})^3-(\frac{3}{4})^4+\cdots$ 은 발산한다.

참고문헌

강순자, 김선부, 정영복, 미분적분학, 경문사, 2006.

권세혁, R을 이용한 통계수학, 자유아카데미, 2010.

민만식, 이종협, 통계수학, 자유아카데미, 2011.

수학교재편찬위원회 역, 미분적분학, Essential Calculus Early Transcendentals, 교우사, 2013.

정윤식, 통계수학, 자유아카데미, 2001.

Hass, Weir, Thomas, University Calculus, Pearson, 2007.

James, S., Calculus Early Transcendentals, 7th ed., Brooks/Cole, 2012.

Khuri, A., Advanced Calculus with Applications in Statistics, 2nd ed., Wiley, 2003.

Larson, Edwards, Calculus Early Transcendental Functions, 5th ed., Brooks/Cole, 2011.

Thomas, Weir, Hass, Thomas' Calculus, 12th ed., Pearson, 2010.

찾아보기

저자 소개

나명환

서울대학교 수학교육학과 졸업
서울대학교 통계학과 이학석사, 이학박사
품질관리기술사
한국통계학회 평의원 및 편집위원 역임
(현) 전남대학교 통계학과 교수
통계연구소 소장
의료방사선 안전연구센터 부센터장(안전품질환경 업무총괄)
한국품질경영학회 이사
한국신뢰성학회 이사

통계학과 공학을 위한 미적분학 제2판

저　　자　나명환
발 행 인　김지영
발 행 처　자유아카데미
주　　소　경기도 파주시 회동길 37-42
　　　　　파주출판도시
전　　화　031-955-1321
팩　　스　031-955-1322
홈페이지　www.freeaca.com
전자우편　main@freeaca.com (대표)
　　　　　editor@freeaca.com (편집)
　　　　　crm@freeaca.com (영업)
등　　록　제406-2003-017호, 1980. 7. 12
제2판1쇄　2019년 8월 25일 발행
제2판4쇄　2026년 1월 5일 발행
정　　가　24,000원

저자와의
협의하에
인지생략

ISBN 979-11-5808-223-9 93310